黑龙江省应用经济学学科建设资金资助项目

2013年
黑龙江省社会科学学术著作出版资助项目

基于低碳经济的中国产业国际竞争力研究

王　钰◎著

图书在版编目(CIP)数据

基于低碳经济的中国产业国际竞争力研究 / 王钰著
. -- 哈尔滨 : 黑龙江大学出版社 ; 北京 : 北京大学出版社, 2014.3
ISBN 978-7-81129-673-0

Ⅰ. ①基… Ⅱ. ①王… Ⅲ. ①企业-节能-研究-中国②产业-国际竞争力-研究-中国 Ⅳ. ①TK01 ②F121

中国版本图书馆 CIP 数据核字(2013)第 257841 号

基于低碳经济的中国产业国际竞争力研究
JIYU DITAN JINGJI DE ZHONGGUO CHANYE GUOJI JINGZHENGLI YANJIU
王　钰　著

责任编辑　张怀宇　刘　岩
出版发行　北京大学出版社　黑龙江大学出版社
地　　址　北京市海淀区成府路 205 号　哈尔滨市南岗区学府路 74 号
印　　刷　哈尔滨市石桥印务有限公司
开　　本　720×1000　1/16
印　　张　15.25
字　　数　219 千
版　　次　2014 年 3 月第 1 版
印　　次　2014 年 3 月第 1 次印刷
书　　号　ISBN 978-7-81129-673-0
定　　价　35.00 元

本书如有印装错误请与本社联系更换。

前言

随着资源、环境和经济发展间的矛盾不断加深，人类经济活动引发的全球气候变暖问题日益严重，发展低碳经济已经成为全球共识。低碳经济是指在资源和环境双重约束下，为了减少人类经济活动对气候系统的负面影响，通过技术创新和制度设计等途径，尽量减少矿物质高碳能源的消耗，减少温室气体的排放，实现人类生存、经济、社会和生态环境可持续发展的经济发展方式。在低碳经济约束下，如何更好地发展经济，特别是进行工业生产，成为迫切需要解决的问题。

本书以发展低碳经济对产业国际竞争力的影响为切入点，按低碳经济对产业国际竞争力发展的要求，在一般产业国际竞争力指标体系的基础上，引入低碳化指标层，利用德尔菲法和AHP法分配权重后，对1995—2010年中国制造业基于低碳经济的产业国际竞争力变动状况进行测评和比较，发现低碳经济对劳动力密集型产业（纺织业等）、技术密集型产业（通信电子业等）影响不大，而对高碳产业（能源密集型产业）影响较大。

本书在研究过程中的主要创新点包括以下三个方面：

（1）围绕对低碳经济内涵的界定，引入了产业国际竞争力的低碳化指标层，并利用德尔菲法和AHP法对低碳经济下产业国际竞争力的五个一级指标分配权重，构建了基于低碳经济的产业国际竞争力的评价指标体系。

（2）对1995—2010年中国制造业低碳经济下产业国际竞争力变动状况进行测评和比较。运用一般产业国际竞争力评价指标体系进行评价，中国制造业28个产业的国际竞争力显著提高，横向比较可以看出纺织业的国际竞争力自然下降。如果引入低碳化水平指标,则大多数产业的低碳化水平指标为正值,且每个产业的低碳化水平指标均处于长期波动状态。表明减排的机制没有生成,内部的减排动力不足,受外界影响较大,缺乏减排的内生机制。

(3)采用动态面板数据,运用 System GMM 方法对低碳经济下产业国际竞争力的影响因素进行实证分析,结果发现二氧化碳排放与产业结构、能源消费结构、出口结构和外商投资产业结构等均有不同程度的正相关。而随着各产业劳动生产效率的提高,产业的二氧化碳排放强度应先上升后下降,在外界环境较为宽松的条件下,可能出现"N"型重组效应。

根据上述研究结果,同时考虑到对 1960—2010 年间中国的二氧化碳排放满足环境库兹涅茨曲线假说的验证结果,中国二氧化碳排放强度与人均 GDP 之间存在"倒 U"关系,且拐点在人均 GDP 为 18 769.72 美元。在现有的国际环境和气候变化条件下,中国以现有的经济发展速度不可能单纯保持 GDP 增长速度被动等待拐点的到来。因此,中国提升产业国际竞争力应从七个方面入手,包括稳定经济增长并转变经济增长方式;制定产业绿色转型发展战略;调整产业结构并促进产业融合;鼓励低碳技术的引进和创新;建立全国统一的碳交易市场;合理配置减排治理政策以及积极参与国际减排标准的制定并加强国际交流合作。

在经济全球化的背景下,提高产业国际竞争力是各国都要面对的课题。对产业国际竞争力的评价和测度的理论成果很多,但在低碳经济下如何提高产业国际竞争力则是一个新的命题。由于本人的研究能力和水平有限,如有错误或疏漏之处,请各位专家、学者多多批评和指正。

王　钰

2013 年 9 月

目录

导 论

一、问题的提出

我们赖以生存的地球是一个极其复杂的系统，地球气候系统①是构成这个庞大系统的重要一环。地球的气候不断发生着变化，历史上各个不同时期的气候状况和今天的气候状况相比均是完全不同的。造成气候变化的原因可以分为两大类：一是自然的波动，包括太阳辐射的变化、火山爆发等；二是人类活动，包括燃烧矿物燃料和毁坏森林引起大气中的温室气体浓度增加、陆地覆盖变化、改变土地用途等。

科学家定义的气候变化是指气候平均状态统计学意义上的巨大改变或持续较长一段时间的气候变动，更通俗的说法是气候平均值和离差值两者中的一个或两者同时随时间出现了统计意义上的显著变化。平均值的升降表明气候状态的变化，而离差值的变化则表明气候状态不稳定性增加，表现为气候异常日益显著。《联合国气候变化框架公约》(United Nations Framework Convention On Climate Change，简称 UNFCCC)第一条规定：气候变化是指除在类似时期内所观测的气候的自然变异之外，由于直接或间接的人类活动改变了地球大气的组成而造成的气候变化。可见，UNFCCC 将因人类活动而改变大气组成的“气候变化”区别于由自然原因引起的“气候变化”。

① 气候系统是一个包括大气圈、水圈、陆地表面、冰雪圈和生物圈在内的，能够决定气候形成、气候分布和气候变化的统一的物理系统。

这样定义是有原因的。近百年来,许多观测资料表明,地球正在经历一次以全球变暖为主要特征的显著变化。据 NOAA - ESRL Data 报告统计,2009 年相比 2003 年二氧化碳量增加了 25%①,而且目前尚无减缓的迹象。联合国政府间气候变化专门委员会(Intergovernmental Panel on Climate Change,简称 IPCC)第四次评估报告(2007 年)指出,全球温度普遍升高、海平面上升、冰雪圈消退,北极冰盖可能消失,草场退化森林减少,生物圈也变化了。地球正经历一次以全球气候变暖为主要特征的显著变化,整个气候系统中的五个元素都变暖了。在全球气候变暖的大背景下,中国近百年的气候也发生了明显的变化。

全球气候变暖的危害极大,可以导致冰川融化后海平面上升,低地国家有被淹没的可能,极端天气频发使得干旱、高温和强降水事件不断出现,雨林生长速度降低,动植物生病或灭绝,灾民增加……这一切不但使人类失去进一步发展的基础,也威胁到人类自身的生存。而全球气候变暖的主要原因是以二氧化碳为首的温室气体的过量排放,使温室效应不断加强。

面对这种严峻的形势,1992 年联合国环境与发展会议上,153 个国家和欧共体共同签署通过了《联合国气候变化框架公约》,形成了国际社会应对全球气候变化的一个基本框架,至此世界各国在应该进行全球合作,减少温室气体排放量这一宏观大方向上已经取得共识。1997 年《联合国气候变化框架公约》缔约国在京都会议上就应减排的具体气体的种类和各国具体应承担的减排额度、具体时间和方式做了一期(2008—2012 年)规定,达成了《联合国气候变化框架公约的京都议定书》。2007 年 12 月为了制订 2012 年以后的减排计划,经过艰苦的谈判,联合国气候变化大会通过了名为“巴黎路线图”的决议。2009 年 12 月在哥本哈根会议上,与会的 192 个国家的代表依据“共同但有区别的责任”原则,就发达国家减排和发展中国家自主

① 根据 NOAA - ESRL Data 数据显示,2000 年二氧化碳排放总量为 6.74 亿吨,2009 年二氧化碳排放总量为 8.4 亿吨,据此计算二氧化碳排放总量增加了约 25%。数据来源:http://CO_2Now.org。

减排的行为作出了安排，并就长期目标、资金和技术支持等焦点问题达成具体共识。

由此可见，在未来的经济发展中，构建低碳经济的发展模式是各国共同和必然的选择，低碳经济的实现方式可能会有所不同，但最终的目标是一致的。低碳、绿色、可循环的科学发展成为世界性发展潮流，并已成为中国的国家战略。中国已成为制造大国，如何成为制造强国，必须探索经济发展阶段新模式和产业发展新路径，以低能耗、低物耗、低排放、低污染为特征的低碳经济是中国转变经济发展方式的新选择，产业低碳化则是实现经济与生态协调发展，大力推进生态文明建设的有效发展路径。在国际市场上，产业的竞争指标已包括碳排放量。“低碳”及其相关的“碳标准”将成为衡量、评价产业国际竞争力的主要内容。

二、研究目的和意义

（一）研究目的

低碳经济是人类在面临日益加剧的全球气候变暖的压力下提出的一种新的发展方式，走低碳经济的发展道路已经成为世界各国经济未来发展的必然选择。基于低碳经济的发展要求，通过构建基于低碳经济的产业国际竞争力评价指标体系，并借助这种新的评价指标体系来评估基于低碳经济的中国制造业的产业国际竞争力，通过理论分析、实证分析以及与发达国家的比较分析，在借鉴主要国家发展低碳经济、提升国际竞争力经验的基础上，提出低碳经济下提升中国产业国际竞争力，特别是提升中国制造业国际竞争力的路径和对策建议。

（二）研究意义

1. 理论意义

本书从理论角度对基于低碳经济的国际产业竞争力的概念加以界定，形成了基于低碳经济产业国际竞争力评价的理论基础，进一步构建了基于低碳经济的产业国际竞争力评价的理论模型，并通过实证研究以剖析影响低碳经济下产业国际竞争力的因素，丰富了低碳经济的研究内容，形成了有关基于低碳经济的产业国际竞争力评价的量化体系。国际竞争力问题的研究作为国际贸易与投资理论研究的一部分内容，丰富和扩展了国际贸易与投资的相关理论。

2. 现实意义

为中国产业和广大企业，特别是外向型的产业和企业向低碳经济发展和转变指明方向。过去的经验表明，我国实现两位数的经济增长主要靠出口增长的带动。如果没有出口的增长，GDP 的增速只能维持在 7%—8%，而出口带动的高速增长会导致"产业结构畸形"，即第二产业和高能耗产业的比重偏高，第三产业偏低，2000—2008 年的经济增长就是这样的结果，而这种"结构畸形"正是导致碳排放难以下降的原因。①② 对于这些企业和产业来说，在未来发展中应选择和设计一条"脱碳"和"低碳"的发展道路，才能使我国在 2020 年实现单位 GDP 碳排放下降 40%—45% 的目标。

中国是世界上最大的发展中国家，人口众多、人均资源禀赋不足，还没有完成工业化、现代化的任务。2011 年末，全国人口达到 13.47 亿，人均国内生产总值约合 4 382 美元，位居世界第 93 位。中国也是一个易受气候变化影响的国家，2009、2010 年，中国受到了严重的气候灾害侵袭。2009 年，中国政府确定了到 2020 年单位国内生产总值温室气体排放比 2005 年下降 40%—45% 的行动目标，并将其作为约束性指标纳入国民经济和社会发展中长期规划。然而依靠制造低端产品的"世界工厂"的发展模式来带动经济

① 参见李博，左晔. 我国出口产业结构演变模式研究：1996—2006 年[J]. 国际贸易问题，2008(7)：3-8。

② 参见董展眉. 我国出口贸易的低碳化发展探讨[J]. 经济问题探索，2011(9)：153-156。

增长的方式使我国付出了巨大的环境成本。[①②③④] 以2007年为例,出口活动产生的增加值占GDP总量的27%,但产生的碳排放占全国的34%。[⑤] 以产业结构调整为核心,建立以低碳工业、低碳农业、低碳服务业为核心的新型产业体系,实现产业结构低碳化,使经济发展由传统模式逐步向低碳模式转型,是新一轮产业竞争中必须认真对待的战略问题。因此,需要从理论上提供基于低碳经济下侧重提升产业国际竞争力目标而兼顾其他发展目标的低碳发展理论与实践体系,为政府支持节能低碳产业发展大力推进生态文明建设,在大政方针的顶层设计与政策工具的选择上提供理论决定参考。

三、文献综述

世界经济一体化带来了国际竞争的日趋加剧,对国际竞争力问题的研究达到了空前的热烈程度,且一直持续至今。国内外对于低碳经济的研究主要集中于近几年,特别是2008年以后,但基于低碳经济的产业国际竞争力的研究目前还是空白。

(一)产业国际竞争力的研究

国际竞争是以国家为主体,但国家之间竞争的实质是各国产业之间以及企业之间的竞争。对于产业国际竞争力的研究,理论体系基本一致,但测评因素各有侧重。

1. 产业国际竞争力的内涵界定

国际竞争力是20世纪80年代初出现的新概念,目前对其界定尚未完

① 参见李怀政.出口贸易的环境效应实证研究——基于中国主要外向型工业行业的证据[J].国际贸易问题,2010(3):80-85。

② 参见张程程.对外贸易对中国环境影响实证分析[D].上海:华东师范大学金融与统计学院,2011:18-53。

③ 参见杨丹萍.我国出口贸易环境成本内在化效应的实证分析与政策建议[J].财贸经济,2011(6):94-100。

④ 参见徐慧.中国进出口贸易的环境成本转移——基于投入产出模型的分析[J].世界经济研究,2010(1):51-55,88。

⑤ 参见刘卫东,陆大道,张雷,等.我国低碳经济发展框架与科学基础[M].北京:商务印书馆,2010:9。

全统一。

(1)国外学者和机构对产业国际竞争力(国际竞争力)的界定。国外学者一般都是将国际竞争力作为一个整体来进行研究。对于国际竞争力的研究最早可以追溯到古典学派时期的亚当·斯密的绝对优势理论和大卫·李嘉图的比较优势理论。古典学派的理论虽然没有提及国际竞争力这一命题,但事实上在对国际分工的决定因素的阐述中已经隐含了不同国家的产业比较优势问题。20 世纪 30 年代,产业组织理论将产业竞争力的来源归结为市场结构、进入退出壁垒等外生因素。20 世纪 80 年代美国著名的学者迈克尔·波特(Michael. E. Porter)教授在其竞争三部曲(《竞争战略》(1980)、《竞争优势》(1985)、《国家竞争优势》(1990))中提出:一个国家的竞争力是在经济、社会结构、制度、不同的政策等多种综合因素作用下创造和维持的,在这个过程中,国家的作用在不断上升,最终形成一个综合性的国家竞争力。[①] 以此为基础,世界经济论坛(World Economic Forum,简称 WEF)在《全球竞争力报告》中将国际竞争力定义为一个由制度、政策等因素构成的决定生产力水平的体系,这个体系可以使该经济体具有持续获利的能力。也就是说,竞争力越强的经济体越能为其民众提供稳定的收入。对于国家而言,竞争力强则意味着可以使其居民持续获得更高的收入,因为生产力的高低决定了投资的回报率,而投资的回报率又决定了一个经济体的中长期增长率。WEF 依据对竞争力的这一定义构建了包括 12 个支持因素的评价体系。[②]

如图 0-1 所示,由上述 12 个因素可见,WEF 基本是依据波特的国家竞争优势理论构造了评价指标体系。世界经济论坛的《国家竞争力报告》还从企业角度将国际竞争力定义为:"一国一公司在世界市场上均衡地生产出比其他竞争对手更多财富的能力。"

---

① 参见 Michael. E. Porter. The competitive advantage of nations[J]. Harvard Business Review, 1990,68(2):73-93。

② 参见 Klaus Schwab. The Global Competitiveness Report 2009—2010[R]. World Economic Forum。

美国《关于产业竞争力总统委员会报告》认为:"国际竞争力是在自由良好的市场条件下,能够在国际市场上提供好的产品,好的服务,同时又能提高本国人民生活水平的能力。"瑞士洛桑国际管理发展学院(International Institute for Management Development,简称 IMD)把国际竞争力定义为"一国或一个企业在全球市场上较竞争对手获得更多财富的能力,或者一个国家在其特有的经济与社会结构里,依靠自然资源禀赋以创造附加值;或者着重于改善国内经济环境条件以吸引国外投资;或者依靠国内内部型经济和发展国际型经济,以创造并提高附加价值,增加一国财富的能力"。经济合作与发展组织(Organization for Economic Co-operation and Development,简称 OECD)则认为,"国际竞争力是一个国家在自由而公正的市场条件下,能在一定程度上生产出符合国际市场标准的商品和劳务,而同时又能从长远角度维持并提高其人民的实际收入"。美国工业竞争力总统委员会指出,"对于任何国家来说,竞争力就是在提高国内生活水准的同时,制造出能够经受国际市场检验的产品,从根本上说,提高竞争力就是提高生活质量以及为后人创造出一个好的未来"。

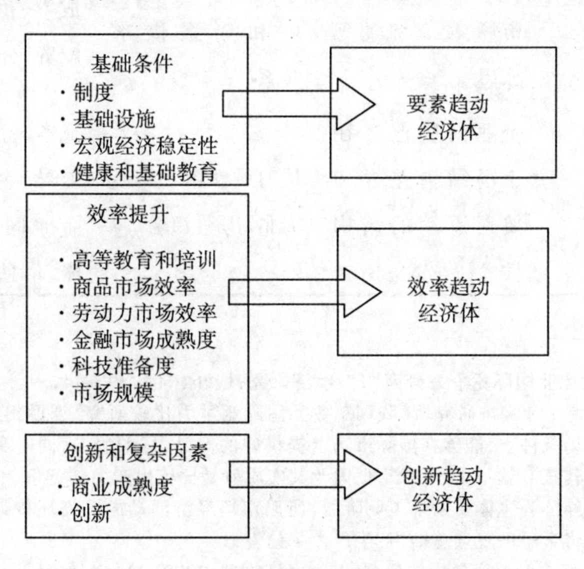

图 0-1 WEF 国际竞争力评价体系

资料来源:根据 WEF《2009/2010 国际竞争力报告》中的内容翻译整理

(2)国内学者和机构对产业国际竞争力的界定。对于产业国际竞争力的定义国内暂时没有统一而明确的界定,但可以归纳为几个角度。

①比较生产力说。金碚(1996)认为国际竞争力归根结底是各国同一产业或同类企业之间相互比较的生产力。[①] 金碚(2002)随后对其进行进一步研究,赵洪斌(2004)赞同这一观点。[②③]

如表0-1所示,金碚从经济学角度对竞争力进行了梳理,对现有的经济学分支学科进行竞争力研究的层次、前提假设和分析工具做了区分,进而提出竞争力经济学的研究分为三个层次:竞争力理论经济学、竞争力应用经济学和竞争力研究。如果在抽象层面上研究竞争力应主要运用理论经济学的逻辑方法,而当进入较具体层面的研究领域,则应更倾向于经济学和管理学的结合。[④]

表0-1　竞争力研究的经济学方法

学科方法	基本假设条件	假设条件放松方向	影响竞争力的主要因素
一般微观经济学	同质企业的匀质市场,要素流动无障碍	最抽象的企业、市场和要素供求关系	成本、价格、生产要素配置、分工、供求
产业组织经济学	企业同质但存在市场结构差异和要素流动的结构性障碍(壁垒)	从匀质性市场转变为非匀质性市场	成本、价格、规模、产品差异、企业市场地位、企业间关系、博弈策略、信息

① 参见金碚.产业国际竞争力研究[J].经济研究,1996(11):39-44,59。

中国社会科学院工业经济研究所《我国工业品国际竞争力比较研究》课题组认为:国际竞争力是在自由良好的市场条件下,能够在国际市场上提供好的产品、好的服务,同时又能提高本国人民生活水平的能力。其核心就是比较生产力,因此其实质就是比较生产力的竞争。金碚进一步指出:当代社会是以市场经济为主体并处于工业阶段,所以市场经济活动的关键环节是生产效率和市场营销。有的学者也将金碚的观点总结为:生产力+销售力。

② 参见金碚.经济学对竞争力的解释[J].经济管理,2002(22):4-12。

③ 参见赵洪斌.论产业竞争力——一个理论综述[J].当代财经,2004(12):67-70。

④ 参见金碚,等.竞争力经济学[M].广州:广东经济出版社,2003:14-15。

续表

学科方法	基本假设条件	假设条件放松方向	影响竞争力的主要因素
国际经济学（发展经济学）	存在关税、汇率等国际经济差异和要素国际差异及流动障碍	从无差异无界限的一元空间转变为存在国界区隔的多元空间	关税、汇率、要素国际差异和国际流动、经济开放度、国际分工、经济发展水平
区域经济学和区位经济学	存在区位差异、要素禀赋差异和要素区际流动成本	从无成本差异的一元空间转变为存在区位成本差异和要素价格差异的多元空间	区位特征、自然资源、交通通信成本、要素成本、空间网络关系、产业集群
管理经济学或企业经济学	存在实质性企业内部结构差异和行为差异	企业从“原子”型的“黑箱”转变为复合体型的“白箱”	企业战略、企业组织、组织行为、企业家行为、管理能力
制度经济学和政府控制经济学	存在企业产权制度差异、经济体制差异和政府干预	从无制度差异、无政府干预转变为存在制度差异和政府干预	产权制度、治理结构、国有企业、政策环境、政府管制
超越经济学（引入非经济学方法——经济学与管理学的结合）	个人和企业存在观念、伦理、价值观和知识水平等方面的深刻差异	从经济人的严格理性主义转变为超越理性主义的行为假定	企业理念、价值观、企业文化、企业伦理、信仰、社会人文（信任）

金碚（2003）在《竞争力经济学》中进一步明确指出产业国际竞争力与产业竞争力是相同的概念，产业竞争力的经济实质是一国特定产业通过在国际市场上销售其产品而反映出的生产力。基于对产业国际竞争力的这种理解，产业国际竞争力研究的基本的客观观测资料就是相关国家的特定产

业的产品的国际市场占有率和盈利率，这是产业国际竞争力最终的实现指标，反映了产业国际竞争的实际结果。①

②属地比较优势＋一般市场绝对竞争优势说。裴长洪（2002）认为国际竞争力有产品竞争力、企业竞争力和国家竞争力之分。从形式逻辑上看，企业竞争力和国家竞争力是有主体的概念，产品竞争力和产业竞争力是无主体的概念。但由于产业总是与国家和地区相互关联，在讨论产业国际竞争力时暗含的主体就是国家。由于产业是一个集合概念，其竞争力必是不同区域间的比较，在不同区域间比较又必定离不开区际或国际交换活动，而国际交换活动受国际分工规律的制约，因此产业竞争力必然首先体现为不同区域或不同国家不同产业（或产品）的各自相对竞争优势，即比较优势。但现实生活中当市场上再现比较优势相近的产业或产品时，竞争力将取决于它们各自的绝对竞争优势，即质量、成本、价格等一般市场比较因素。所以产业竞争力是指属地产业的比较优势和它的一般市场绝对竞争优势的总和。①

③能力说。朱建国（2001）借鉴学者和专家们的研究成果，将产业国际竞争力定义为：一国特定产业在自由公平的市场条件下，争夺有利的市场条件和销售条件，在竞争中获取最大利益的能力，它是产业国际竞争优势的表现。② 张超（2002）指出产业竞争力是指属于不同国家的同类产业之间的生产效率、生产能力和创新能力的比较，以及在国际自由贸易条件下各国同类产业在最终产品市场上的竞争能力。③ 张铁男（2005）认为，国际竞争力是指在国际自由贸易条件下（或排除了贸易壁垒的假设条件下），不同国家的竞争主体以相对于他国竞争主体更高的生产力开拓并占据国际市场且持续

① 参见裴长洪，王镭．试论国际竞争力的理论概念与分析方法［J］．中国工业经济，2002（4）：41－45。

② 参见朱建国，苏涛，王骏翼．产业国际竞争力内涵初探［J］．世界经济文汇，2001（1）：62－65。

③ 参见张超．提升产业竞争力的理论与对策探微［J］．宏观经济研究，2002（5）：51－54。

地获得收益的综合能力。[①]

④多元多层次说。郭京福(2004)认为产业竞争力是指某一产业或整体产业通过对生产要素和资源高效配置及转换，稳定持续地生产出比竞争对手更多财富的能力，表现在市场上如产品价格、成本、质量、服务、品牌和差异化等方面比竞争对手所具有的差异化能力；从国际贸易理论背景出发，产业竞争力是指产业的出口和进口替代能力；从微观经济或管理学背景出发，产业竞争力是指该特定产业范围内所有企业的综合竞争力；从宏观经济背景出发，产业竞争力是指特定产业由各种宏观经济因素所决定的产业在国际市场的地位。产业竞争力不仅表现为市场竞争中现实的产业实力，还表现为可预见未来的发展潜力，这是"产业"的生产特征所决定的。[②] 魏世灼(2010)比较了理论界对产业国际竞争力的定义后，指出竞争力应包括竞争实力的源泉、竞争的过程和竞争的最终结果三部分，因此从综合经济活动的投入、过程和结果这三个方面来看，产业国际竞争力是一国特定的产业在国际市场上所表现出来的比较生产力、开拓能力和所占有的地位。[③]

2. 产业国际竞争力的理论基础

产业国际竞争力的理论多源于国际贸易的传统理论。

(1)古典学派国际贸易理论 。该理论体系主要从劳动价值论角度揭示了国际贸易产生的根源，劳动价值的差异是产业国际竞争力的基础因素。亚当 · 斯密(1776) 认为一国对于他国所拥有的优势，无论是先天的还是后天的，只要其他国家没有，相对于从事另一种行业的邻居而言，比较有利的做法是互相买卖。[④] 大卫 · 李嘉图在此基础上提出比较优势理论，指出商品的相对价格差异即比较优势是国际贸易的基础，特定国家应专注于生产率相对较高生产部门并参与国际分工，以交换低生产率领域的商品。此后，赫

① 参见张铁男，罗晓梅. 对产业国际竞争力分析框架的理论研究[J]. 工业技术经济，2005(7):49－50。

② 参见郭京福. 产业竞争力研究[J]. 经济论坛，2004(14):32－33。

③ 参见魏世灼. 产业国际竞争力理论基础与影响因素探究[J]. 黑龙江对外经贸，2010(10):46－48。

④ 参见亚当 · 斯密. 国富论[M]. 谢宗林，李华夏，译. 北京：中央编译出版社，2011:514－563。

克歇尔与俄林发现相对成本差异源于要素禀赋的差异，提出了赫克歇尔－俄林要素禀赋论（简称 H－O 理论），他们认为各个国家在出口本国丰裕要素密集型产品上具有比较成本优势，而在本国稀缺要素密集产品上处于比较劣势，应该进口。

（2）新贸易理论。美国经济学家里昂惕夫（1953）发现要素禀赋理论与美国的实际贸易情形实证的结果相悖，有关贸易成因即产业国际竞争力的理论出现了多元化倾向，主要有技术差距论、产品生命周期论和规模经济理论。波斯纳（Michael Posner，1961）在《国际贸易与技术变化》中将技术作为一种生产要素，认为拥有先进技术的国家凭着技术领先优势向国外出口这种新产品，但贸易也同时促进技术落后的模仿国不断学习和提高自己的生产技术，最后贸易随着技术差距的消失而消失。弗农（Raymond Vernon，1966）在该理论的基础上在《产品贸易》一书中首次提出产品生命周期的五阶段论，后又经由威尔斯（ Louis Twills ） 和赫希（Hirsch） 等人加以发展将产品的生命周期划分为新产品阶段、产品成长阶段、产品成熟阶段与其他发达国家参与新产品出口竞争阶段，最后技术创新国成为该产品的进口国。1980 年开始，以克鲁格曼（Paul Krugman ） 为代表的经济学家们观察到产业内贸易的出现，并据此分析发现规模经济带来了产业内分工的细致化和产品异质性的提高，规模经济可以极大地降低生产成本，从而形成具有竞争力的价格。

（3）竞争优势理论。波特从 1980 年的《竞争战略》开始对竞争优势进行研究，1985 年的《竞争优势》具体论证了价值链理论，1990 年的《国家竞争优势》一书在大量实证的基础上提出国家竞争优势的四阶段论，分别是生产要素导向阶段、投资导向阶段、创新导向阶段和富裕导向阶段。如图 0－2 所示，一国国家经济会表现出不同阶段的竞争优势，这反映出该国企业、产业、产业集群的国际竞争本钱。

波特认为将国家竞争优势阶段化，目的不在于解释国家经济的完整表现，或是它的全部发展过程。这种阶段化进程，可能会排除一些考虑因素，因此设计竞争优势的阶段化主要目的在于清楚地刻画那些促进国家经济繁荣的产业特色。在这四个关系链中,前三个阶段是国家竞争优势发展的主要力量,通常会带来经济上的繁荣,第四个阶段则是经济上的转折点,经济有可能因此而走下坡路。对国家竞争优势发展阶段的概略性分类,有助于明确国家与企业在不同时期所面对的问题,以及明确促成经济发展或导致经济衰退的力量。[①]

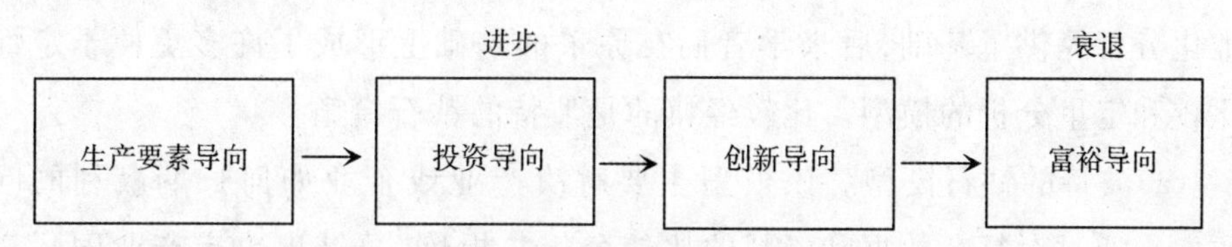

图 0-2 国家竞争力发展的四个阶段

3. 产业国际竞争力的影响因素及评价

基于对国际竞争力的不同理解,学者们在提出影响或决定国际竞争力的因素时,也是各持己见的。

(1)技术、资本和垂直专业化。比较成本理论提出之后,西方很多学者对这一理论进行了实证分析,结果发现比较劳动成本对于产业国际竞争力影响是有限的,可能只对于小型开放经济体是适用的。Jan Fagerberg(1988)注意到国际竞争力虽然没有明确的定义,但是政府报告和新闻媒体均在讨论经济政策时频繁使用这一词语。最有影响的测算国际竞争力的方法是RULC(Relative unite labor costs),但实际上从二战后特别是卡尔多悖论提出之后,很多实证结果表明许多国际竞争力高的国家其单位劳动成本的上升速度也快。[②] Jan Fagerberg 通过 15 个 OECD 国家 1961—1983 年的数据,对价格、技术、资金和运输等影响因素进行分析的结果显示:在不同国家争夺国际市场占有率的过程中,技术和资本竞争扮演了很重要的角色,而成本的

① 参见迈克尔·波特. 国家竞争优势[M]. 李明轩,邱如美,译. 北京:中信出版社,2007:505-530。

② 上述实证研究包括 Fetherston et al.(1977),Kaldor(1978),Kellman(1983)的研究成果都发现单位劳动成本和出口商品价格上升会导致该商品的国际市场占有率下降在很多时候都是悖论。

作用是比较有限的。[①] Thrilwall(1979)通过实证发现产业的国际竞争力取决于不同国家的收入需求弹性的差。[②] 赵丹(2009)认为垂直专业化有利于资本和技术密集型产业竞争力的提升作用要大于劳动力密集型产业,且垂直专业化有利于中国产业国际竞争力的提高。[③]

(2)"钻石模型"及其扩展。竞争力理论的形成为产业竞争力的进一步细化分析提供了基础,后来学者们在原来的基础上形成了许多更便于定性比较和定量分析的模型。比较经典的是波特的钻石模型。

a.波特的钻石模型。该模型主要解决产业或企业如何长期赢利的问题。它通过对复杂数据和资料的比较分析与提炼,总结出决定产业国际竞争力的六大因素的菱形图(如图0-3所示),该模型认为产业竞争优势最大最直接的影响因素有四项:生产要素、需求条件、相关和支持性产业及企业战略、企业结构和同业竞争。机会和政府这两个重要变量可能对产业竞争优势产生重要影响,但是其影响不是决定性的,能否利用机会以及如何利用机会还要取决于四种基本因素,政府对产业竞争优势的作用在于对四个关键因素的引导和促进。其后学者们根据实际研究的需要和侧重点的不同对钻石模型做了变形和修改。

---

① Jan Fagerberg. International Competitiveness [J]. The Economic Journal, 1988, 98(361): 355-374。

② A. P. Thrilwall. The Balance of Payments Constraint as a Explanation of International Growth Rate Difference[J]. BNL Quarterly Review, 1979, 32(128): 45-53。

③ 赵丹.垂直专业化对中国产业国际竞争力的影响[D].天津:天津财经大学,2009:32-35。

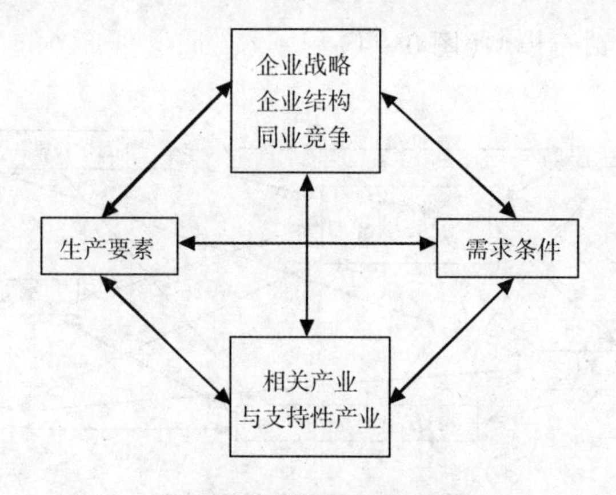

a)国家优势的关键因素

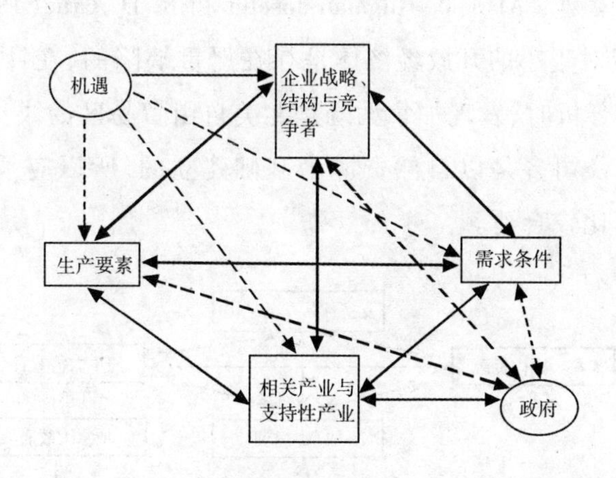

b)完整钻石模型

图 0－3　国家竞争优势钻石模型

资料来源:迈克尔·波特,《国家竞争优势》,中信出版社 2007 年版,第 65、114 页

b. 国际化钻石模型。邓宁(1992)在研究直接投资的过程中发现,技术更新的区域经济一体化的发展,国家间的相互依赖性和它们之间联系的网络对竞争力有较大的影响。由于波特的钻石模型没有考虑到跨国经济活动对竞争力的影响,因此要将跨国公司等跨国经济活动因素引入钻石模型中,

从而形成国际化钻石模型(图 0 - 4)。①

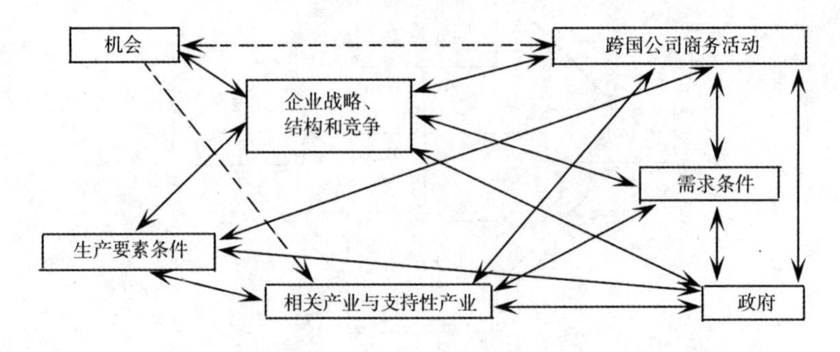

图 0 - 4　国际化钻石模型

c. 双钻石模型。Alan M. Rugman Joseph 和 R. D' Cruz(1993)认为波特的"钻石模型"对于小的开放经济体是存在严重缺陷的,在针对加拿大的竞争力状况进行分析时,发现加拿大既是北美自由贸易区的成员国,且其跨国公司和国外子公司多是以自然资源为基础建立的,所以应采用"双钻石模型"(图 0 - 5)比较合适。

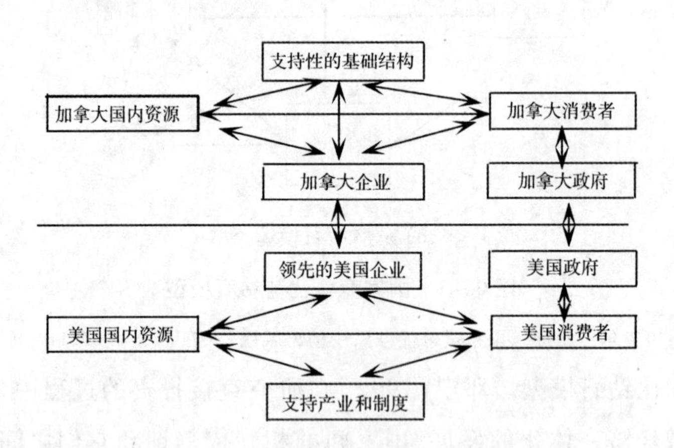

图 0 - 5　加拿大的"双钻石模型"②

① 参见 Dunning JH. Internationalizing Porter' s diamond[J]. Management International Review, 1993 (2): 8 - 15。

② 参见 Alan M. Rugman, Joseph R. D' Cruz. The "Double Diamond" Model of International Competitiveness: The Canadian Experience[J]. Management International Review, 1993, 33: 17 - 39。

d. 一般双钻石模型。Moon, H. C. 和 Rugman 等人(1998)为了使"双钻石模型"同样适用于小型开放经济体,构造了"一般双钻石模型"(图0-6)。

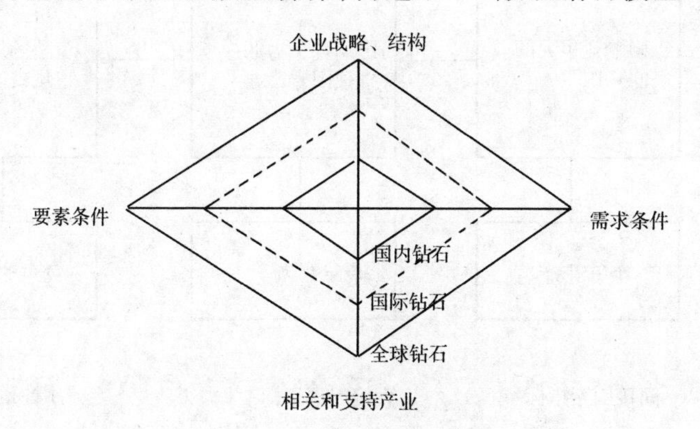

图0-6　一般双钻石模型①

(3)WEF 和 IMD 评价体系。世界经济论坛(WEF)和瑞士洛桑国际管理发展学院(IMD)1994 年在《国际竞争力报告》中将国际竞争力定义为一国或公司在世界市场上均衡地生产出比其竞争对手更多财富的能力,并以此得出国际竞争力是竞争力资产与竞争力过程的统一,其公式可以表述为:国际竞争力 = 竞争力资产 × 竞争力过程。其中,资产是指固有的(如自然资源)或创造的(如基础设施)资产;过程是指将资产转化为经济结果,如先制造,然后通过国际化所产生出来的竞争力。

(4)中国产业国际竞争力影响(决定)因素。结合中国现实,国内学者们也构建了相关的评价指标体系。金碚(2009)结合前述对竞争力经济学分析,建立了一个清晰的因果关系的产业竞争力统计分析理论框架。如图0-7所示,一个国家某一产业的国际竞争力的强弱,可以从结果和原因两个方面来分析。从结果分析,竞争力直接表现为一国产品在市场上的份额。一国的某种产品在市场上所占的份额越大,获得的利润就越多,表明该国的产业竞争力越强。从原因来分析,一切有助于开拓市场、占领市场,并以此

---

① 参见 Moon, H. C. , Rugman, A, M & Verbeke, A. A generalized double diamond approach to the global competitiveness of Korea and Singapore[J]. International Business Review,1998, 7(2): 135-150。

获利的因素,都可以是竞争力的研究对象。①

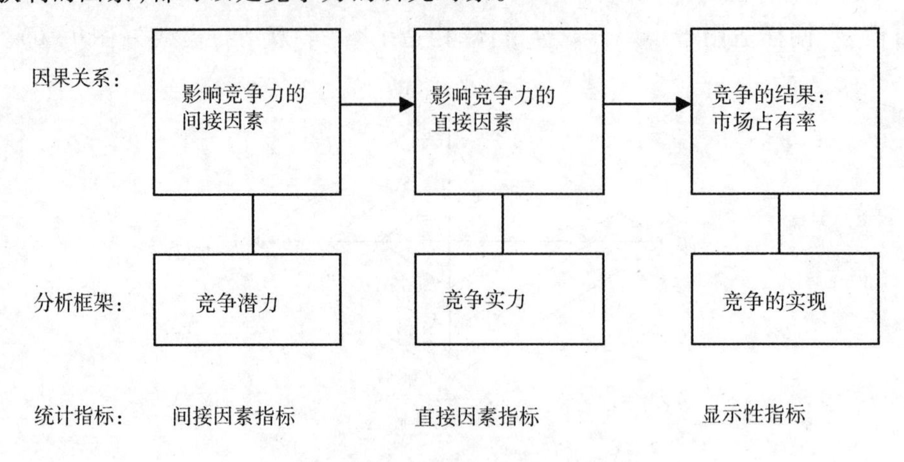

图0-7　产业国际竞争力分析框架①

程宝栋等(2010)认为波特的钻石模型虽然指出产业国际竞争力的主要决定因素,并且这些因素已经得到了实证的支持,但仍有分散化的缺憾,无法为提高产业竞争力指明路径。为此,结合国内的实际情况,应从产业经济学角度对钻石模型进行修正,考虑产业资源、产业结构、产业组织、产业分布和产业政策等因素,构造新产业国际竞争力模型(图0-8)。②

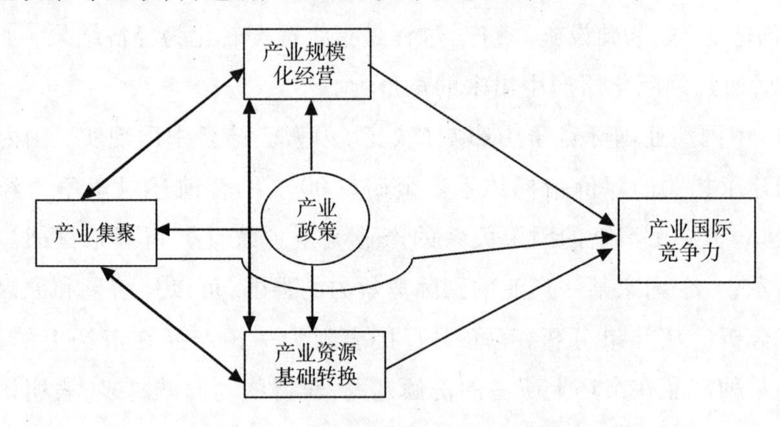

图0-8　新产业国际竞争力模型

① 参见金碚,李钢.竞争力研究的理论、方法与应用[J].综合竞争力,2009(1):4-9。

② 参见程宝栋,田园,龙叶.产业国际竞争力:一个理论框架模型[J].科技和产业,2010(2):1-4,34。

马颖、陈金锟(2011)利用1998—2006年中国21个产业的面板数据分析后指出,动态规模经济、市场结构和技术溢出水平相互作用决定一国的产业国际竞争力;扩大技术引进规模并不一定能够提高产业国际竞争力;一个国家的劳动力供给越充裕,相对工资越低,暂时的保护越有利于更快地培育一个产业的竞争优势。①

产业国际竞争力的实证分析。从20世纪90年代起,学者们结合竞争力理论纷纷对某一产业进行实证或测评。金碚等(1997)指出中国经济经过70年代末到90年代末近20年的发展,已经由"高速增长"时期进入"国际竞争"时代,发展民族工业的关键是提高产业的国际竞争力。② 刘重力等(2004)以中国工业产业为着眼点,从实证角度研究发现:中国工业产业竞争力服从由比较优势向竞争优势过渡的特征,而竞争优势各要素对中国工业产业提升国际竞争力有显著贡献。③ 王蓓、武戈(2008)建立了钢铁产业国际竞争力评价的指标体系,运用灰色关联分析法进行实证后,将我国的钢铁产业与世界主要钢铁生产国进行了比较,认为我国的钢铁产业与美、日、韩等产钢强国在资源转化能力、技术能力、规模经济和可持续发展方面还存在着比较大的差距,应多渠道、全方位地扩大比较优势,提高竞争优势,以提高我国钢铁产业的总体竞争力。④ 游友斌(2010)、陈立敏等(2009)、成思危(2010)、丁磊(2010)、尚宇(2011)、刘林青等(2011)分别对制造业、稀土产业、农业、软件服务外包产业、金融业、汽车产业、造船产业等国际竞争力

---

① 参见马颖,陈金锟.规模经济、市场结构与中国产业国际竞争力——基于21个子产业的理论与实证分析[J].综合竞争力,2011(3):30-37。

② 参见金碚,胥和平,谢晓霞.中国工业国际竞争力报告[J].管理世界,1997(4):52-66,74。

③ 参见刘重力,赵军华.以竞争优势提升中国工业产业国际竞争力实证分析[J].南开经济研究,2004(5):43-49。

④ 参见王蓓,武戈.资源环境约束下的我国钢铁产业国际竞争力实证研究[J].中国物价,2008(4):50-52,49。

情况进行了实证分析。[①②③④⑤⑥] 李蓁(2011)基于钻石模型和RCA指数对装备制造业产业的国际竞争力进行了分析。[⑦] 陈少克(2012)构建了产业国际竞争力提升指标体系的框架思路,在产业国际竞争力指标体系中加入了提升、发展和激励指标。[⑧] 陈立敏等(2012)引入了显性技术附加值(RTV)方法,以电子通信设备产业为例对产业国际竞争力进行了验证。[⑨] 李钢等(2012)对大类产业以及重点产业在入世以后的国际竞争力变化趋势进行了实证,结果表明上述产业的国际竞争力有所提高。[⑩] 付加锋(2010)、任福兵等(2010)、庄贵阳等(2011)分别探讨了在对低碳经济的概念辨识基础上的低碳经济综合评价指标体系和低碳发展水平指标体系的构建[⑪⑫⑬⑭],没有指标体系的应用。赵玉焕等(2012)基于改进的引力模型对OECD国家的能源密集型产业(选取9个)被征收碳税对产业国际竞争力的影响进行了实

---

① 参见游友斌.中日韩造船业国际竞争力比较研究[D].镇江:江苏科技大学,2010:43-53。

② 参见陈立敏,王璇,饶思源.中美制造业国际竞争力比较:基于产业竞争力层次观点的实证分析[J].中国工业经济,2009(6):57-66。

③ 参见成思危.提高金融产业国际竞争力的途径[J].中国国情国力,2010(5):4-5。

④ 参见丁磊.中国软件外包产业的国际竞争力研究[D].北京:首都经济贸易大学,2010:24-30。

⑤ 参见尚宇.中国稀土产业国际竞争力研究[D].北京:中国地质大学,2011:43-49。

⑥ 参见刘林青,周潞.比较优势、FDI与中国农产品产业国际竞争力——基于全球价值链背景下的思考[J].国际贸易问题,2011(12):39-54。

⑦ 参见李蓁.我国装备制造业产业国际竞争力分析——基于RCA指数和钻石模型[J].现代商贸工业,2011(24):1-2。

⑧ 参见陈少克,陆跃祥.建立产业国际竞争力提升指标体系的框架思路[J].商业研究,2012(3):36-41。

⑨ 参见陈立敏,侯再平.融入技术附加值的国际竞争力评价方法——基于电子通讯设备产业的实证分析[J].中国工业经济,2012(3):134-146。

⑩ 参见李钢,刘吉超.入世十年中国产业国际竞争力的实证分析[J].财贸经济,2012(8):88-96。

⑪ 参见付加锋.低碳增长型国家研究的实证分析[J].2010年中国环境科学学会学术年会论文集(第一卷),2010(5):204-209。

⑫ 参见任福兵,吴青芳,郭强.低碳社会的评价指标体系构建[J].江淮论坛,2010(1):122-127。

⑬ 参见付加锋,庄贵阳,高庆先.低碳经济的概念辨识及评价指标体系构建[J].中国人口·资源与环境,2010(8):38-43。

⑭ 参见庄贵阳,潘家华,朱守先.低碳经济的内涵及综合评价指标体系构建[J].经济学动态,2011(1):132-136。

证,发现征收碳税对这些产业的影响是负面的。①

(二)低碳经济研究

低碳经济是近几年兴起的研究领域,但由于受国内外学者的关注程度较高,所以近几年的相关研究成果颇丰。

1. 低碳经济的内涵

美国著名学者莱斯特·R. 布朗被印度《加尔各答电讯报》誉为“环境运动宗师”,其早在20世纪70年代就提出了环境可持续发展和生态经济学理论。1980年国际科学联合会理事会、世界气象组织和联合国教科文组织政府间海洋委员会联合资助“世界气候研究计划”之后,国际社会就开始关注气候变化问题。莱斯特·R. 布朗(1986)明确指出:在工业时代以前,大气中二氧化碳的浓度是相当稳定的,但随着矿物燃料时代的到来,释放到大气中的二氧化碳也相应增加。二氧化碳的浓度增加可能于1860年左右开始,但程度并不显著,但到20世纪中叶(指1950年左右),增长速度明显加快。据美国在夏威夷的冒纳罗亚观察站的科学家记录,大气中二氧化碳的浓度从1958年的百万分之三百一十六增长到1984年的百万分之三百四十四。与损毁森林相比,燃烧矿物燃料是重要原因。1950年前全世界燃烧矿物燃料排放约16亿吨碳,而1980年则排放了约51.4亿吨碳(见附录一)。由于二氧化碳排放量增长导致如气候变暖、海平面升高、农业投资增加等不良后果,因此应采取措施维持碳平衡而减少碳排放。② 这是人类早期的低碳思想。1992年联合国协调各国形成《联合国气候变化框架公约》,1997年签订了以量化温室气体减排为主要内容的《京都议定书》。

明确提出低碳经济一词的是2003年英国的能源白皮书《我们未来的能源:创建低碳经济》(下面统一简称“能源白皮书”),书中指出,“低碳经济”是通过更少的自然资源消耗和更少的环境污染,获得更多的经济产出;低碳

---

① 参见赵玉焕,范静文. 碳税对能源密集型产业国际竞争力影响研究[J]. 中国人口·资源与环境,2012(6):45-51。

② 参见 Lester. R. Brown. State of the World 1985: A Worldwatch Institute Report on Progress toward a Sustainable Society[M]. NewYork: W. W. Norton&Company, 1985:16-23。

经济是创造更高的生活标准和更好的生活质量的途径和机会,也为发展、应用和输出先进技术创造了机会,同时也能创造新的商机和更多的就业机会。[①] 能源白皮书提出了建立低碳经济的可能和思路,并没有对低碳经济进行明确界定。

近年来,国内学者对低碳经济的定义进行了许多积极深入的研究。庄贵阳(2005)认为低碳经济的实质是能源效率和清洁能源结构问题,核心是能源技术创新和制度创新,目标是减缓气候变化和促进人类的可持续发展,即依靠技术创新和政策措施,实施一场能源革命,建立一种较少排放温室气体的经济模式,减缓气候变化。[②] 冯之浚、牛文元(2009)认为,低碳经济是低碳发展、低碳产业、低碳技术、低碳生活等一类经济形态的总称。它以低能耗、低排放、低污染为基本特征,以应对碳基能源对于气候变暖影响为基本要求,以实现经济社会的可持续发展为基本目的。其低碳经济的实质在于提升能耗的高效利用,推行区域的清洁发展,促进产品的低碳开发和维持全球的生态平衡。这是从高碳能源时代向低碳能源时代演化的一种经济发展模式。[③] 方时姣(2009)指出低碳经济是经济发展的碳排放量、生态环境代价及社会经济成本最低的经济,是一种能够改善地球生态系统自我调节能力的可持续性很强的经济。低碳经济有两个基本特征:其一,它是包括生产、分配、消费在内的社会再生产全过程的经济活动低碳化,把二氧化碳排放量尽可能减少到最低限度乃至零排放,获利最大的生态经济;其二,它是包括社会再生产全过程的能源消费生态化,形成低碳能源和无碳能源的国民经济体系,保护生态经济社会有机整体的清洁发展、绿色发展、可持续发展。[④] 袁男优(2010)认为低碳经济是以应对气候变化、保障能源安全、促进经济社会可持续发展有机结合为目的的新规则,包括低碳技术、低碳能源、

---

① 参见 British Government. Energy White Paper: Our energy future——creating a low carbon economy [M]. London: The stationary office, 2003: 21 - 65。

② 参见庄贵阳.中国经济低碳发展的途径与潜力分析[J].太平洋学报,2005(11):79 - 87。

③ 参见冯之浚,牛文元.低碳经济与科学发展[J].中国软科学,2009(8):13 - 19。

④ 参见方时姣.也谈发展低碳经济[N].光明日报(理论周刊),2009 - 05 - 19(010)。

低碳产业、低碳城市和低碳管理五个构成要素，具有经济性、技术性和目标性三大特征，是一种低能耗、低污染、低排放的发展模式，是一个科学、经济、社会、环保系统交织的综合性问题，发展低碳经济的切入点为低碳社会、低碳市场和低碳产业。[①]

2. 碳排放量及其影响因素

一般认为能源的使用和追求经济增长造成碳排放量的增加。早期研究认为碳排放的主要影响因素是人均国民收入水平，在低收入水平阶段，随着收入的上升，环境质量退化，但人均收入水平达到一定的值后，随着收入水平的上升，污染排放水平开始下降，环境质量好转，该结论也被称为环境库兹涅茨曲线（Environment kuznets Curve，简称 EKC）。对此的解释是，在达到一定的收入水平后，人们对于环境退化的关注越来越多，通过必要的制度、法律和技术调整，环境污染的监管机制被建立起来，有效地减轻了污染水平。此后许多学者对环境库兹涅茨曲线进行了实证，普遍采用污染水平和污染强度来衡量环境退化的程度，但由于污染物指标选取的不同，得出的结论各不相同，有的研究认为是 N 型或倒 N 型，或者也有认为环境库兹涅茨曲线不存在的。

Lenzen 等（2010）利用蒙特卡罗技术的多边投入—产出模型模拟英国的碳足迹，在 89% 的概率下发现英国 1994—2004 年碳足迹已经增加了。[②]

国内学者们对于碳排放量的核算研究主要有两个角度：一是基于能源消费研究碳排放量，二是基于经济增长（GDP 或人均 GDP）与碳排放量的相关性。陆虹（2000）建立了人均二氧化碳和人均 GDP 之间的状态空间模型，发现二者不是简单地呈现为倒 U 关系。[③] 韩玉军等（2009）对不同国家的研究表明，不同组别国家的二氧化碳库兹涅茨曲线差异很大，分别呈现出倒

---

① 参见袁男优. 低碳经济的概念内涵[J]. 城市环境与城市生态，2010(1)：43 - 46。

② 参见 Manfred Lenzen, Richard Wood, Thomas Wiedmann. Uncertainly Analysis for Multi-region Input—output Models—a Case Study of the UK's Carbon Footprint[J]. Economic Systems Research, 2010(1)：43 - 63。

③ 参见陆虹. 中国环境问题与经济发展的关系分析——以大气污染为例[J]. 财经研究，2000(10)：53 - 59。

U、线性等关系。[①] 蔡昉等(2008)通过拟合 EKC 估计排放水平从升到降的拐点,考察了我国经济内在的节能减排要求,认为如果温室气体的减排被动等待库兹涅茨拐点的到来,将无法应对日益增加的环境压力。[②] 袁鹏等(2011)测算了我国284个城市工业部门的环境效率,并分析了环境效率与经济增长的关系,环境效率与经济增长之间存在倒U形曲线关系。虽然当前大部分城市位于倒U形曲线的上升阶段,但已临近转折点。要进入倒U形曲线的下降通道,必须走新型工业化道路,鼓励企业采用更加环保的生产技术,除严格执行环境监管政策外,还应该采取污染税、排污权市场交易机制等经济措施。[③] 张为付等(2011)对中国对外贸易隐含碳排放研究中发现,中国对外贸易中隐含碳排放不仅数量巨大,而且分布不平衡,净出口隐含碳已经达到相当可观的数额;中国对外贸易中隐含碳排放失衡主要是由少数几个行业引起的,失衡的行业集中度较高;金属冶炼及压延加工业的隐含碳排放失衡对总体碳排放失衡具有重要影响,而其失衡却呈现反复变化的特征。此外,中国与主要贸易伙伴碳排放失衡表明,中国对外贸易中隐含碳排放大量增加是新一轮国际产业转移的结果,发达国家对中国碳排放应该承担部分责任。[④]

3. 实现低碳经济的措施及其影响

国内外学者的研究由是否应采取措施向最优措施的选择不断深化。目前转型途径的研究可以归结为制度机制和技术手段。制度机制包括征收碳税、能源效率税、碳关税和建立碳交易市场等。

(1)是否应立即采取措施。Stern(2006)在报告中指出,在向低碳经济

---

① 参见韩玉军,陆旸.经济增长与环境的关系——基于对 CO_2 环境库兹涅茨曲线的实证研究[J].经济理论与经济管理,2009(3):5-11。

② 参见蔡昉,都阳,王美艳.经济发展方式转变与节能减排内在动力[J].经济研究,2008(6):4-11,36。

③ 参见袁鹏,程施.中国工业环境效率的库兹涅茨曲线检验[J].中国工业经济,2011(2):79-88。

④ 参见张为付,周长富.我国碳排放轨迹呈现库兹涅茨倒U型吗?——基于不同区域经济发展与碳排放关系分析[J].经济管理,2011(6):14-23。

转型的过程中,存在复杂的政策挑战。由于气候变化的结果是全球性的,因此应采取国际集体行动,建立有价格信号的碳市场,刺激科技研究和推广应用的措施,发展中国家尤其应该如此。[①] 而 Stern 的反对者 Robert 则认为 Stern 的报告内容失察,即使近期采取报告中提到的三项措施减排成本也不会很小,且气候变化对穷国的影响较大。[②③④]

(2)政策选择和影响。政策选择一直是近年来学者们热议的问题,其中对于碳税的讨论居多。Adarm B. Jaffe(1995)指出环境规制对出口贸易产业短期有不利影响,长期将趋向于贸易平衡。[⑤] David Rich(2004)认为 WTO(世界贸易组织)和《京都议定书》两者在管理气候变化问题上存在交叉和矛盾。[⑥] Werner Antweiler (2001),Steven Yamarik(2011)认为在只考虑要素禀赋的条件下自由贸易导致"污染避难所",而在采取环境规制的条件下,自由贸易有利于污染的减少。[⑦⑧] Waggoner (2009)认为控制碳排放的所有措施比较而言,征收碳税是最有效率的且是中性的,他同时主张碳税应采取累

---

① 参见 Nicholas Stern. Stern Review on the Economics of Climate Change[R]. London, U.K. Cabinet Office-HM Treasury. 2006。

② 参见 Robert o. Mendelsohn. A Critique of the Stern Report[J]. Regulation,2007,29(4):42 - 46。

③ 参见 Robert o. Mendelsohn, Larry Willians. Mitigation and Adaptation Strategies for Global Change [J]. Mitigation and Adaptation Strategies for Global Change,2004,9(4):315 - 333。

④ 参见 Robert o. Mendelsohn, Ariel Dinar, Larry Willians. The Distributional Impact of Climate Change on Rich and Poor Countries[J]. Environmental and Development Economics,2006,11(2):159 - 178。

⑤ 参见 Adarm B. Jaffe, Steven R. Peterson ect. Stavins. Environmental Regulation and the Comprtitiveness of U.S. Manufacturing: What does the Evidence Tell Us? [J]. Journal of Economic Literature, 1995(3):132 - 163。

⑥ 参见 David Rich. Climate Change, Carbon Taxes, and International Trade: An Analysis of the Emerging Conflict between the Kyoto Protocol and the WTO[J]. American Economic Review, 2001(5): 213 - 219。

⑦ 参见 Werner Antweiler, Brian R. Copeland and M. Scott Taylor. Is Free Trade Good for the Environment? [J]. American Economic Review, 2001(4):877 - 908。

⑧ 参见 Steven Yamarik, Sucharita Ghosh. Is Natual Openness or Trade Policy Good for the Environment? [J]. Environment and Development Economics, 2011(12):657 - 684。

进税率。[①] 持相似观点的还有 Hiau Looi Kee 等(2010),其在利用重力模型分析 OECD 国家征收碳税的影响时,发现出口国征收碳税对能源密集型产业的出口不会产生太大的影响(只有水泥行业发生了出口逆转),而征收能源效率税则对贸易有负作用。[②] 还有很多学者对已征收碳税的国家的征税效果进行测算[③④⑤],或者预测拟征碳税国家征税后的结果。[⑥] Stephen Pacala (2004),Loannis(2010),James H. Williams 等(2012)均认为可以通过科技创新,如发展电气能源、核电技术,在现有技术水平下提高能源效率等方法来实现减少二氧化碳排放量的目标。[⑦]

在《京都议定书》的约束下,温室气体(碳)排放权成为一种稀缺资源,鉴于温室气体排放影响的全球性,《京都议定书》建立了三种灵活减排机制,联合履约(JI)、清洁发展机制(CDM)和国际排放贸易(IET)。目前不存在统一的国际碳排放权交易市场,碳交易分散在各区域市场中,这些市场的交易商品、合同结构和管理办法不同。最大的是欧盟碳排放交易体系(EU ETS),其次是美国芝加哥气候交易所(CBOT)。

国内的学者们对于建立碳交易市场的问题意见不统一。程恩富等(2010)认为减排是权宜之计,唯有按年度报告测算全球当年的碳排放量,并在各国之间公平分配碳排放权,低碳经济才有现实的可能性。[⑧] 杨志等

---

① 参见 Michael Waggoner. Why and How to Carbon Tax[J]. Colorado Journal of International Enironmental Law and Policy, 2009(20):6-9。

② 参见 Hiau Looi Kee, Hong Ma2 and Muthukumara Mani. The Effects of Domestic Climate Change Measures on International Competitiveness [J]. The World Economy,2010(6):820-829。

③ 参见 Nikolaos Floros, Andriana Vlachou. Energy Demand and Energy - related CO_2 Emissions in Greek Manufacturing: Assesing the Impact of a Carbon Tax[J]. Energy Economics,2005(5):387-413。

④ 参见 S. Gibin, A. McNabola. Modelling the Impacts of a Carbon Emission - differentiated Vihiclet-ax System on CO_2 Emissions Intensity from New Vehicle Purchases in Ireland[J]. Energy Policy,2009(4):1404-1411。

⑤ 参见 Paul Ekins, Hector Pollitt, Philip Summerton, Unnada Chewpreecha. Increasing Carbon and Material Producitivity though Environmental Tax Reform[J]. Energy Policy, 2012(3):365-376。

⑥ 参见参考文献[76]—[92]。由于数量较多,所以不逐一列出(下同)。

⑦ 参见参考文献[93]—[96]。

⑧ 参见程恩富,王朝科. 低碳经济的政治经济学逻辑分析[J]. 学术月刊,2010(7):62-76。

(2010)认为中国幅员辽阔,人口众多,各地经济发展水平呈现出明显的结构性特征,建立全国统一的碳交易市场短期内是不现实性的,构建区域性碳市场是势在必行的战略性安排。①

4. 中国发展低碳经济的原因、条件和路径

对于中国实现低碳经济的路径,国内学者们的总体思路相近。付允等(2008)指出,中国由于面临较大的温室气体减排的压力,能源安全面临严重威胁和生态环境恶化等原因,应以节能减排为发展方式,以碳中和技术为发展方法,实施节能优先、大力发展再生能源、设立碳基金,从而激励低碳技术研发,通过建立国家碳交易机制等措施实现低碳经济。② 鲍健强等(2008)认为,我国发展低碳经济要调整产业结构,限制高碳产业的市场准入;降低对化石能源的依赖,发展低碳工业和低碳农业并建设低碳城市;还要植树造林、生物固碳,扩大碳汇。③ 国务院发展研究中心应对气候变化课题组(2009)认为,我国发展低碳经济是因为:一是我国要用先进理念引导发展而不能走"先污染后治理"的老路;二是自"九五"期间我国提出转变增长方式以来,没有达到预期效果,在一定程度上缺乏相应的统计、考核指标和对执行情况的监督;三是从国情出发,我国发展低碳经济也很紧迫。④ 建议应从总体规划、优化产业结构、发展壮大循环经济、重视低碳技术的研发和储备、开展低碳经济试点和加强国际交流与合作等方面入手建设低碳经济。⑤ 庄贵阳(2009)认为,发展低碳经济有助于中国经济的转型,保护环境,避免技术和资本的锁定效应。但低碳经济在中国的含义不是减少化石

---

① 参见杨志,陈波. 中国建立区域碳交易市场势在必行[J]. 经济学前沿,2010(7):1-5。

② 参见付允,马永欢,刘怡君,等. 低碳经济的发展模式研究[J]. 中国人口·资源与环境,2008(3):14-19。

③ 参见鲍健强,苗阳,陈锋. 低碳经济:人类经济发展方式的新变革[J]. 中国工业经济,2008(4):153-160。

④ 参见国务院发展研究中心应对气候变化课题组. 当前发展低碳经济的重点与政策建议[J]. 中国发展观察,2009(8):13-15。

⑤ 参见国务院发展研究中心应对气候变化课题组. 低碳经济的中国策[J]. 新经济导刊,2009(10):91-95。

燃料的使用，而是全力提高中国的能源利用效率，即单位 GDP 能耗逐步降低。[①] 潘家华（2012）认为，从历史发展的角度看，中国进行低碳转型是必然趋势，虽然不能立即转向低碳经济，且作为一个人口大国，又处于城市化和工业化的过程，向低碳经济转型将面临诸多挑战，且早转型早有主动权，早取得竞争优势，但可以考虑从节能技术、寻求替代能源和改变消费行为等方面入手缩短转型时间。[②] 王毅（2009）指出，对中国这样的发展中大国而言，发展低碳经济存在明显的困难和障碍，具体表现为资源禀赋、发展阶段、国际贸易结构、经济成本、不完全市场、技术推广体系、制度安排、配套政策和管理体制等方面。[③] 金乐琴（2009）指出中国发展低碳经济与现有的发展阶段和发展方式相矛盾，与以煤炭为主体的能源结构矛盾，与产业和贸易结构低端化矛盾，而优势体现为减排空间大、成本低、技术合作潜力大。[④] 金乐琴（2010）进一步研究发现，技术创新和产业结构调整是中国低碳经济发展的关键，而市场的信息失灵和协调失灵是阻碍低碳经济发展的两大因素。[⑤] 姜克隽（2009）认为，作为一个经济增长速度较高的国家，中国未来的能源需求和碳排放会明显加快，至 2030 年将是 2005 年的 2 倍以上，但中国也有机会在 2020 年之前就将碳排放控制住。如果中国走低碳经济发展道路，必须从现在就采取适当的政策，否则由于技术锁定效果，实现低碳发展的机会就越来越小了。[⑥]

从低碳经济与产业国际竞争力两者的关系来看，低碳经济应该是未来产业竞争力发展的约束性条件，综合国内外学者和机构的研究成果，可以发现：

---

① 参见庄贵阳. 中国发展低碳经济的困难与障碍分析[J]. 江西社会科学，2009（7）：20－26。

② 参见潘家华. 中国低碳转型势在必行，但挑战严峻[J]. 环境保护与循环经济，2012（1）：30－32。

③ 参见王毅. 中国低碳道路的战略取向与政策保障[J]. 绿叶，2009（2）：28－32。

④ 参见金乐琴. 中国如何理智应对低碳经济的潮流[J]. 经济学家，2009（3）：100－101。

⑤ 参见金乐琴. 中国低碳发展：市场失灵与产业政策创新[J]. 北京行政学院学报，2010（1）：56－59。

⑥ 参见姜克隽. 中国低碳道路的战略取向与政策保障[J]. 绿叶，2009（2）：28－32。

(1)对于产业国际竞争力的研究分层次。具体分为产品竞争力、企业竞争力、产业竞争力和国家竞争力。由于竞争力的多个层次之间存在着内在联系,所以有时在研究相关问题时很难完全相互脱离,特别是作为中观层次的产业,是微观企业竞争力的集合,是国家竞争力的体现,是国际竞争力的中轴部分。

(2)产业国际竞争力具有动态和综合性的特点。产业国际竞争力的动态性表现在两个方面:一是竞争力会随着时间而改变;二是竞争力本身包括竞争力的培育、形成过程和最终表现三个阶段,因此对于竞争力的研究是实时的,可以总结,也可以展望。同时竞争力又是“立体”的,一般不能从单维的角度进行评价,能力是多方面的,表现也要多方面评判,所以一般研究竞争力最好全面准确。

(3)对产业国际竞争力研究必须明确基本目标。由于经济学研究离不开特定的背景和设定的条件,所以经济理论很难如自然科学那样,一个定理涵盖全部问题的本质特征,用一个公式就能够解决所有问题。由于历史时期、地域、资源条件和发展阶段等差别,导致界定和评价产业国际竞争力的核心目标是有所差异的。

(4)产业国际竞争力的评价多采用指标体系。由于产业国际竞争力是多层次、动态和综合的,所以对产业国际竞争力的评价基本都是先设定指标体系,然后综合分析,再得出整体结论。其中有些指标是国际通用的,如市场占有率、利润率、显性比较优势指数等,有些指标需要专门构造。测评结果是否可以完全反映真实情况,就取决于评价指标体系的构建质量。

综上,即使有了诸多的理论和评价方法的研究,也不能满足不断变化的现实条件的要求,因此对于产业国际竞争力的研究是无穷尽的,特别是在约束性条件发生改变的情况下,例如可持续发展成为当今经济发展的约束性条件,低碳经济成为必然趋势,就需要引入这些条件对应的评价指标。就目前的研究成果而言,有单独进行资源约束或环境约束研究的,因此,将两方面的情况综合在一起进行研究就很有必要。

四、研究方法

(1)运用理论演绎和 AHP 分析法,构建低碳经济条件下产业国际竞争力的评价指标体系。结合国内外对产业国际竞争力定性和定量研究的现有成果和经验,结合对低碳经济的理解,本书按照产业国际竞争力构建的原则,自行构建了一般产业国际竞争力评价指标体系,在此基础上引入产业低碳化评价指标层,形成低碳经济下产业国际竞争力综合评价指标体系(本书称之为低碳综合评价指标体系)。再根据专家的意见,对各一级指标和二级指标分配权重。

(2)运用调查法和模型分析法,对我国产业基于低碳经济的国际竞争力进行测评,运用 STIRPAT 模型对低碳经济下产业国际竞争力的影响因素进行筛选。用于解释人类活动对环境影响的原有模型为 IPAT,通过近几年的完善和改进,现在学者们多用 STIRPAT 模型研究碳排放的影响因素。本书在实证的过程中,结合中国的实际情况,对 STIRPAT 模型中的解释变量进行了相应的改进和扩展,并运用动态面板数据,同时考虑到数据的精确度和内生性等特点,采用 System GMM 方法对模型进行回归。

(3)运用比较分析法,借鉴国际先进经验,为低碳经济下提升中国产业国际竞争力,特别是制造业竞争力提供路径和措施建议。考虑到各国产业分类的不完全一致性,因此仅对中国与日本、美国、德国的制造业产业国际竞争力的整体水平进行了国际比较。同时,对上述国家及印度等国发展低碳经济的路径进行了国际对比,总结这些国家的成功经验和基本做法,为中国提升产业国际竞争力提供经验借鉴。

(一)研究内容与技术路线

1.研究内容

本书的主要研究内容包括以下几个方面:

(1)界定低碳经济国际竞争力概念。在现有研究中对于国际竞争力的界定各不相同,与国家竞争力和企业竞争力相互混同,对于国际竞争力的内涵也众说纷纭。本书将低碳经济条件下国际竞争力的概念根据中国实际加以界定,并给出对应的外延。

(2)模型构建及测算分析。本书从国际竞争力的界定入手,并对中国参与国际竞争的产业的碳排放量进行测度,对低碳产业国际竞争力的影响因素进行研判,构建低碳经济国际竞争力的衡量模型,并进行地区和国际比较。

(3)对照影响低碳经济产业国际竞争力的因素和国际比较的结果,在我国发展低碳经济的必然趋势下,提出政府和企业在低碳经济条件下提高产业国际竞争力的路径和对应的措施。

2. 技术路线

如图 0 - 9 所示,本书从经济学角度对低碳经济和产业国际竞争力的内涵界定入手,在传统产业国际竞争力评价体系的基础上,引入产业低碳化指标层,构建基于低碳经济的综合评价指标体系,再结合低碳经济下产业国际竞争力的影响因素和国际比较,提出低碳经济条件下提升中国产业国际竞争力的政策建议。

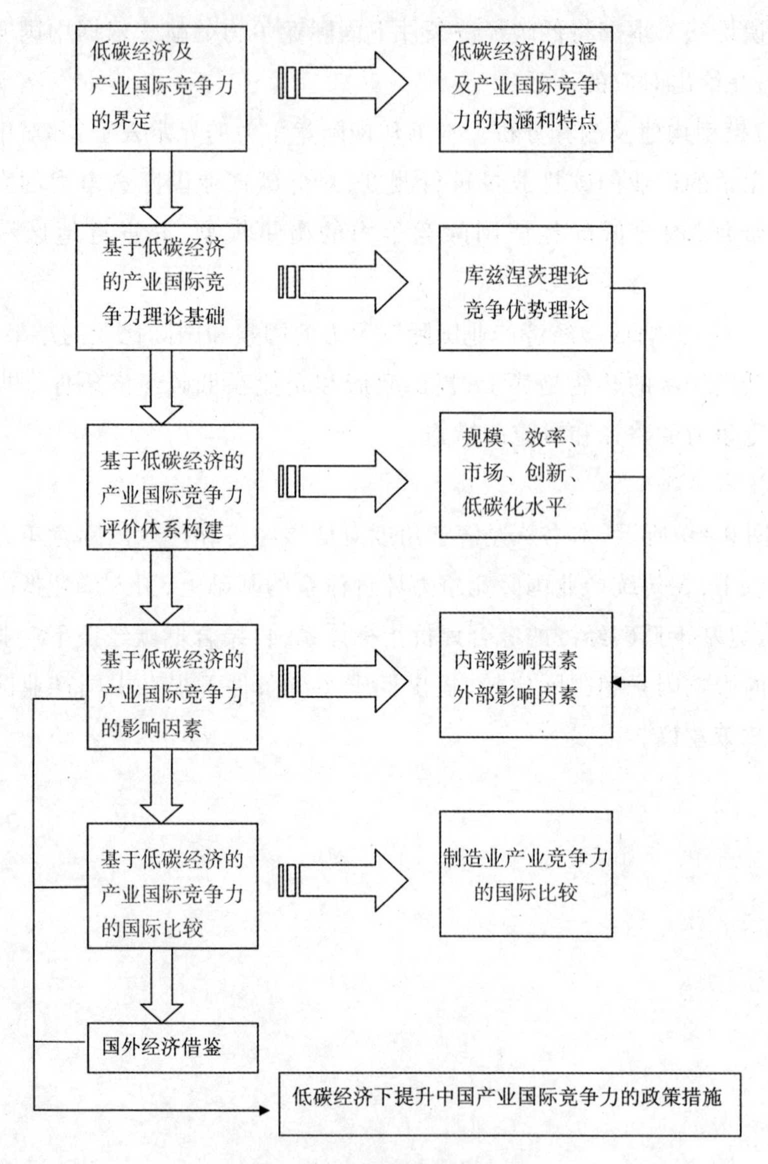

图 0－9　研究的技术路线

(二)主要创新点和不足

1. 主要创新点

(1)构建了基于低碳经济的产业国际竞争力的评价指标体系。基于可持续发展的视角对低碳经济进行界定,围绕低碳经济内涵,引入了产业国际竞争力的低碳化指标层，并利用德尔菲法和 AHP 法对基于低碳经济的产业国际竞争力的五个一级指标分配权重，形成评判产业国际竞争力的价值尺度，并构建评价指标体系。

（2）对 1995—2010 年中国制造业低碳经济下的产业国际竞争力变动状况进行测评和比较。运用一般产业国际竞争力评价指标体系进行评价，中国制造业 28 个产业的国际竞争力显著提高，横向比较可以看出纺织业的国际竞争力自然下降。如果引入低碳化水平指标，则大多数产业的低碳化指标为正值，且每个产业的低碳化水平指标均处于长期波动状态，表明减排的机制没有生成，内部的减排动力不足，受外界影响较大，缺乏减排的内生机制。

（3）采用动态面板数据，运用 System GMM 方法对低碳经济下产业国际竞争力的影响因素进行实证分析。以产业国际竞争力的传统理论为依据，识别低碳经济下产业国际竞争力的影响因素，结果发现二氧化碳排放与产业结构、能源消费结构、出口结构和外商投资产业结构等均有不同程度正相关。而随着各产业劳动生产效率的提高，产业的二氧化碳排放强度应先上升后下降，在外界环境较为宽松的条件下，可能出现“N”型重组效应。

2. 主要不足

（1）为了结合中国发展低碳经济的近期减排目标，基于低碳经济的产业国际竞争力评价指标主要考虑了二氧化碳排放强度指标，缺少对二氧化碳排放总量减排的考查，在进行横向国际比较研究时，只考虑碳排放强度的指标体系，对于研究发达国家的产业国际竞争力有不全面之嫌。未来随着中国进行国际承诺的方式的不同，对于低碳经济下产业国际竞争力的评价指标体系应动态演进。这也是未来跟进研究的内容之一。

（2）测算单个产业的二氧化碳排放量时，只考查基于能源消费量产生的二氧化碳排放量，排放源不完整，对于每个产业而言，只能说明主要二氧化碳排放量，不能准确测算每个产业所有活动的二氧化碳排放量。另外在测算二氧化碳排放量时，运用的碳排放缺省因子对照的是国际标准，与中国境内使用的燃料热值和碳排放值略有差别，也对二氧化碳排放量统计精确度造成一定影响。考虑到能源燃料是产生二氧化碳的主要诱因,且进行横向比较,上述误差应该不会导致结论偏差过大。随着数据可获得程度的提高,在未来研究中应不断完善二氧化碳排放量理论估算的方法,提高研究的精确度。

(3)虽然同属制造业,但由于各产业间实际竞争力构成情况存在差别,对于特定产业提升国际竞争力的具体方式应有所区别。由于本书的篇幅所限,仅从共性角度提出了应对低碳经济发展,提升中国制造业国际竞争力的总体路径和方式。在今后的研究中,应针对不同产业的各自特点,进行深入而有针对性的研究,同时还应更深入地关注中国向低碳经济转型的政策优化选择等更具有实践性的问题。

第一章　相关概念的界定与理论基础

研究低碳经济条件下产业国际竞争力问题，首先应对低碳经济和产业国际竞争力相关概念及理论进行梳理。

第一节　低碳经济内涵的界定

如前所述，2003 年英国政府发布能源白皮书《我们未来的能源：创建低碳经济》。书中指出，低碳经济能通过更少的自然资源消耗和更少的环境污染获得更多的经济产出，低碳经济是创造更高的生活标准和更好的生活质量的途径，为应用和输出先进技术创造了机会，同时也能创造新的商机和更多的就业机会。由于当年在白皮书中对低碳经济并没有确切地进行定义和提出相关的界定方法，且其内涵仍处于不断发展和丰富的状态，所以至今低碳经济并没有明确统一的概念。现在低碳经济已经不是一个简单的技术问题，而是一个涉及经济、社会、环境系统等各方面的综合性问题，低碳经济成为低碳发展、低碳产业、低碳技术和低碳生活等一类经济事物的总称。

一、低碳经济的内涵

结合低碳经济的研究现状，从经济学角度来看，低碳经济是指在资源和环境的双重约束下，为了减少人类经济活动对生态系统的负面影响，通过技术创新和制度设计等途径，尽量减少高碳能源的消耗，减少温室气体的排放，实现人类生存、经济、社会和生态环境可持续发展的经济发展方式。广义上讲,低碳经济也是人类必须选择的一种新的发展模式。

从经济学角度可见,低碳经济是绿色生态经济,是高效经济,它要求全球所有的国家在保持生态平衡的前提下,不断进行技术创新和制度创新,改变能源消费结构,低消耗、高产出、低排放,不断调整和优化产业结构,实现科学和谐发展。

二、低碳经济内涵的理解

准确理解低碳经济的内涵,还应该把握好以下四个方面的内容。

第一,低碳经济将环境视为生产要素。传统的西方经济学将生产要素分为四类,即土地、劳动、资本和企业家才能,对应的要素报酬分别为地租、工资、利息和利润。发展低碳经济的目的是抑制全球气候变暖,因此,低碳经济将碳排放权视为稀缺资源,对碳排放进行定价,将其计入生产成本中。从结果上看,现有能源消费结构将导致生产成本的上升,迫使生产者寻找替代能源,降低或消除碳成本。在向低碳经济转型过程中,有两个结果是可以预见的:一是找到替代能源之前,生产成本将上升,消费者将面临短期的福利水平损失。如图1-1所示,在原有的生产能力和消费偏好下,原生产者最大可能性边界曲线AA'与消费者无差异曲线Ⅰ在E点均衡,此时对应的X和Y的产品产量为Q_X和Q_Y。当将碳排放作为生产要素计入生产成本中后,生产成本将提高,生产者最大可能性边界曲线向左移动至BB'。如果消费偏好不变,消费者无差异曲线Ⅱ将与BB'交于点E',此时得到的X和Y的产品产量将减少Q_X'和Q_Y'。由于X和Y为不同产业,能耗水平存在差异,计入的碳成本存在差别,所以相对价格可能由l曲线的斜率的绝对值调整为l'曲线的斜率的绝对值,即相对价格发生变化,进而导致产业结构的调整。同时由于消费者无差异曲线Ⅰ变动至Ⅱ,向原点移动,所以消费者的福利水平降低。二是新能源产业必然成为新兴战略性产业,并且成为各国争夺的制高点。

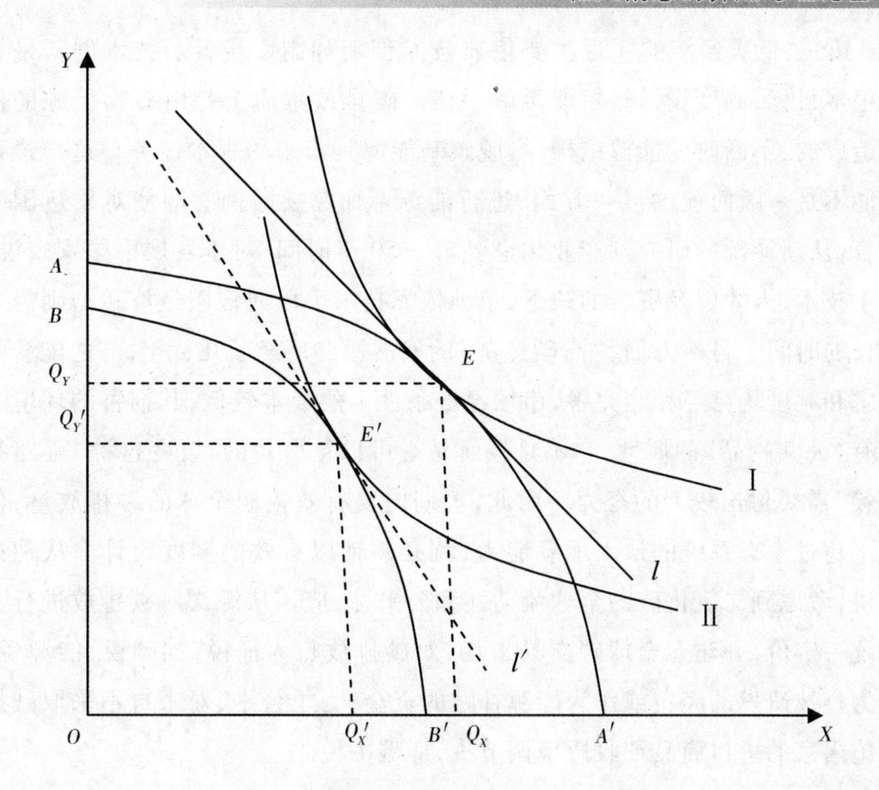

图 1-1　低碳经济转型的一般均衡分析

第二,低碳经济是人类的新发展模式。自工业革命以来,人类进入了机械化大生产的时代。随着科技发展,资本的有机构成不断提高,人类对能源的需求也日益增加。同时由于推动机器设备工作的能源以化石能源为主,因此逐渐形成了碳排放与经济增长同步的发展模式,即所谓的高碳经济。高碳经济的不可持续性主要体现在两个方面:一方面,化石能源本身具有不可再生性,终有一日会枯竭;另一方面,化石能源使用过程中排放出的大量二氧化碳是温室气体,能加重温室效应,加速全球气候变暖,威胁到整个生态系统的平衡。低碳经济作为人类的新发展模式,与高碳经济的区别在于要求经济"脱碳化"发展。低碳经济属于可持续发展范畴,不能以牺牲经济增长来实现低碳化,而要改变目前经济增长与碳排放两者正相关的发展模式,最终目标是使人类的经济活动对生态系统或至少是气候系统的影响是中性的。

第三,低碳经济的实现主要依靠技术创新和制度设计。技术创新是长期根本目标,制度设计是短期缓解手段。碳排放本质上是由矿物能源的使用造成的,不断改变能源结构,摆脱碳基能源是未来的根本任务。这个过程可能不是一蹴而就的。一方面,进行能源革命需要时间。即使对发达国家而言,从新能源的研究到产业化也要20—50年时间;对于发展中国家来说,由于技术、人才以及资金的缺乏,单纯依靠技术手段向低碳经济转型则需要更长的时间。另一方面,"高碳经济"的发展已经历经了几百年,与之配套的技术和制度均已经相当完善,市场经济条件下的成本较低,其损害的环境又具有"公共物品"的属性,它不是轻而易举可以被取代的,改变这种"强路径依赖"需要付出较大的努力。因此,短期内要有效控制全球的碳排放量,使之不超过生态系统的最大承载能力,就必须辅以有效的制度设计。从理论上讲,考虑到二氧化碳的全球流动性和公平性,应该从源头对碳排放进行全球统一定价,并建立全球碳交易市场;对碳排放行为征税,如碳税、能源税,作为科技研发的经费或作为能源补贴的资金;为了公平,对来自不采取减排措施国家的进口商品征收边境调节税,即碳关税。

第四,实现低碳经济转型是一个世界性难题。由于环境和气候具有公共物品属性,过度碳排放的危害是累积性和全球性的,因此低碳经济转型是一个世界性问题。从目前的情况看,世界各国的碳排放量是不均衡、不同步的,但危害同步,危害程度不一,"外部性"问题突出。而各国的发展情况和发展阶段各不相同,向低碳经济转型的动机各异,达成高度一致的基础较弱。就发展低碳经济的迫切性而言,强制性进行制度的选择和构建将是短期内要面对的问题,而选择哪种制度体系以及相应制度体系的公平性、效率、效果如何将成为世界各国政府与学者们关注的热点和难点。

第二节　低碳经济对产业国际竞争力的影响

低碳经济在由简单想法变成现实的过程中,会影响到产业的发展和产业国际竞争力。

一、低碳经济将改变产业国际竞争力格局

就竞争力的层次而言，产品竞争力、企业竞争力、产业竞争力、地区竞争力、国家竞争力是层层叠加、相辅相成、互为依托的。而产业国际竞争力作为中观因素，是联系企业和政府的纽带，在经济全球化时代日益受到各国企业家及政府的高度重视。政府为了实现宏观目标，将与企业家一道以产业的名义维护自身的利益，特别是在竞争力衰落或经济低迷时期，这种情况将表现得尤为突出。低碳经济的提出将为这些国家提供一个绝佳的"政策工具"，特别是发达国家，因为其恰恰在技术和制度上具有比较优势。2009 年 6 月美国众议院通过了《美国清洁能源安全法案》、《限量及交易法案》，其中均有专项条款授权美国政府从 2020 年起对没有采取与美国相当的温室气体减排措施的国家的进口商品征收特别关税，即"碳关税"。美国虽然没有在《京都议定书》上签字，却在"后京都"时代为争取主动而构筑"碳壁垒"，主要是针对诸如中国这样的发展中出口大国，改变竞争规则，增加他国出口产品成本，进而改变产业国际竞争力格局。

二、低碳经济将推动产业国际竞争力评价体系生态化

从 20 世纪 70 年代提出国际竞争力的概念以来，伴随着经济全球化程度的加深，国内外学者对国际竞争力及其相关问题一直争论不休。学者们不仅从不同角度对国际竞争力进行定义，还不断丰富国际竞争力的指导理论，构建评价指标并进行实证分析。国外的竞争力来源理论主要包括传统国际贸易理论和新国际贸易理论，如比较优势理论、要素禀赋理论、技术差距理论、产品生命周期理论、规模经济理论等，再如波特的竞争优势理论和诺斯的制度创新理论。结合上述理论的指导思想，瑞士日内瓦的民间组织世界经济论坛（World Economic Forum，简称 WEF）从 1980 年开始进行工业化国家竞争力指数的排名，从 1985 年起该组织与瑞士洛桑国际管理发展学院（International Institute for Management Development，简称 IMD）合作出版

《世界竞争力年鉴》。[①] 1996 年这两个组织虽因意见不合而分道扬镳，但仍各自出版国际竞争力报告。中国对国际竞争力的研究虽然滞后，但结合了中国的实际情况，研究内容也较完整而深入。国内的学者们结合中国的经济发展需要，对单一产业国际竞争力、地区整体产业国际竞争力、直接投资对产业竞争力的影响等问题进行了理论剖析和实证分析。如金碚（2002 年）从经济学角度对竞争力进行了解释[②]；裴长洪等（2002 年）梳理了国际竞争力的理论概念和分析方法[③]；魏后凯等（2002 年）对我国 31 个省区工业竞争力进行了评价。[④]

传统的产业国际竞争力评价体系都围绕生产力或经济效益的现状或发展潜力等指标进行测评，忽略了生态影响。在全球气候变暖，生态环境恶化的条件下，我们要改变以追求经济效益为重的做法，这是发展低碳经济的前提和基础。所以，发展低碳经济的过程中，对产业国际竞争力的评价首先应以生态无害化为核心，以测算碳减排为重点，构建新的评价体系，从价值观念和取向上改变评价方法。党的十八大报告提出：要加强生态文明制度建设。要把资源消耗、环境损害、生态效益纳入经济社会发展评价体系，建立体现生态文明要求的目标体系、考核办法、奖惩机制。走低碳发展道路是转变发展方式、确保能源安全、有效控制温室气体排放的根本途径，也有利于推动中国产业升级和企业技术创新，提升中国产业国际竞争力。

三、低碳经济将成为产业国际竞争力提升的压力和动力

目前低碳经济的发展思路和模式仍处于探索中，即使是发达国家，在这个问题上的意见也并不统一。碳交易、碳金融、低碳技术、低碳产业这些新生事物都为我们的产业发展提供了良好的契机，同时发达国家在制度设计

---

① 参见 Schwab K. The Global Competitiveness Report 2010 - 2011[R]. Geneva, 2011。

② 参见金碚. 经济学对竞争力的解释[J]. 经济管理，2002(22)：4 - 12。

③ 参见裴长洪，王镭. 试论国际竞争力的理论概念与分析方法[J]. 中国工业经济，2002(4)：41 - 45。

④ 参见魏后凯，吴利学. 中国地区工业竞争力评价[J]. 中国工业经济，2002(11)：54 - 62。

的选择上也会为我们预设重重障碍，机遇与挑战并存。面对诸多不确定因素，考虑到发展低碳经济是大势所趋，最好的做法就是提前应变，抢占先机，加强自律，避免被动。

第三节　基于低碳经济产业国际竞争力的界定

如前所述，对于产业国际竞争力的传统界定和评价通常不考虑环境影响，仅以提高生产效率和经济效益为重心。如魏世灼（2010）比较了理论界对产业国际竞争力的定义后，指出竞争力应包括竞争实力的源泉、竞争的过程和竞争的最终结果三部分，因此从综合经济活动的投入、过程和结果这三个方面来看，产业国际竞争力是一国特定的产业在国际市场上所表现出来的比较生产力、开拓能力和所占的地位。①

结合低碳经济的要求，考虑到中国不是《联合国气候变化框架公约的京都议定书》的附件Ⅰ国家，虽不承担强制性减排任务，但自愿承诺碳强度减排的实际情况，本书将基于低碳经济产业国际竞争力定义为：在开放经济且考虑环境规制条件下，特定国家的某一产业能够在国际市场上提供好的产品和服务，不断减少碳排放量，提高能源使用效率，且保持竞争优势的能力。

与以往对产业国际竞争力的研究相比，基于低碳经济产业国际竞争力研究主要有以下四个特点。

第一，考虑环境规制因素。以前学者们定义的产业国际竞争力均明示或暗示在自由竞争条件下，不考虑制度和制度成本，而基于低碳经济产业国际竞争力的研究则需要基于制度和制度成本来进行。正如前面对低碳经济内涵的理解，短期内各国特别是发达国家均会有相应的低碳制度设计出台，包括碳税、碳关税和碳交易或能源补贴，虽然形式各异，但都会对产业国际市场的进入成本造成影响。如“污染避难所”假说（Pollution Haven Hypothe-

① 参见魏世灼．产业国际竞争力理论基础与影响因素探究[J]．黑龙江对外经贸，2010（10）：46－48。

sis,简称 PHH)认为,污染密集产业的跨国企业倾向于建立在环境标准相对较低的国家或地区。这意味着如果国家之间没有其他方面的差异,所有污染企业就会选择在环境标准较低的国家进行生产,这些国家就是所谓的“污染避难所”。这一假说建立在严格假设的基础之上,所以早期的实证结果不能充分支持该假说,也就是没有证据证明环境标准对产业的区位选择有显著影响。一般环境标准较低的国家通常缺乏现代工业所需的技术熟练的劳动力、资本与制度(如安全而稳定的产权制度),这些会增加生产成本。当这些因素叠加后生产成本的上升大于工资或环境标准差异导致的生产成本的下降时,污染避难所假说未必成立。但近年来国内学者(如傅京燕等)的研究一致且充分地证明了中国已经成为国际产业转移和国际贸易中的“污染避难所”。[①] 在低碳经济下,自由贸易会导致隐含碳排放,直接投资则会导致碳排放的转移。

第二,在低碳经济下开放经济对产业国际竞争力的作用机理会发生改变。以往对产业国际竞争力的研究也是在开放经济条件下进行的,其作用机理为:开放经济→国际市场和投资领域开放→扩大生产规模和异地投资生产→降低成本或发挥竞争优势、比较优势→提高产业国际竞争力。在低碳经济的开放条件下,其作用机理变为:开放经济→国际市场和投资领域开放→环境规制的差异→影响国际贸易地理方向、直接投资和区位的选择→影响产业国际竞争力。

第三,低碳经济作为约束性条件将改变现有的产业竞争方式和竞争格局。在传统观念下,产业国际竞争力首先体现在质量和成本两个方面,通过开放经济的竞争与强化,产业国际竞争力将进一步得到提高。而在低碳经济条件下,二氧化碳排放量和排放成本将作为约束条件被引入,短期内将造成产品生产成本的上升,改变原有的国际竞争规则和竞争格局。

第四,基于低碳经济产业国际竞争力的研究将生产效率与能源、环境效率并重。以往的产业国际竞争力主要考核生产力、销售力和市场占有率,不

① 见参考文献[111]—[131]。

考虑环境效率。低碳经济以环境因素中的碳排放因素为核心,使用相应定量指标作为变量,考虑其对产业国际竞争力的影响。

第四节 基于低碳经济的产业分类

国内的学者通常把产业定义为具有某类共同特性的企业集合。郭振等(2003)认为产业是指具有同类社会经济职能的社会经济单位所组成的群体,泛指各种制造或提供物质产品、流通手段、服务劳务等的部门所组成的生产群体。[①] 简新华等(2001)指出产业是国民经济中以社会分工为基础,在产品和劳务的生产与经营上具有某些相同特征的企业或单位及其活动的集合,是一个中观的概念,微观企业的集合构成产业,产业的集合与消费者和政府的经济活动构成国民经济。[②] 王俊豪(2008)认为"产业"具有两个层面的含义:一是在产业组织层面上,二是在产业结构层面上。在分析同一产业内部企业间的市场关系时,产业是指生产同类或有密切替代关系的产品、服务的企业集合,需要考察整个产业的状况。在考虑不同产业间的结构与关联时,产业的定义则较为宽泛,可以界定为具有使用相同原材料、相同工艺技术或生产产品用途相同的企业的集合。[③] 根据能源消费水平和消费结构的不同,产业又可以分为低碳产业和高碳产业。

一、一般性产业分类

基于低碳经济对产业国际竞争力进行研究时,可以选用一般性产业分类标准,相关的产业分类标准目前有《国际标准产业分类》(ISIC Rev. 4)和中国的《国民经济行业分类》(GB/T 4754—2002)。

《国际标准产业分类》将产业分为 A—U 共 21 个门类,99 个大类(见附

① 参见郭振,谷永芬,景侠. 中国产业经济学[M]. 哈尔滨:黑龙江人民出版社,2003。
② 参见简新华, 魏珊. 产业经济学[M]. 武汉:武汉大学出版社,2001。
③ 参见王俊豪. 产业经济学[M]. 北京:高等教育出版社,2008。

录二）。而我国的《国民经济行业分类》将产业分为 A—T 共 20 个门类，96 个大类。由于《国际标准产业分类》与我国的《国民经济行业分类》不完全一致，所以在进行国际对比时，还要根据产业大类及其涵盖的子目录进行相应调整。

表 1－1　国民经济行业分类（GB/T 4754—2002）

序号	产业类别	所包括产业大类
A	农、林、牧、渔业	01—05
B	采矿业	06—12
C	制造业	13—43
D	电力、热力、燃气及水生产和供应业	44—46
E	建筑业	47—50
F	批发和零售业	51—52
G	交通运输、仓储和邮政业	53—60
H	住宿和餐饮业	61—62
I	信息传输、软件和信息技术服务业	63—65
J	金融业	66—69
K	房地产业	70
L	租赁和商务服务业	71—72
M	科学研究和技术服务业	73—75
N	水利、环境和公共设施管理业	76—78
O	居民服务、修理和其他服务业	79—81
P	教育	82
Q	卫生和社会工作	83—84
R	文化、体育和娱乐业	85—89
S	公共管理、社会保障和社会组织	90—95
T	国际组织	96

资料来源：中华人民共和国国家统计局行业分类标准，http://www.stats.gov.cn/tjbz/hyflbz/index.htm

由于本书主要针对中国的产业国际竞争力进行研究，所以产业的分类标准采用中国的《国民经济行业分类》。将《国民经济行业分类》中的大类作为分类的基础，结合《国际贸易标准分类》（SITC Rev.4）和 2011 年《中华人民共和国海关进出口税则》的分类进行对照归类。由于本书主要针对制造业的产业国际竞争力进行研判，因此表 1－2 仅对制造业进行分类对照。

表 1－2　制造业分类对照表

国民经济行业分类		国际贸易标准分类		中华人民共和国海关进出口税则
序号	行业	类别	商品描述	税目号
13	农副食品加工业	011.2、012、016、017、025、034.2、034.4、0345、035、036、037、042、046、047、08(081)、091、42(421、422)	食品和活动物 动植物油、脂和蜡	02 ** **** 03 ** **** 04 ** **** 05 ** **** 15 ** **** 16 ** **** 17 ** **** 23 ** ****
14	食品制造业	022、023、024、048、054、056、057、058、06（061、062）、07（071、072、073、074、075）、098	谷物制品以及水果或蔬菜的粉或淀粉制品	07 ** **** 08 ** **** 09 ** **** 10 ** **** 11 ** **** 15 ** **** 18 ** **** 19 ** **** 20 ** **** (×2009. ****) 21 ** ****
15	饮料制造业	059、111、112	饮料	13 ** **** 2009. **** 22 ** ****
16	烟草制品业	12(121、122)	烟草及烟草制品	22 ** **** 24 ** ****
17	纺织业	65（651、652、653、654、655、656、657、658、659）	纺织纤维及其废料 纺织纱(丝)、织物、未另列明的成品及有关产品	50 ** **** 51 ** **** 52 ** **** 53 ** **** 56 ** **** 57 ** **** 58 ** **** 59 ** **** 60 ** ****
18	纺织服装、鞋、帽制造业	84（841、842、843、844、845、846）、85（851）	各种服饰和服饰用品 鞋类	61 ** **** 62 ** **** 63 ** **** 64 ** **** 65 ** **** 66 ** ****

续表

国民经济行业分类		国际贸易标准分类		中华人民共和国海关进出口税则
序号	行业	类别	商品描述	税目号
19	皮革、毛皮、羽毛(绒)及其制品	21(211、212)、61(611、612、613)	生皮及生毛皮 未另列明的皮革和皮革制品以及裘皮	0505. **** 42 ** **** 43 ** **** 67 ** ****
20	木材加工和木、竹、藤、棕、草制品业	24(244、245、246、247、248)、63(633、634、635)	软木及木材 软木及木材制品(家具除外)	1401. **** 44 ** **** 45 ** **** 46 ** ****
21	家具制造业	821	家具及其零部件	94 ** ****
22	造纸及纸制品业	25(251)、64(641、642)	纸浆及废纸 纸、纸板以及纸浆和纸板制品	47 ** **** 48 ** ****
23	印刷业和记录媒介的复制	892	印刷品	49 ** ****
24	文教体育用品制造业	894、895、898.1、898.2	婴儿车、玩具、游戏及体育运动用品 未另列明的办公用品和文具 乐器及其零件和附件	92 ** **** 95 ** **** 96 ** ****
25	石油加工、炼焦和核燃料 加工业	325、334、335、597	矿物燃料、润滑油及有关原料	8401. **** 27 ** ****
26	化学原料及化学制品制造业	51(511、512、513、514、515、516)、52(522、523、524、525)、53(531、532、533)、55(551、553、554)、56(562)、591、592、593、598	有机化学 无机化学 染色原料及色料 香精油和香膏及香料 肥料 武器和弹药	29 ** **** 32 ** **** 33 ** **** 34 ** **** 35 ** **** 31 ** **** 36 ** **** 38 ** **** 93 ** ****
27	医药制造业	54(541、542)	医药品	30 ** ****
28	化学纤维制造业	653	人造纤维织物	54 ** **** 55 ** ****
29	橡胶制品业	62(621、625、629)	未列明的橡胶制品	40 ** ****

续表

国民经济行业分类		国际贸易标准分类		中华人民共和国海关进出口税则
序号	行业	类别	商品描述	税目号
30	塑料制品业	57（571、572、573、574、575、579）、58（581、582、583）、893	初级形状塑料 非初级形状的塑料	39 ** ****
31	非金属矿物制品业	66（661、662、663、664、665、666）	未列明的金属产品	25 ** **** 68 ** **** 69 ** **** 70 ** ****
32	黑色金属冶炼和压延加工业	67（671、672、673、674、675、676、677、678、679）	钢铁	72 ** **** 73 ** ****
33	有色金属冶炼和压延加工业	68（681、682、683、684、685、686、687、688、689）	有色金属	74 ** **** 75 ** **** 76 ** **** 78 ** **** 79 ** **** 80 ** **** 81 ** ****
34	金属制品业	69（691、692、693、694、695、696、697、699）	未列明的金属制品	82 ** **** 83 ** ****
35	通用设备制造业	71（711、712、713、714、715、716、718）、73（731、733、735、737）、74（741、742、743、744、745、746、747、748、749）	动力机械及设备 金属加工机械 未列明的通用工业机械和设备	84(02—20，23—24，54—63，66—68，81—83). ****
36	专用设备制造业	72（721、722、723、724、725、726、727、728）	特种工业专业机械	84(21—22，25—49，51—53，64—65，74—80，84，86). ****
37	交通运输设备制造业	78（781、782、783、784、785、786）、79（791、792、793）	陆用车辆 其他运输设备	86 ** **** 87 ** **** 88 ** **** 89 ** ****

续表

国民经济行业分类		国际贸易标准分类		中华人民共和国海关进出口税则
序号	行业	类别	商品描述	税目号
39	电器机械及器材制造业	77（771、772、773、774、775、776、778）、81（811、812、813）	未另列明的电力机械装置器械	84（50，76. 87）. **** 85 **. ****
40	通信设备、计算机及其他电子设备制造业	76（761、762、763、764）	电信、录音及重放装置和设备	90 **. **** 84（70—71，73）. ****
41	仪器、仪表及文化、办公用机械制造业	75（751、752、759）、87（871、872、873、874）、88（881、882、883、884、885）	办公用机器及自动数据处理设备 未另列明的专业、科学控制仪器 未列明的光学产品	37 **. **** 91 **. **** 84（40，69，72）. ****
42	工艺品及其他的制造业	896	艺术品、古董	71 **. **** 97 **. ****
43	废弃资源和废旧材料回收加工	—	—	—

根据《国际贸易标准分类》、《国民经济行业分类》和 2011 年《中华人民共和国海关进出口税则》整理。带 * 为不包括在前述类别中计算的项目，* 表示税则的税目号中随机变动部分，—表示没有对应类别。考虑到《国民经济行业分类》（GB/T 4754—2010）为新近调整的分类标准，对以往数据的实用性不强，所以没有采用该标准

在对制造业产业国际竞争力进行分析和对相应数据进行选取时，可以根据表 1－2 进行核算。由于废弃资源和废旧材料回收加工业、工艺品及其他的制造业的相关数据不连贯，因此本书只以前面的 28 个制造业作为产业国际竞争力的评价对象，特此说明。

二、高碳产业与低碳产业的划分

由于能源消费是二氧化排放的主要诱因，因此首先要分析中国的能源消费水平和结构。中国能源消费以煤、石油、天然气为主（见附录三），而上述三种能源均是矿物能源，属于碳基能源。这并不是中国特有的情况，世界

总体情况也是如此。[①②③] 但中国与世界其他国家在能源消费结构仍存在显著不同,中国以煤炭消费为主,其他国家多以石油消费为主。在中国能源消费产业构成中,工业是能源消费的主体,也就是说二氧化碳排放主要是由工业生产的能源消费造成的。

如图 1－2 所示,中国能源消费总量在入世之前增长缓慢,但在入世后增长速度较快。中国的煤炭消费总量在能源消费总量中一直占 70% 左右的份额,石油占 20% 左右,其他清洁能源,包括风电、水电以及核电的总量仅占不到 8% 。近几年,中国政府一直比较注重清洁能源产业的发展,因此从总体趋势上看,煤和石油的消费比重逐年下降,天然气的消费量基本稳定在 4% 左右的水平,清洁能源的消费比重在逐年提高。即使这样,后两者加起来仅占 10% 多一些。众所周知,煤的二氧化碳单位排放量要高于其他能源。由此可见,中国以煤为主的能源结构是导致二氧化碳排放量过高的主要原因之一。

---

① 参见 Hunt C. Prospects for Meeting Australia' s 2020 Carbon Targets, Given a Growing Economy, Uncertain International Carbon Markets and the Slow Emergence of Renewable Energies[J]. Economic Analysis and Policy,2011,41(1):26－35。

② 参见 Garnaut R. Policy Framework for Transition to a Low-Carbon World Economy[J]. Asian Economic Policy Review,2010,5(1):19－33。

③ 参见 Perry N. A Post Keynesian Perspective on Industry Assistance and the Effectiveness of Australia' s Carbon Pricing Scheme[J]. The Economic and Labour Review,2010,23(1):47－66。

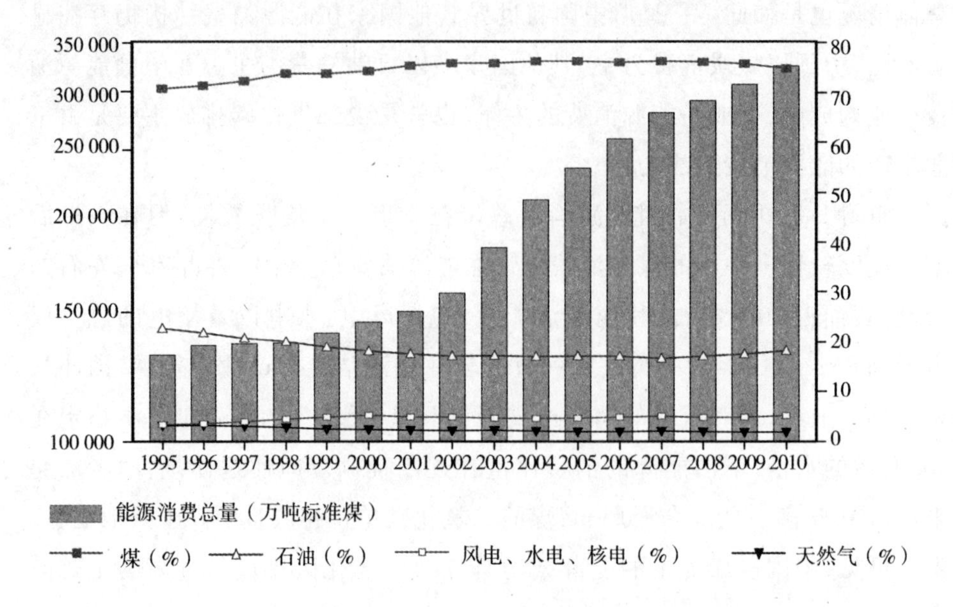

图 1－2　1995—2010 年中国能源消费结构变动情况

资料来源：根据历年《中国统计年鉴》数据整理

从中国能源消费的产业来源看，工业是中国能源消费的主体。如图 1－3 所示，中国能源消费的产业结构中，工业的能源消费量是最大的，占 70% 左右，同时也是拉动能源消费总量增长的主要因素。

以 2009 年为例，工业的能源消费量占全年总能源消费量的 71.5%，生活占 11%，处于第三位的是交通运输、仓储和邮政业，占 7.7%，其他部门的能源消费量均不足 5%。而在工业能源消费中，处于前十位的产业的能耗就占整个工业产业能耗的 83.98%。中国能源消费的绝大部分用于工业生产，而且随着中国重工业化程度的加深，这种势头还会加强。

如表 1－3 所示，以 2009 年为例，能耗最高的十大产业依次是：黑色金属冶炼及压延加工业、化学原料及化学制品制造、非金属矿物制品业、电力热力生产供应、石油加工炼焦及核心燃料加工、有色金属冶炼及压延加工业、煤炭开采和洗选业、纺织业、造纸及纸制品业、金属制品业，除了纺织业和造纸业外，其余均为重化工业。这里我们还特别注意到，作为中国最有竞争力的产业，纺织业的能耗居于工业能源消费总量的第八位。

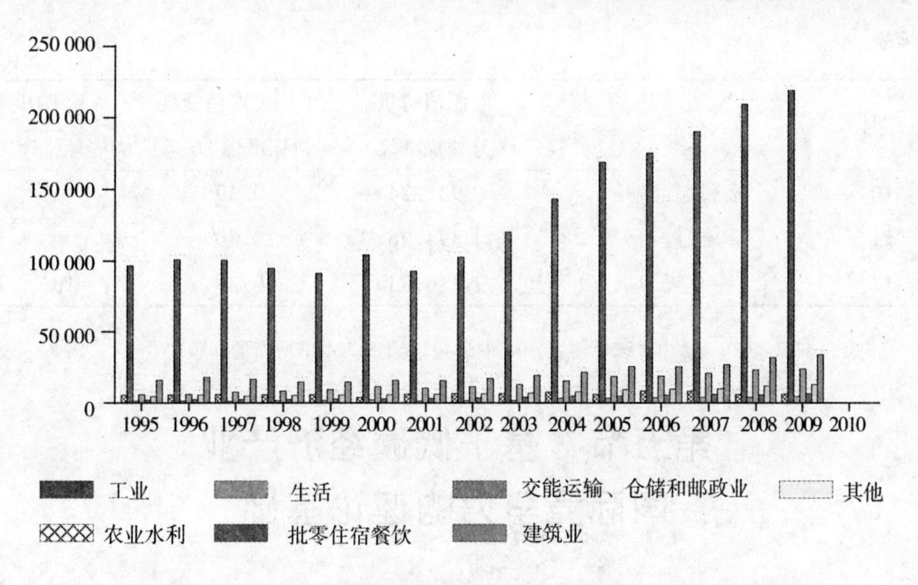

图 1－3　1995—2010 年中国各产业能源消费总量(万吨标准煤)

资料来源:根据历年《中国统计年鉴》数据整理

如果从中国 2009 年各产业的能源消费总量和消费强度情况看,表 1－3 中所列单位 GDP 能耗前十大产业中,每万元总产值能耗超过 0.5 吨标准煤的有八大产业。这八大产业可以界定为高碳产业。

表 1－3　2009 年中国高碳产业筛选

序号	行业	能源消费量（万吨标准煤）	单位总产值能耗（吨标准煤/万元）	单位 GDP 能耗排序
1*	黑色金属冶炼及压延加工业	56 404.37	1.32	1
2*	化学原料及化学制品制造	28 946.07	0.78	3
3*	非金属矿物制品业	28 882.28	1.08	2
4*	电力热力生产供应	19 574.86	0.59	6
5*	石油加工炼焦及核心燃料加工	15 328.29	0.71	4
6*	有色金属冶炼及压延加工业	11 401.37	0.55	7
7*	煤炭开采和洗选业	10 206.55	0.62	5
8	纺织业	6 251.01	0.27	—
9*	造纸及纸制品业	4 104.00	0.50	8

续表

序号	行业	能源消费量（万吨标准煤）	单位总产值能耗（吨标准煤/万元）	单位GDP能耗排序
10	金属制品业	2 985.24	0.19	—
11	橡胶	1 894.96	0.40	9
12	化纤	1 436.85	0.38	10

资料来源:2010 年《中国统计年鉴》,表中注有“*”的为本书所指的高碳产业

第五节　基于低碳经济产业国际竞争力的理论基础

由于这里产业国际竞争力是在开放经济体系、有环境规制的条件下研究的,因此在分析问题时要借鉴传统的国际贸易理论和直接投资理论,并将其扩展至考虑环境因素的情景下应用。此外,还要考虑环境随经济发展水平变化时自身发展变化的规律。

一、要素禀赋理论及其扩展

要素禀赋理论也被称为赫克歇尔 - 俄林理论(Heckscher - Ohlin Theory),简称 H - O 理论。1919 年瑞典的经济学家赫克歇尔(Heckscher)在《国际贸易对收入分配的影响》论文中提出了要素禀赋理论的核心思想:要素禀赋的差异是国际贸易比较优势产生的基础。1933 年俄林(Ohlin)在《区域贸易与国际贸易》一书中对老师赫克歇尔的理论进行了系统而全面的解释。

(一)要素禀赋理论及其早期扩展

该理论在各国具有相同劳动生产率、市场完全竞争、技术水平相同(生产函数相同)、消费偏好相同(消费者无差异曲线形状相同)、不考虑运输成本和自由贸易等严格假设的基础上,认为比较优势来源于两个方面:一是各国的生产要素禀赋差异。所谓生产要素禀赋是指各国要素的拥有情况,如

一国拥有的劳动力数量为 TL,拥有的资本数量为 TK,则(TK/TL)为要素丰裕度,如果$(TK/TL)_A < (TK/TL)_B$,则认为 A 相对于 B 而言是劳动力丰裕的国家,而 B 相对于 A 而言是资本丰裕的国家。二是生产要素密集度差异。生产要素密集度是指生产某种产品所投入的两种要素的数量比例。若生产 X 产品投入的资本与劳动力的比为$(K/L)_X$,生产 Y 产品投入的资本与劳动力的比为$(K/L)_Y$,且有$(K/L)_X > (K/L)_Y$,则称 X 为资本密集型产品,Y 为劳动力密集型产品。在国际贸易中,一国的比较优势是由生产要素禀赋决定的。一国应生产和出口本国丰裕要素密集型产品,进口本国稀缺要素密集型产品。也就是说,如果一国是劳动力丰裕的国家,该国就应分工生产劳动力密集型产品并出口,由于资本是稀缺的,则应进口资本密集型产品。这种国际分工和贸易的结果依然符合比较优势的结论,即国际分工和贸易有利于参加分工和贸易的各国福利水平的提高。

如图 1-4 所示,A 国将 X 出口到 B 国,从 B 国进口 Y,其消费组合为消费者无差异曲线Ⅱ上的 E 点,而 B 国正相反,向 A 出口 Y,从 A 进口 X,消费组合也为 E 点,因为 E 点所在的消费者无差异曲线Ⅱ高于消费者无差异曲线Ⅰ,代表分工和贸易后两国的福利水平均有所提高。1948 年美国经济学家保罗·萨缪尔森在要素禀赋理论的基础上得到了要素价格均等化的命题,并进行了论证,由于是在 H-O 理论基础上引申的,所以也被称为 H-O-S理论。该理论认为自由贸易不仅会使两国商品的相对价格和绝对价格均等化,而且会使生产要素的相对价格和绝对价格均等化,以致两国工人能获得相等的工资率,资本可以获得相等的利息率。这被认为是对 H-O 模型的扩展之一。H-O 模型的扩展之二被称为斯托尔珀-萨缪尔森定理(S-S 定理)。该定理的主要结论是:在产品市场完全竞争和要素在国内可以自由流动的情景下,一国丰裕要素所有者的收入会因国际贸易而增加,而稀缺要素所有者的收入会因国际贸易而减少。

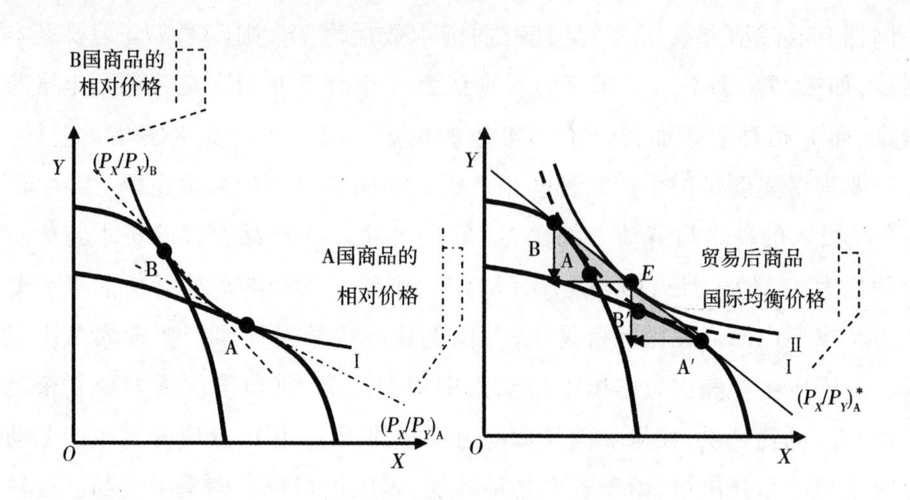

图 1-4 要素禀赋理论的几何解释

(二)考虑环境因素的要素禀赋理论的扩展

随着环境问题的突出,学者们认识到以资源为禀赋进行分工和贸易的模型是不可持续的。环境要素对分工和贸易的重要性导致要素禀赋理论扩展至考虑环境因素。各国的环境要素禀赋构成了环境比较优势。

(1)环境要素禀赋。环境作为公共产品具有稀缺性,因为在一定地域范围内环境能向人们提供的生态承载能力①是有限的。环境要素禀赋是指一国或一定地域内环境的容量,它包括:自然资源的禀赋情况,特别是不可再生资源的丰裕度和可替代程度;环境对污染物的吸纳能力和对环境损坏修复的技术处理能力。由于环境是公共产品且具有外部性的特征,所以存在环境市场失灵的问题,从而导致环境产权不清,环境成本无法全部反映在商品和服务的定价中。纠正这种环境市场失灵的方法就是环境成本内在化。

另外,不同国家和地域的自然条件、技术水平的不同造成了环境要素禀

① 现在的理论将其定义为生态足迹。生态足迹理论是1992年由加拿大大不列颠哥伦比亚大学规划与资源生态学教授 Willian 首先提出来的。生态足迹是指能够持续地提供资源,吸纳废物的具有生物生产力的地域空间。在一定地域内供所有人口消费的所有资源和吸纳这些人口所产生的废物的能力是有限的,即是可以计算的。生态足迹理论将生态足迹需求与生态足迹供给(自然生态系统承载力)进行对比,定量判断某一个国家或地区的可持续发展水平和能力。

赋的差异。这种差异导致使用环境要素禀赋的成本存在差异,如由于技术水平不同,修复环境的成本在发达国家和发展中国家是不同的。环境要素禀赋反映了环境的供给情况。

(2)环境偏好。环境偏好反映了一国或地区的环境需求,它表现为一国国民对环境质量的关注程度和政府对环境的管制的宽严程度。环境偏好高的国家则环境标准高,其产品的环境成本内在化,导致生产成本提高。而环境偏好低的国家,由于环境管制水平低,其产品的环境成本外部化,生产成本则低于环境偏好高的国家,即形成环境比较优势。

(3)环境比较优势。根据要素禀赋理论和要素种类的不同,可以把参加国际贸易的国家分为资本丰裕型、劳动力丰裕型、资源密集型和技术密集型,把商品区分为资本密集型、劳动力密集型、资源密集型、技术密集型等。同理,依据对环境要素禀赋的界定,可以把参加贸易的国家分为环境要素禀赋丰裕型和环境要素禀赋稀缺型,将商品分为污染密集型商品和非污染型商品。在缺少国际统一的环境成本内在化协调机制的条件下,如果一个国家环境要素禀赋相对丰裕,承载能力强,而环境偏好较低,则存在环境比较优势,即出口污染密集型商品具有价格竞争力。而环境要素禀赋稀缺,环境偏好高的国家则存在环境比较劣势,出口污染密集型商品不具有价格竞争力。当环境问题被纳入世界经济一体化范围内时,环境成本将被计入厂商的制造成本中,以便消除环境成本的外部性,则原来具有环境比较优势的国家将丧失该比较优势。

一般认为环境成本应包括商品在生产、使用、运输和回收过程中为解决和补偿环境污染、生态破坏及资源流失所需费用的总和。① 环境成本一旦通过制度设计而被内在化,则对产业国际竞争力会产生影响。

在低碳经济条件下,碳排放作为环境因素将成为环境规制的对象,如果将碳排放治理的成本内在化,则将对产业国际竞争力产生影响。

---

① 参见黄蕙萍. 环境要素禀赋和可持续性贸易[J]. 武汉大学学报, 2001, 54(6):668-674。

二、国家竞争优势理论和波特假说

迈克尔·波特教授是当今全球竞争力领域的第一权威,被誉为“竞争战略之父”,国家竞争优势理论(National Competitive Advantage Theory)和波特假说(Porter Hypothesis)是他在产业国际竞争力方面的研究思想。

(一)国家竞争优势理论

生产要素的比较优势法则在18、19世纪风行一时,与当时产业还很粗糙、生产形态是劳动力密集型而非技术密集型有关,当时的贸易活动更显示出国家资源与资金的优势。当时美国在造船业上具产业国际竞争力,就是因为美国木材供应丰富,这一时期香料、丝绸、烟草和矿产的生产被限制在单一或极少数有地域资源优势的地区。当今由于技术的发展、经济全球化趋势解决了产品差异化、规模经济和资源的地域限制等问题,在产业竞争中,生产要素不再是决定性条件了,因此波特提出以下观点。

(1)产业国际竞争力是本土化过程。波特注意到一些特定产业或产业环节有集中在少数国家的趋势,产业竞争优势的创造与持续应该说是一个本土化的过程。要解释有些国家是否有资格成为产生一种产业或重要产业环节的基地,不能只考虑比较优势理论的有限因素,而应考虑企业能够以“国家”为媒介赢得竞争的全部条件,竞争的成功源自各个国家的经济结构、价值文化、政治体制以及历史的差异。① 国家是企业最基本的竞争优势,因为国家能创造并延续企业的竞争条件,持续提高生产力。在波特看来,产业国际竞争力是在国家创造创新和进步的产业环境,以及使企业获得比对手更快的发展和进步条件的情况下形成的,即产业国际竞争力的产生有两个前提条件:一是国家提供相应的环境;二是企业群体的努力。衡量特定国家相关产业是否具有国际竞争力的标准主要是该产业国际贸易和对外直接投资的状况。在此基础上,波特提出了国家维持产业国际竞争优势的“钻石模

① 参见迈克尔·波特.国家竞争优势[M].李明轩,邱如美,译.北京:中信出版社,2007。

型”。

(2)不同产业成功的条件不同。产业结构对产业国际竞争力尤其重要。不同产业享有国际竞争优势的条件是不同的,如服饰产业需要的分工明确条件与飞机制造业的高技术和高资本条件是有明显差别的。一个国家可以为某一个产业提供较好的条件,但却不一定适合另一个产业的发展。产业结构是产业发展中相对稳定的一环。每种产业都有其特有的产业结构,这决定了竞争者进入的难易程度,同时也决定了利润率的水平。

(3)国际竞争的主角是企业,产业是国际竞争的场所和基本单位。对于企业而言,竞争优势一般可以分为两类:低成本竞争优势和差异型竞争优势。国家的竞争优势建立在各种产业各有其差异的前提下。

竞争优势的持续力取决于三项条件:第一是特殊资源优势;第二是竞争优势的种类与数量;第三是持续的改善和自我提升。其中最重要的是第三项,也就是说对任何一个国家和企业而言,获得持续竞争优势的条件是不断创新。

(二)波特假说

经济发展影响生态环境。新古典经济学家认为对环境进行保护将增加生产厂商的成本,降低其竞争力,并抵消社会成本的增加,阻碍经济发展。美国出口长期存在逆差就与美国实施比较严格的环境保护措施有关,环境保护的高成本导致美国企业的国际竞争力下降。但波特(1991)认为,恰当的环境规制可以激励企业创新,当厂商有净收益时,厂商的国际竞争力将提高,这被称为波特假说。如前所述,传统理论是建立在静态假设基础之上的,而波特认为对竞争力的界定应该脱离静态模型,而转向动态模型。经过长期追踪研究,波特认为具有国际竞争力的企业不是依托于静态固化的条件,如资源、劳动力的丰裕度和价格,而是基于变动约束条件下的持续创新。环境规制在短期内可能会提高企业的生产成本,但如果制度设计得当,长期将有利于企业国际竞争力的提升。①

波特假说中的“恰当的环境规制”是指以市场机制为基础又对企业有激励作用的制度设计。Porter 和 Linde(1995)进一步研究认为,从有利于提高企业国际竞争力的角度而言,恰当的环境规制应满足以下条件:第一,为企业创新提供潜在的最大空间;第二,能促进企业持续不断创新,避免技术锁定;第三,应分阶段实施,以降低不确定性;第四,可以通过管制者与企业之间合作的方式实施,允许企业选择更为灵活的实现方式。② 波特认为恰当的环境规制可以进行“创新补偿”,可以部分甚至全部补偿企业的创新成本。这种创新补偿可以分为“产品补偿”和“过程补偿”。当环境规制改善了环境且减少了污染性产品时,就形成了产品补偿;当环境规制提高了资源的利用率,提高了生产效率,给企业带来更多的利润率时,就实现了过程补偿。

对于波特假说是否成立,学术界是颇有争议的,这也被称为波特假说的困境。国内外学者们争论的焦点体现在以下两个方面:一是波特假说是否具有普适性;二是波特假说是否可以作为制定政策或决策的依据。Jaffe(1995)认为波特假说只在个别情况下是有效的,而在一般情况下是不成立的。由于现有的手段无法对恰当的环境规制进行测量,实证有困难,因此它不能作为决策的依据。③ Shadbegian 和 Gray (2003)对美国造纸、石油及钢铁业进行研究发现,环境规制的严格程度与企业污染治理成本和生产率负相关,提高环境效率并没有弥补企业成本。④ Stuart(1996)通过实证认为波

① 参见 Porter M. America’s Green Strategy[J]. Scientific American,1991, 264(4): 168 - 170。

② 参见 Porter M, Linde C. Toward a New Conception of the Environment-Competitiveness Relationship [J]. Journal of Economic Perspectives,1995,9(4):97 - 118。

③ 参见 Jaffe A B, Peterson S R, Portney P R, et al. Environmental Regulation and the Competitiveness of U. S. Manufacturing: What does the Evidence Tell Us? [J]. Journal of Economic Literature, 1995, 33(1): 132 - 163。

④ 参见 Shadbegian R J, Gray W B. What Determines Environmental Performance at Paper Mills? The Roles of Abatement Spending, Regulation and Efficiency[J]. NCEE Working Paper Series, 2003,3(1):1 - 37。

特假说是有效的。[①] 国内的学者李广培（2009）认为，技术创新与自然生态二者之间的互动演变是复杂的、动态的、开放的过程，生态化技术创新首先是对自身的阻碍和挑战，生态化技术创新与经济发展之间的固有矛盾通过市场机制无法解决，只有综合运用国家的或某种形式的自我组织和自治的非市场的制度安排，才能使技术创新生态化演进。[②] 许士春（2007）认为波特假说不具有一般性。环境规制对企业竞争力的影响主要体现在生产成本、产品差异化、企业对环境规制的态度等方面，企业的处境不同，环境规制对企业的影响也不同。所以我国制定环境规制措施时，应具体分析我国企业的现状，尽量减少对我国企业竞争力的负面影响。[③] 郝海波（2008）运用纯理论模型分析的方法验证了创新的厂商可以提高国际竞争力，支持了波特假说内容的有效性。[④] 持相同观点的还有赵红（2008）、李强（2009），他们各自运用面板数据证明了波特理论的有效性。[⑤⑥] 王国印、王动（2010，2011）对中国不同地区 1999—2007 年的面板数据进行实证分析，发现东部地区环境规制强度与企业创新正相关，而在落后的中部地区这一规律得不

---

① 参见 Hart S L, Ahuja G. Does it Pay to Be Green? An Empirical Examination of the Relationship between Emission Reduction and Firm Performance[J]. Business Strategy and the Environment. 1996,5: 30－37。

② 参见李广培. 人与自然和谐视角下技术创新本质、动因的经济学探析[J]. 科学管理研究，2009,27(5):12－18。

③ 参见许士春. 环境管制与企业竞争力——基于“波特假说”的质疑[J]. 国际贸易问题，2007(5):78－83。

④ 参见郝海波. 环境规制是否会影响企业国际竞争力？——关于波特假说的新思考[J]. 山东财政学院学报,2008(3):85－89。

⑤ 参见赵红. 环境规制对产业技术创新的影响——基于中国面板数据的实证分析[J]. 产业经济研究，2008(3):35－40。

⑥ 参见李强，聂锐. 环境规制与区域技术创新——基于中国省际面板数据的实证分析[J]. 中南财经政法大学学报，2009(4):18－23。

到支持。因此我国的环境政策应考虑使经济、环境和可持续发展相协调。①②③

三、环境库兹涅茨曲线假说和环境竞次假说

在分析环境与经济增长的关系时，主要依据的理论包括环境库兹涅茨曲线假说（Environmental Kuznets Curve Hypothesis）和环境竞次假说（Environmental Race-to-the-bottom Hypothesis）。这两个理论分别从经济增长和投资增长两个角度解释了环境恶化的原因。

（一）环境库兹涅茨曲线假说

美国著名经济学家西蒙·史密斯·库兹涅茨1955年提出，经济增长与收入均衡水平之间存在随时间变化的关系，即"倒U"关系，也就是说在经济发展过程中收入差距先逐渐拉大，相对平稳一段时间后，又逐渐缩小。出现这种现象的原因在于工业化导致了人们收入水平的分化，此后随着经济的增长和教育的普及，低收入水平的人群收入水平会不断增长，使收入差距不断缩小。这一著名论断也被称为"库兹涅茨曲线"。此后库兹涅茨曲线在其他相关领域的研究中得到了广泛应用，包括环境与经济增长的关系研究。美国经济学家格鲁斯曼（Grossman）和克鲁格（Krueger）（1991）对来自42个国家的城市和地区的截面数据进行对比，研究经济增长和空气质量的关系，发现至少有二氧化碳和烟尘两种污染物在低收入水平的国家随GDP的增加而增加，在高收入水平的国家随GDP的增加而减少，即存在"倒U"关系，这一结论被称为"环境库兹涅茨曲线"④。格鲁斯曼和克鲁格（1995）使用全球

---

① 参见王国印，王动．环境规制与企业科技创新——低碳视角下波特假说在东部地区的检验性研究[J]．科技与经济，2010(5)：70－74。

② 参见王动，王国印．环境规制对企业技术创新影响的实证研究——基于波特假说的区域比较分析[J]．中国经济问题，2011(1)：72－79。

③ 参见王国印，王动．波特假说、环境规制与企业技术创新——对中东部地区的比较分析[J]．中国软科学，2011(1)：100－112。

④ 参见Grossman G M, Krueger A B. Environmental Impact of a North American Free Trade Agreement[M]. NBER working paper series(NO. 3914), 1991。

环境监测系统的数据对四种城市空气浓度指标进一步研究认为,经济增长导致一个初始阶段的环境恶化,后续阶段存在环境改进,拐点虽有所不同,但从大多数国家以前的情况看,平均国民收入 8 000 美元是环境改进的拐点。①

对于二氧化碳排放量和经济增长之间关系是否也符合库兹涅茨曲线这一问题的验证,学者们得出的结论各不相同。Koop (1998)认为技术进步导致碳排放减少,通过对 44 个国家 1970—1990 年的数据研究发现,低收入国家并没有随着经济增长而采用与高收入国家相同的减少碳排放的技术。② Aslanidis 等(2009)认为虽然没有明确证据证明存在碳排放的库兹涅茨曲线,但对非 OECD 国家 1971—1997 年的截面数据进行分析发现,低收入的国家碳排放量随人均国民生产总值的增加而上升,中等收入和高收入国家碳排放量则随人均国民收入水平的增加而下降,只是两者的关系不完全平滑。③ Lee 等(2009)认为碳排放的库兹涅茨曲线不是适合所有国家的。④ Sanglimsuwan(2011)通过对 63 个国家的面板数据进行分析发现,人均国民收入与碳排放之间的"倒 U"关系只在短期内存在,且人均国民收入达到 26 448.76美元和 25 735.91 美元时,两者的关系转为正相关,即为"N 型"。因此,实证结果无法支持碳排放的库兹涅茨曲线的成立,也就是说清洁的环境是无法通过促进经济增长获得的,所以政策的制定者应该把环境保护政策纳入到经济发展政策中统筹考虑。⑤

---

① 参见 Grossman G M, Krueger A B. Economic Growth and the Environment[J]. The Quarterly Journal of Economics, 1995, 110(2):353 - 377。

② 参见 Koop G. Carbon Dioxide Emissions and Economic Growth: A Structural Approach[J]. Journal of Applied Statistics, 1998, 25(4):489 - 515。

③ 参见 Aslanidis N, Iranzos S. Environment and Development: Is There a Kuznets Curve for CO_2 Emissions? [J]. Applied Economics, 2009, 41(6):803 - 810。

④ 参见 Lee C C, Chiu Y B, Sun C H. Does One Size Fit All? A Reexamination of the Environmental Kuznets Curve Using the Dynamic Panel Data Approach [J]. Review of Agricultural Economics, 2009, 31(4):751 - 778。

⑤ 参见 Sanglimsuwan K. Carbon Dioxide Emissions and Economic Growth: An Econometric Analysis [J]. International Research Journal of Finance and Economics, 2011(67):97 - 103。

对于中国碳排放的库兹涅茨曲线问题的研究，学者们也是各抒已见。林伯强、蒋竺均(2009)采用对数平均迪氏指数法(LMDI)和STIRPAT模型预测发现，中国碳排放的实际拐点并非理论上的2020年人均收入达到37 170元时，而是比2040年更晚，这是因为碳排放除了受人均收入水平的制约外，主要还受到能源消费结构、产业结构情况的影响，特别是受工业产业的能耗强度的影响。[①] 郑丽琳、朱启贵(2012)则通过对1995—2009年中国省际面板数据的研究发现，碳排放与经济增长之间存在长期稳定的“倒U”关系，人均国内生产总值29 847.39元为库兹涅茨曲线的拐点。[②] 许广月、宋德勇(2010)研究发现，东中部地区经济发展过程中存在库兹涅茨曲线，而西部地区的经济发展过程中没有发现库兹涅茨曲线。[③] 持相同观点的还有张为付等(2011)。[④] 而曹广喜(2012)采用1980—2008年金砖四国的面板数据进行分析，结果表明金砖四国已经过了碳排放拐点。[⑤] Li(2012)认为，中国未来的二氧化碳排放量将超过中国在世界气候稳定中承担的义务，考虑到能源供应、可再生新能源产业的发展和能源效率等因素的影响，预计中国的经济增长和能源消费将在21世纪中期以后进入不可逆的衰退期。[⑥]

结合上述研究成果可见，二氧化碳排放量与经济增长之间的关系是不确定的，还有待进一步研究，着重还要解决的问题有两个：一是两者是否有因果关系，如果有因果关系，是单向因果关系还是双向因果关系；二是两者的因果关系是否稳定，如果不稳定，造成不稳定的原因是什么，是国家的制

---

① 参见林伯强，蒋竺均.中国二氧化碳的环境库兹涅茨曲线预测及影响因素分析[J].管理世界，2009(4)：27－36。

② 参见郑丽琳，朱启贵.中国碳排放库兹涅茨曲线存在性研究[J].统计研究，2012，29(5)：58－65。

③ 参见许广月，宋德勇.中国碳排放环境库兹涅茨曲线的实证研究——基于省域面板数据[J].中国工业经济，2010(5)：37－47。

④ 参见张为付，周长富.我国碳排放轨迹呈现库兹涅茨倒U型吗？——基于不同区域经济发展与碳排放关系分析[J].经济管理，2011，33(6)：14－23。

⑤ 参见曹广喜.金砖四国碳排放库兹涅茨曲线的实证研究[J].软科学，2012，26(3)：43－46。

⑥ 参见Li M. Peak Energy, Climate Change, and Limits to China's Economic Growth[J]. Chinese Economy, 2012, 45(1)：74－92。

度选择还是产业结构等其他因素。

(二)环境竞次假说

竞次又被译为“底线赛跑”,原本是指在开放经济中,本国的企业或工会等组织为了对抗外国商品和投资进入本国市场的竞争,维持本国的就业率,促进经济增长,会要求政府放松管制,以便于降低成本,提高竞争力;而政府为了吸引国外厂商的投资,可能也会竞相压低本国工人工资或降低环境规制水平。如果只考虑环境规制水平的放松,就形成了环境竞次假说。该理论的隐忧在于参与国际竞争时,各国间将通过竞相降低环境标准来获得或维持竞争优势,特别是发展中国家更可能通过牺牲环境来作为吸引外商直接投资的区位优势,同时取得贸易中的比较优势,进而刺激经济增长。该假说本质上是讨论开放经济下环境与竞争力(包括国家竞争力、产业竞争力和产品竞争力)两者之间的关系。因此,从广义上说,应该研究两者的因果关系和现实存在性,即:开放经济下的国际贸易和跨国投资是否是环境恶化的罪魁祸首,是否一些国家通过降低环境标准获得了国际竞争优势,以及开放经济下各国环境保护政策如何选择和变迁。所以该理论多用于解释发展中国家在贸易中为什么会获得竞争优势,或凭什么能够吸引到外商投资,也是“污染避难所”假说产生的原因。

从近年来实证的结果看,两者之间的关系是复杂多变的。Tobey(1993)利用 H-O-V 模型检验,没有发现环境监管对贸易模式有显著的影响。[①] Caporale(2010)通过对罗马尼亚的数据进行实证,发现严格的环境管制没有使出口量下降。[②] James(1990)认为市场结构是环境制度选择的内生变量[③]。Porter(1995)从动态竞争力的角度提出设计适当的环境标准可以触发

① 参见 Tobey A B. International Comparisons of Output and Productivity[M]. Groningen: Groningen Growth and Development Center, 1993。

② 参见 Caporale G M, Rault C, Sova R, et al. Environmental Regulation and Competitiveness: Evidence from Romania[J]. The Institute for the Study of Labor Discussion Papers(NO. 5029), 2010:5-21。

③ 参见 James A B. Effects of Domestic Environmental Policy on Patterns of International Trade[R]. United States Department : Agriculture and Trade Analysis Division Economic Research Service, 1990: 67-87。

创新,这种创新可以部分或完全抵消服从环境制度的成本,即创新补偿。而且创新补偿很常见,因为减少污染通常是符合改善生产力和提高资源使用效率要求的。因此,Porter 认为设计适当的环境标准可以使企业获得竞争优势。① 现在相关研究已经扩展至制度经济学领域的“监管竞争”和产业经济学中的“市场准入”范畴。旷乾(2008)认为走出竞争的途径是强制性制度变迁。② 贺文华(2010)通过对中国东部11个省份和中部8个省份的7个环境污染指标进行测算,发现外商直接投资对各省份的污染指标影响存在差异。③

从实际情况看,全球经济自由化和一体化促进了各国的环境保护标准不断提高。由于全球气候变暖的主要诱因是二氧化碳的排放量逐年提高,而贸易和投资的自由化会导致碳泄漏和碳转移,各国未来将加强碳规制,并在全球范围内谋求碳规制的公平统一,这必将对产业国际竞争力产生显著的影响,发展中国家将面对较大挑战。

从国际分工的依据开始,学者们对于产业国际竞争力进行了研究。上述研究成果奠定了对于产业国际竞争力进行分析的基础框架和思路,并且这些研究成果随着可持续发展要求的提出在不断地被深化。将环境要素纳入经济学研究范畴,将碳排放权视为稀缺要素,则各国对稀缺要素的定价和管理方式的不同,会导致成本差别,引发各国间的利益变化和冲突。一般认

---

① 参见 Porter M E, Linde C. Toward a New Conception of the Environment-Competitiveness Relationship[J]. Journal of Economic Perspectives, 1995, 9:97 - 118。

② 参见旷乾.劳动力、环境竞次的制度分析[J].特区经济,2008(1):116 - 118。旷乾认为社会资源配置主要需要调整两种关系:人与自然、物的关系;人与人之间的关系。如果采取竞次手段将导致人对自然、强势群体对弱势群体的掠夺,后果将是生态环境恶化和社会关系失调。在现有制度安排和经济利益的驱使下,微观主体的理性选择是成本外部化,以牺牲整个社会的福利来实现少数私人和部门的利益,这就是竞次的原因。这显然不是最优的选择,避免竞争就必须进行制度变迁。一般制度变迁包括诱致性变迁和强制性变迁。诱致性变迁是指一群(个)人在响应由制度不均衡引致的获利机会时所进行的自发性变迁;强制性变迁是由政府法令引致的变迁。由于诱致性变迁存在外部性和“搭便车”问题,所以一般不能使制度供给达到最优。虽然国家干预可以弥补上述不足,但只有新制度安排的预期边际收益等于预期边际费用时才可行。

③ 参见贺文华. FDI 是“清洁”的吗?——中国东部和中部省际面板数据[J].辽东学院学报,2010,12(4):51 - 59。

为碳税是中性的,而碳关税作为边境调节税具有歧视性。上述研究成果的区别在于:第一,对于产业国际竞争力的研究思路相同,但采用的评价指标灵活度较大。国内外的学者或机构在这方面的研究思路均是先基于对产业竞争力的界定构建评价指标体系,再依据指标数据综合分析国际竞争力的分布。但由于对产业竞争力的内涵认识并不统一,采用的评价指标和指标数量有一定差别。即使在某一方面的认识是统一的,选取的指标也具有较大的灵活性。第二,对于低碳经济对产业国际竞争力的影响认识不同。主要研究结论可以归纳为以下三种:第一种认为提前采取措施会导致本国的产业国际竞争力下降;第二种认为提前采取措施不会对本国的产业国际竞争力造成过大的冲击;第三种则认为环境规制措施有利于企业创新,形成竞争优势,可以提高产业国际竞争力。

本章小结

低碳经济是指为了减少温室气体排放对生态系统的负面影响,同时满足人类的生存和发展需要,在保持经济增长的同时,通过技术创新和制度设计等途径改变二氧化碳的排放量与经济增长和产业发展同步增长的趋势,直至人类经济活动保持"碳中性"或"零碳化",实现人类生存、经济、社会和生态环境可持续发展的经济发展方式。低碳经济广义上也是人类必须选择的一种新的生存系统和发展模式。低碳经济发展的核心要素是技术和制度,长期内的决定因素是技术,短期内通过环境规制实现转轨。低碳经济的实现是一个长期的世界共同面对的难题。

低碳经济下的产业国际竞争力与传统的竞争力研究的主要区别体现在以下三个方面:一是强调环境规制的作用;二是产业参与国际竞争的机制不同;三是注重能源和环境的生产效率。

基于低碳经济对产业国际竞争力进行量化评价时,应根据对基于低碳经济产业国际竞争力的界定构建生态化的评价指标。具体测算时还应注意到《国际标准产业分类》、我国的《国民经济行业分类》以及《国际贸易标准分类》的差别,选取的数据要经过分类对比并统一后才能使用。

第二章　基于低碳经济的产业国际竞争力评价指标体系构建

国际社会对于气候变化问题的高度密切关注始于1980年，国际科学联合会理事会、世界气象组织和联合国教科文组织政府间海洋学委员会联合资助“世界气候研究计划”，证实了二氧化碳排放量增长是导致气候变暖、海平面升高等不良后果的主要诱因。在1992年联合国环境与发展大会上，150多个国家签署了《联合国气候变化框架公约》，1997年《气候变化框架公约》第三次缔约方大会上，149个国家和地区代表通过了《京都议定书》。2009年联合国气候变化大会在丹麦哥本哈根召开，会议倡导“低碳经济”，2011年联合国气候变化大会德班会议，决议建立德班增强行动平台特设工作组，实施《京都议定书》第二承诺期。

由此可见，随着资源、环境和经济发展间的矛盾不断加深，人类经济活动引发的全球气候变暖日益严重，发展低碳经济已经成为全球共识。但是在低碳经济约束下，如何更好地发展经济，特别是进行工业生产，成为迫切需要解决的问题。

本章侧重从发展低碳经济对产业国际竞争力的影响出发，研究如何在低碳经济下对产业国际竞争力进行综合评价，利用层次分析法，构建低碳经济下产业国际竞争力综合评价指标体系，为基于低碳经济提升产业国际竞争力提供基础分析工具。

第一节　建立产业国际竞争力评价指标体系的原则

在对产业的国际竞争力进行评价时,应采用简单实用且易获取的指标,同时还应保证指标的计算方法符合国际规范。构建的新指标应满足评价目标的要求,各个指标间的协同度要好,还要避免重复。由诸多指标共同形成的综合评价指标体系应符合以下原则:

一、层次清晰,目标明确

产业竞争力是多维能力的综合体现,且产业竞争力具有时间维度,如长期、短期,如某一方面的竞争力可能处于培养过程中,以潜力的形式存在,暂时不能形成现实的竞争力。因此,对产业国际竞争力进行评价时,要区分不同层次和角度。竞争力角度反映的是产业的某一方面的竞争能力,竞争力层次是对某一层面的产业竞争力来源和构成的展开或剖析。

二、动态和静态相结合

张其仔(2003)认为竞争力可以分为动态和静态两种形式。[1] 动态发展是产业国际竞争力的特点之一。如对某一年度的产业国际竞争力进行评价,只能表明该年度内产业国际竞争力时点情况,无法说明它的发展变化情况。因此,在对产业国际竞争力进行时点描述时,还应引入变化率等动态指标,以便充分体现产业的发展情况。如在测算产业规模时,除了选用产业总产值指标,还可以选用产业增加值指标。产业总产值只能反映至被评价时期的期末该产业的规模现状,而产业增加值则反映了在过去的一年里,该产业的规模的变化。

---

① 参见张其仔.开放条件下我国制造业的国际竞争力[J].管理世界,2003(8):74－80。

三、可测量，可比较

所谓的可测量和可比较是针对评价体系中的各个指标而言的。对产业的国际竞争力进行评价的根本目的在于进行横向和纵向的比较，以便发现问题和不足，有针对性地采取措施提高产业竞争力。因此，在选取和设计指标时，应以量化为基础目标，运用标准计算方法，科学而准确地利用评价指标，以提高评价的效率和准确性。

第二节　产业国际竞争力一般评价指标体系

由于发展低碳经济着重要求产业的低碳化发展[①]，因此构建低碳经济的产业国际竞争力的方法主要思路是：在原有的产业国际竞争力的一般性评价指标体系基础上，引入低碳经济的评价指标，再选取恰当的评价方法分配权重，最终得到完整的基于低碳经济的产业国际竞争力的综合评价指标体系。

一、一般评价指标

由于对产业国际竞争力的界定并不统一，导致评价方法各异。常见的有单因素分析法和综合因素分析法，此外还有投入产出法、主成分分析法、进出口数据分析法。根据裴长洪（2002）的观点，将产业国际竞争力指标分为显示性指标和解释性指标，前者用于说明国际竞争力结果，后者则反映了具有国际竞争力的原因。[②] 按照裴长洪对产业国际竞争力的分类，将传统的评价指标归类如下：

① 参见张其仔. 产业升级的低碳“必然性”[J]. 现代商业银行，2010（10）：8－15。

② 参见裴长洪，王镭. 试论国际竞争力的理论概念与分析方法[J]. 中国工业经济，2002（4）：41－45。

表 2-1　产业国际竞争力的一般评价指标

指标作用	评价内容	评价指标
显示性指标	产业规模地位	产业总产值/产业销售总额
		整个产业产值在 GDP 中的比重
	出口竞争力	贸易竞争指数
		显示性比较优势指数
		净出口率指数
		进出口商品价格比
		出口产品质量指数
		出口商品优势变差指数
	市场竞争力	国际(国内)市场占有率
		利润总额
解释性指标	生产率	劳动生产率
		资本生产率
		全要素生产率
	价格成本	单位成本
		资源成本
	技术水平	技术人员占全体人员比例
		大专以上劳动者占比
		人均专利数
		科研经费占增加销售额的比重
	产业环境	国内需求(人均 GDP、人均消费量)
		政府政策(激励或规制措施)
		基础设施(运输网密度、每千人上网人数)

从表 2-1 可以看出,目前产业国际竞争力的评价指标较多较杂,选取没有明确的规则,随意性比较大,即使对不同地区的同一产业进行评价,不同的学者也可能选取不同的指标。但无论评价哪个产业的国际竞争力,出口竞争力的指标是必选的,并且对于出口竞争力所列举的 6 项指标中显性比较优势、竞争优势是常见的评价指标。

二、评价指标体系的确立

结合产业国际竞争力的构成层次和表 2－1 中的常见指标，本书构建了对产业国际竞争力进行一般性评价的指标体系，如表 2－2 所示：

表 2－2　产业国际竞争力的一般性评价指标体系

目标层	评价层	评价指标	计算公式	变量含义
产业国际竞争力	产业规模	产业总产值	Y_{ij}	Y_{ij}为i国j产业年度生产总值。
		产业增加值	ΔY_{ij}	ΔY_{ij}为i国j产业年度生产增加值
	产业生产效率	劳动生产率	$L_{ij}=\dfrac{\Delta Y_{ij}}{P_{ij}}$	L_{ij}为i国j产业劳动生产效率；ΔY_{ij}为i国j产业年度生产增加值；P_{ij}为i国j产业劳动力总人数。
		资本生产率	$k_{ij}=\dfrac{\Delta Y_{ij}}{K_{ij}}$	k_{ij}为i国j产业资本生产效率；ΔY_{ij}为i国j产业年度生产增加值；K_i为j年度i产业资本总量。
	市场竞争能力	国际市场占有率	$IMS_{ij}=\dfrac{X_{ij}}{X_{wj}}$	IMS_{ij}为i国j产业国际市场占有率；X_{ij}为i国j产业出口总额；X_{wj}为j产业世界出口总额。
		显性比较优势指数	$RCA_{ij}=\dfrac{X_{ij}/X_i}{X_{wj}/X_w}$	RCA_{ij}为i国j产业出口显性比较优势指数；X_i为i国出口总额；X_{ij}为i国j产业出口总额；X_{wj}为j产业世界出口总额；X_w为世界出口总额。

续表

目标层	评价层	评价指标	计算公式	变量含义
产业国际竞争力	市场竞争能力	贸易竞争优势指数	$TC_{ij}=\frac{X_{ij}-M_{ij}}{X_{ij}+M_{ij}}$	TC_{ij}为i国j产业贸易竞争优势指数；X_{ij}为i国j产业出口总额；M_{ij}为i国j产业进口总额。
	创新能力	研究人员占全体人员的比重	$T_{ij}=\frac{RP_{ij}}{P_{ij}}$	T_{ij}为i国j产业技术人员占全体人员的比重；RP_{ij}为i国j产业技术人员数量；P_{ij}为i国j产业劳动力总人数。
		科研经费占销售额的比重	$S_{ij}=\frac{RD_{ij}}{Q_{ij}}$	S_{ij}为i国j产业科研经费占销售额的比重；RD_{ij}为i国j产业RD经费的内部支出；Q_{ij}为i国j产业年度销售收入。

注：根据表2－1中的常用指标结合评价内容选取，作者自行构造的指标体系，用于对产业的国际竞争力进行一般性综合评价

如表2－2所示，本书将产业国际竞争力一般评价指标体系分为以下四个层次：

（1）产业规模指标。主要通过产业产值规模和产业产值的增加值表现产业现状，产值规模体现了该产业历史发展的积累水平，也是该产业未来发展的基础，而产业增加值则反映了近期产业发展的水平。两者相结合，由远及近全面体现产业的国际竞争力。

（2）产业生产效率指标。竞争力的根本在于提高生产效率，也就是提高投入的各种生产要素的使用效率。根据柯布—道格拉斯生产函数，将生产要素的效率分为资本生产率、劳动生产率和全要素生产率。由于在本书中技术被作为单独的创新要素进行单独考量，为避免重复，不再对全要素生产率进行独立测算。在一般意义上，对效率竞争力进行评价时只采用资本生

产率和劳动生产率两个指标。

(3)市场竞争能力指标。市场竞争力能力主要用于描述产业的竞争力的现状。一般通过以下三个指标来综合描述:一是采用国际市场占有率作为衡量指标,是竞争结果的量化指标。国际市场占有率等于该产品的出口总额与世界出口总额的比。其余两个指标分别是显性比较优势指数(RCA)和贸易竞争优势指数(TC),这两个指标了描述产业的出口竞争力水平。显性比较优势与国际竞争力为正相关的关系[①],在对特定产业进行评价时,其数值有确定的指标意义。

通常认为,若 $RCA > 1$,则说明 i 国的 j 类商品(j 类行业)具有比较优势,数值越大说明国际竞争力越强;若 $RCA < 1$,则说明 i 国的 j 类商品(j 类行业)具有比较劣势,数据越接近于0,说明国际竞争力越弱。精确分析认为,若 $RCA \geqslant 2.5$,说明 i 国的 j 类商品(j 类行业)具有很强的国际竞争力,若 $2.5 > RCA \geqslant 1.25$,说明 t 年 i 国的 j 类商品(j 类行业)具有较强的国际竞争力,若 $1.25 > RCA \geqslant 0.8$,说明 i 国的 j 类商品(j 类行业)具有一般的国际竞争力,若 $RCA < 0.8$,说明 t 年 i 国的 j 类商品(j 类行业)具有弱的国际竞争力。[①]

TC 表示贸易竞争优势指数,一般认为,如果 $TC > 0$,说明该国为该类商品的净出口国,表明该产业的国际竞争力较强,如果 $TC < 0$,则说明了该国为该类商品的净进口国,表明该产业的国际竞争力较弱。精确解析认为,$TC \geqslant 0.8$,说明 i 国的 j 类商品(j 类行业)具有很强的国际竞争力,若 $0.8 > TC \geqslant 0.5$,说明 i 国的 j 类商品(j 类行业)具有强的国际竞争力,若 $0 \geqslant TC > 0.5$,说明 i 国的 j 类商品(j 类行业)具有较强国际竞争力,若 $TC = 0$ 则说明 i 国的 j 类商品(j 类行业)具有一般国际竞争力,若 $0 > TC \geqslant -0.5$,说明 i 国的 j 类商品(j 类行业)具有较低国际竞争力,若 $-0.5 > TC > -0.8$,说明 i 国的 j 类商品(j 类行业)具有低国际竞争力,若 $TC \leqslant -0.8$,说明 i 国

---

① 参见陈立敏.国际竞争力等于出口竞争力吗?——基于中国制造业的对比实证分析[J].世界经济研究,2010(11):11-17。

的 j 类商品(j 类行业)具有很低的国际竞争力。[①]

(4)创新能力指标。产业的创新水平是衡量产业发展潜力的重要标志。产业的创新主要是以技术创新水平为标志的,因此,一般选用研究人员占全体员工的比重和研发经费占销售收入(主营业务收入)的比重来衡量。研究人员的比重和研发经费的比重越高,表明特定产业具有越高且越强的科技创新实力。

对产业国际竞争力进行测评时,一般对各单项指标按平均权重进行计算。[②]

第三节　产业国际竞争力低碳综合评价指标体系构建

在对于产业国际竞争力进行一般性评价的基础上,结合低碳经济产业国际竞争力的界定,将资源和环境对经济发展的约束性条件引入低碳经济的产业竞争力评价体系中。此外考虑到低碳经济发展的长期性,将该评价层界定为产业低碳化水平指标层。

一、产业低碳化评价指标层的引入

对于低碳经济下产业国际竞争力评价指标体系中指标的选取,主要遵循综合性、动态性和多样性的原则,以便进行不同地区的横向及纵向的国际比较和分析。除对应前述产业国际竞争力层次外,引入低碳产业竞争力评价指标[③]。在上述指标层中引入的低碳经济产业国际竞争评价的指标及引入的原因如下:

---

① 参见柳岩.我国产业国际竞争力的现状与评价[J].技术经济,2010(12):36-40。

② 参见李钢,刘吉超.入世十年中国产业国际竞争力的实证分析[J].财贸经济,2012(8):88-96。

③ 参见王钰.低碳经济下产业国际竞争力的评价指标体系构建[J].China's Foreign Trade.2011(1):110-111。

(1)二氧化碳排放比重。二氧化碳是目前人类活动排放最多的温室气体,二氧化碳排放主要来源于能源的使用。从产业的角度来看,发展低碳经济的目标是减少生产过程中二氧化碳的排放量,现有产业二氧化碳排放总量较大的产业,是未来减少碳排放的主要对象。由于不同年份二氧化碳排放是动态变化的,因此运用结构量可以比较客观地反映国民经济整体中不同产业的二氧化碳排放的构成情况,比采用二氧化碳排放总量指标具有更好的稳定性和可比性。这一指标还可以间接反映出低碳经济下产业结构调整或升级的结果。因为减少二氧化碳排放的途径应该有两种:一是通过结构调整,减少高碳排放产业在整个经济中的比重,二是通过技术进步改进产业的能耗水平,无论哪种实现途径最终均可以表现为原有的高碳排放产业碳排放量比重的下降。

(2)二氧化碳排放强度。二氧化碳的生产效率可以用万元 GDP 二氧化碳排放量或万元 GDP 能耗表示。虽然二氧化碳的排放是由于能源的使用带来的,但是鉴于能源有种类的区别,特别是不同种类的能源的二氧化碳排放量存在明显差异的特点,本书拟选用万元 GDP 二氧化碳排放量作为衡量碳效率的指标,而不采用万元 GDP 能耗指标,这样也与中国的碳减排承诺保持一致。

(3)二氧化碳排放强度变动率。满足低碳经济的条件约束,特定产业在生产过程中二氧化碳排放强度应不断下降,这个过程也就是节能减排的过程。中国自主承诺到 2020 年二氧化碳排放强度比 2005 年下降 40%—45%,依据中国的承诺,可以将二氧化碳排放强度的变动率作为特定产业对低碳经济适应性的评价指标引入。如果 t 期相对于 $t-1$ 期二氧化碳排放强度增加,比值为正时,恰好是降低了产业国际竞争力;而 t 期相对于 $t-1$ 期二氧化碳排放量减少时,则是提高了产业的低碳竞争力,因此在进行综合竞争力测算时,此项应为负数项指数。

(4)清洁能源消费量占能源消费总量的比重。如前所述,低碳经济发展的关键在于技术创新和制度设计。低碳技术创新是发展低碳经济的根本,大量使用碳基能源导致高碳经济的存在,所以大力发展清洁能源产业是必然选择。如果单独衡量清洁能源产业的创新程度可以选用新能源产业科研经费在产业增加值中的比重作为指标,但是若以每个产业的清洁能源应用程度进行评价,结合中国的能源产业发展情况,本书拟选用清洁能源消费量在产业总能源消费量中的比重作为评价指标。结合中国的实际情况,目前的清洁能源主要体现在电力消费上。中国目前重点开发的太阳能、核能和风能,最终均以电能的形式供应,因此,本书在衡量清洁能源的消费时,主要以电能中的水电、核电等消费量占某一产业能源消费总量的比重进行测算进而求得。制度设计问题比较复杂,主要涉及碳税、碳关税、碳交易、能源补贴等,制度为低碳经济提供的动力相比技术创新而言是间接的,其作用机制主要是通过引发价格机制实现的,如果选择和设计得好,政策效果会比较明显。由于中国和世界其他国家目前没有普遍对所有产业采用碳税等强制性制度,因此,对于低碳经济的制度影响暂时不列入评价体系。

构建的产业低碳化水平指标层如表 2 – 3 所示。

二、评价方法

由于低碳经济下产业国际竞争力的评价涉及多目标、多层次的问题研究,因此拟采用层次分析法。按照前面定义的指标,首先聘请专家采用德尔菲法(见附录四)对各项指标的重要程度进行评价,再以评定的分数为基础,基于模糊综合分析法确定低碳经济下产业国际竞争力的评价模型。

表 2-3　产业国际竞争力低碳化指标层

目标层	评价层	评价指标	计算公式	指标含义
产业国际竞争力	低碳化水平	二氧化碳排放比重	$CES_{ij}=\frac{CE_{ij}}{CE_i}$	CES_{ij}为二氧化碳排放比重；CE_{ij}为 i 国 j 产业二氧化碳排放总量；CE_i为 i 国二氧化碳排放总量。
		二氧化碳排放强度	$CI_{ij}=\frac{CE_{ij}}{Y_{ij}}$	CI_{ij}为碳排放强度指数；CE_{ij}为 i 国 j 产业二氧化碳排放总量；Y_{ij}为 i 国 j 产业年度生产总值。
		二氧化碳排放强度变动率	$\Delta CI_{ij}=\frac{CI_{ij}^{t}-CI_{ij}^{t-1}}{CI_{ij}^{t-1}}$	ΔCI_{ij} 二氧化碳排放强度变动率；CI_{ij}^{t}为 i 国 j 产业 t 期二氧化碳排放强度；CI_{ij}^{t-1} 为 i 国 j 产 t-1 期二氧化碳排放强度。
		清洁能源消费量比重	$NE_{ij}=\frac{NEC_{ij}}{EC_{ij}}$	NE_{ij}为 i 国 j 产业清洁能源消费量占能源消费总量的比重；NEC_{ij}为 i 国 j 产业清洁能源消费总量；EC_{ij}为 i 国 j 产业能源消费总量。

注：二氧化碳强度指数即为万元 GDP 二氧化碳排放量，为了便于进行国际比较，考虑到人民币与美元汇率水平，因此折算为美元时，对应采用千美元 GDP 二氧化碳排放量

层次分析法（Analytic Hierarchy Process，简称 AHP）是美国著名的运筹学家 T. L. Sasty 最早提出来的。层次分析法也称为 AHP 构权法，是将复杂的评价对象排列成一个有序的递阶层次结构的整体，然后在各个评价项目之间进行两两比较、判断，计算出各个评价项目的相对重要性系数，即权重。层次分析法是定性和定量相结合的分析方法，具有实用性强的特点，适用于多准则、多目标问题的研究。

利用层次分析法对产业国际竞争力进行测算时,先根据构建的指标体系,以 $Index_1, Index_2, \cdots, Index_n$ 表示不同产业的国际竞争力一级指标,以 $P_1, P_2, \cdots, P_n$ 作为评价的二级指标,得出一级指标的值,最终对一级指标进行综合,得到综合指标。

在构建了被评价对象的评价指标体系后,使用层次分析法一般步骤为先建立两两比较矩阵,判断同层指标间的相对重要性,判断矩阵的形式(如表2-4所示),为了使判断定量化,再针对任意两个指标进行某一准则的相对优越性定量描述,一般按1—9进行标度,对不同指标给出数量标度。

表2-4 层次分析判断矩阵

	P_1	P_2	…	…	P_n
P_1	b_{11}	b_{12}	…	…	b_{1n}
P_2	b_{21}	…	…	…	b_{2n}
…	…	…	…	…	…
…	…	…	…	…	…
P_n	b_{n1}	b_{n2}	…	…	b_{nn}

判断矩阵 B 具有如下特征:

$$b_{ii} = 1$$

$$b_{ji} = \frac{1}{b_{ij}}$$

$$b_{ij} = \frac{b_{ik}}{b_{jk}}$$

其中 $i, j, k = 1, 2, 3, \cdots, n$。

最后,需要验证判断矩阵的有效性。判断矩阵中的 b_{ij} 取值应根据专家的意见和系统分析人员的经验以及数据资料情况慎重研究后才能确定。应用层次分析法保持思维的一致性很重要。在判断是否一致时,对于多阶判断矩阵,引入平均随机一致性指标 RI(Random Index),判断矩阵一致性指标 CI(Consitency Index)与同阶平均随机一致性指标 RI 之比称为随机一致性比

率 CR(Consitency Ratio),当满足 $CR<0.10$ 时,就说明判断矩阵具有完全的一致性,当 $CR \geqslant 0.10$ 时,就需要调整和修改判断矩阵。

$$\lambda_{max} = \sum_{i=1}^{n} \frac{(BW)_i}{nW_i}$$

$$CI = \frac{\lambda_{max} - n}{n-1}$$

$$CR = \frac{CI}{RI}$$

其中 B 为判断矩阵,W 为各特征向量的权重矩阵,计算方法如表 2-5 和表 2-6 所示。

三、基于模糊综合分析法的指标模型确定

利用表 2-4 的判断矩阵,结合专家对各指标的评分,对低碳经济下产业国际竞争力综合评价体系中的各级指标分配权重。

表 2-5 低碳经济下产业国际竞争力指标判断矩阵

评价指标	规模竞争力(I_1)	效率竞争力(I_2)	市场竞争力(I_3)	结构竞争力(I_4)	创新竞争力(I_5)
规模竞争力(I_1)	1	1/2	1	1/2	1/3
效率竞争力(I_2)	2	1	2	1	1/2
市场竞争力(I_3)	1	1/2	1	1/2	1/3
出口竞争力(I_4)	2	1	2	1	1/2
创新竞争力(I_5)	3	2	3	2	1

通过上述判断矩阵,采用和积法对每行元素进行归一化处理,再计算各元素权重 W_i,计算过程和结果如表 2-6 所示:

表 2-6 低碳经济下产业国际竞争力指标权重计算过程和结果

B 矩阵的行	各行元素的连乘积 $\prod_{j=1}^{n} b_{ij}$	各行元素连乘积的方根 $W_i' = \sqrt[n]{\prod_{j=1}^{n} b_{ij}}$		归一化各特征向量权重 $W_i = \frac{W_i'}{\sum W_i'}$
I_1	0.0833	0.6083		0.11
I_2	2	1.1487		0.21
I_3	0.0833	0.6083	$\sum W_i' = 6.2411$	0.11
I_4	2	1.1487		0.21
I_5	36	2.0477		0.36

由上述 B 正互反阵与特征向量的权重矩阵可得：

$$BW = \begin{bmatrix} 1 & \frac{1}{2} & 1 & \frac{1}{2} & \frac{1}{3} \\ 2 & 1 & 2 & 1 & \frac{1}{2} \\ 1 & \frac{1}{2} & 1 & \frac{1}{2} & \frac{1}{3} \\ 2 & 1 & 2 & 1 & \frac{1}{2} \\ 3 & 2 & 3 & 2 & 1 \end{bmatrix} \times \begin{bmatrix} 0.11 \\ 0.21 \\ 0.11 \\ 0.21 \\ 0.36 \end{bmatrix} = \begin{bmatrix} 0.55 \\ 1.04 \\ 0.55 \\ 1.04 \\ 1.86 \end{bmatrix}$$

对上述特征向量的权重赋值结果进行一致性检验，检验的过程和结果如表 2-7 所示：

表 2-7 低碳经济下产业国际竞争力指标体系一致性检验过程和结果

λ_{max}	CI	RI	CR
5.0143	0.0036	1.12	0.032

由于 $CR = 0.032 < 0.10$，符合一致性要求。由上述计算结果可以确定低碳经济的产业国际竞争力指标体系如表 2-8 所示。

在一般评价指标体系的基础上引入低碳经济的产业国际竞争力评价指标层，目的在于对特定产业的一般评价指标体系评价结果与低碳经济的产业国际竞争力综合评价指标体系(以下称产业国际竞争力低碳综合评价指标体系)的评价结果进行对比分析,在中国向低碳经济发展的过渡阶段,分析不同产业面对的困难,区分不同产业向低碳经济过渡期间的难点和重点,同时也为政府制定相应的产业政策和进行环境规制提供依据。

表2-8　产业国际竞争力低碳综合指标体系模型

<table>
<tr><th colspan="2">一级指标</th><th colspan="4">二级指标</th><th rowspan="2">评价目标</th></tr>
<tr><th>内容</th><th>权重</th><th>内容</th><th>变量符号</th><th>权重</th><th>正负性</th></tr>
<tr><td rowspan="2">规模竞争力</td><td rowspan="2">0.11</td><td>产业总产值</td><td>Y_{ij}</td><td>$\frac{1}{2}$</td><td>+</td><td rowspan="2">竞争基础</td></tr>
<tr><td>产业增加值</td><td>ΔY_{ij}</td><td>$\frac{1}{2}$</td><td>+</td></tr>
<tr><td rowspan="2">效率竞争力</td><td rowspan="2">0.21</td><td>劳动生产率</td><td>R_{ij}</td><td>$\frac{1}{2}$</td><td>+</td><td rowspan="2">竞争本质</td></tr>
<tr><td>资本生产率</td><td>k_{ij}</td><td>$\frac{1}{2}$</td><td>+</td></tr>
<tr><td rowspan="3">市场竞争力</td><td rowspan="3">0.11</td><td>国际市场占有率</td><td>IMS_{ij}</td><td>$\frac{1}{3}$</td><td>+</td><td rowspan="3">竞争结果</td></tr>
<tr><td>显性比较优势</td><td>RCA_{ij}</td><td>$\frac{1}{3}$</td><td>+</td></tr>
<tr><td>贸易竞争优势</td><td>TC_{ij}</td><td>$\frac{1}{3}$</td><td>+</td></tr>
<tr><td rowspan="2">创新竞争力</td><td rowspan="2">0.21</td><td>研究人员占全体人员的比重</td><td>T_{ij}</td><td>$\frac{1}{2}$</td><td>+</td><td rowspan="2">竞争潜力</td></tr>
<tr><td>科研经费占销售额的比重</td><td>S_{ij}</td><td>$\frac{1}{2}$</td><td>+</td></tr>
<tr><td rowspan="4">低碳化水平</td><td rowspan="4">0.36</td><td>二氧化碳排放量比重</td><td>CES_{ij}</td><td>$\frac{1}{4}$</td><td>-</td><td rowspan="4">可持续能力</td></tr>
<tr><td>二氧化碳排放强度</td><td>CI_{ij}</td><td>$\frac{1}{4}$</td><td>-</td></tr>
<tr><td>二氧化碳排放强度变动率</td><td>ΔCI_{ij}</td><td>$\frac{1}{4}$</td><td>-</td></tr>
<tr><td>清洁能源消费量比重</td><td>NE_{ij}</td><td>$\frac{1}{4}$</td><td>+</td></tr>
</table>

注:由于各项二级指标是对一级指标分角度的解释,因此在相应的一级指标下平均分配各二级指标的权重

四、数据来源

本书为了体现近况，一般选取1995—2010年共16年的数据作为研究时间范围。数据主要包括中国的进口和出口商品总额、不同类别的进口和出口商品总额、世界出口和进口商品总额、不同类别的出口和进口商品总额。中国的数据主要出处包括《中国统计年鉴》、《中国能源统计年鉴》、《中国工业经济年鉴》。世界贸易数据主要来源于联合国统计署ComTrade统计数据库、《国际统计年鉴》、《世界经济统计年鉴》、WTO的《国际贸易统计年鉴》以及世界银行数据库数据、联合国统计署数据库数据。中国的补充数据来源于中国国家统计局网站、中国海关网、中国商务部网站，各发达国家的数据主要参照各国统计局的规范数据。上述商品的分类标准均依据联合国经济和社会事务部统计司的《国际贸易标准分类(修订3)》(SITC/Rev.3)。

本书对产业国际竞争力的研究是主要针对低碳经济而进行的，因此服务业不在考量范围内，只针对货物贸易商品进行。按SITC/Rev.3的分类，将国际贸易商品分为0—9共10个部门。第0部门为食品和活动物；第1部门为饮料及烟草；第2部门为非食用原料(不包括燃料)；第3部门为矿物燃料、润滑油及有关原料；第4部门为动植物、脂和蜡；第5部门为未列明的化学品和有关产品；第6部门为主要按原料分类的制成品；第7部门为机械及运输设备；第8部门为杂项制品；第9部门为其他商品和交易。一般认为0—4类为初级产品类；5—9类为工业制成品类。按要素的密集程度不同，习惯上又认为0—4类是资源密集型商品，5类和7类是资本密集型商品，6类和8类是劳动力密集型商品。对于贸易产业技术密集程度分类主要参考丁一兵教授的对于进出口商品技术密集度的分类标准(见附录五)[①]。

① 丁一兵，傅缨捷. FDI流入对中国出口品技术结构变化的影响——一个动态面板数据分析[J]. 世界经济研究，2012(10)：55－59。

本章小结

基于上一章对基于低碳经济的产业国际竞争力的界定和理解，本章从对低碳经济和低碳经济下产业国际竞争力的分析，在传统评价指标体系的基础上，引入了低碳经济下产业国际竞争力的评价指标，并运用 AHP 方法，分五个层次和五个评价目标，运用 13 个指标，结合不同指标对产业国际竞争力影响的正负性，构建了基于低碳经济的产业国际竞争力的综合评价指标体系，突破了传统的评价体系中忽略资源（重点是能源的使用效率）、环境因素的缺点，在资源、环境和人类发展矛盾日益突出的情况下，特别突出了资源、环境要素对于产业发展的重要性和制约性，为低碳经济产业政策和环境制度设计提供了分析工具。

第三章　基于低碳经济的中国产业国际竞争力评价

由于人类活动导致的二氧化碳排放量的增加主要来源于生产和生活两个方面，即经济增长的“三驾马车”——投资、消费和出口，最终均归结为化石能源的使用和消耗。本章将基于上一章中的产业竞争力评价指标体系，对中国特别是制造业的产业国际竞争力进行综合评价。

第一节　中国经济增长与二氧化碳排放量

自改革开放以来，中国的经济迅速发展，产业结构也处在良性调整的过程中。特别是加入世界贸易组织之后，中国已经借助经济全球化的“快车道”进入了世界经济发展的前列，成长为亚洲经济和世界经济的主要拉动力量之一，日益成为对世界经济发展有影响力的大国。同时，我们也应该注意到伴随着中国经济的增长，中国的二氧化碳排放量也在同步增长。2006年，中国已经超越美国成为世界二氧化碳排放量最大的国家。

一、中国的经济增长

中国的经济以当年价格计算统计，从1978年以来，GDP的年平均增长速度为10%。从表3-1可以看出经济总量由1980年的4 545.6亿元（约合1 893.9亿美元）至2010年的401 202.0亿元（约合59 266.1亿美元），从世界排名第7名升至第2名（基于PPP法计算的世界排名与基于现价美元的排名相同）。中国的GDP总量在1980年不足美国GDP总量的18%，且不足日本 GDP 总量的 7%，至 2010 年超过日本，相当于美国的 GDP 总量的 40% 多一些，仅用了 30 年的时间就获得了这样的经济规模，成就是举世瞩目的。

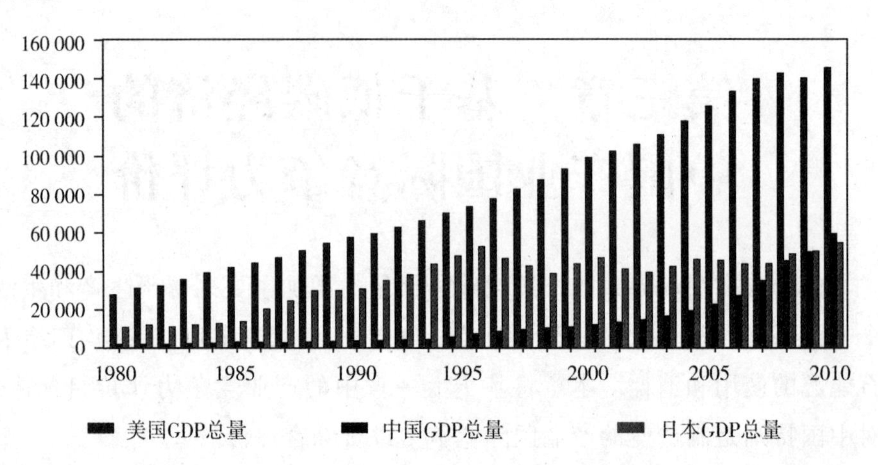

图 3－1　1980—2010 年美国、中国和日本 GDP 总量变化

资料来源：依据世界银行统计数据（现价美元计算的 GDP）整理

特别是加入世界贸易组织以后，中国经济一直在高速增长的快车道上，2001 年以后的经济规模显著提高。从图 3－2 可以看出，中国从改革开放以来（除 1989 年前后）GDP 的年增长速度就远高于美国和日本，即使面对世界金融危机情况也是如此。而与此同时，美国和日本的经济增长速度却是时好时坏，日本从 20 世纪 90 年代以后一直处于经济增长的下峰，金融危机之后的表现更是不尽如人意。

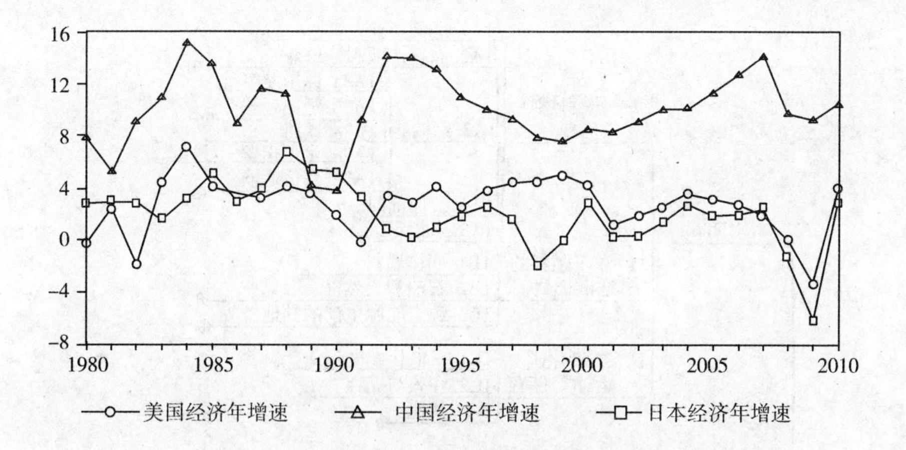

图 3－2　1980—2010 年美国、中国和日本 GDP 增速

资料来源:依据世界银行统计数据整理(基于本币不变价格计算的 GDP 增长速度)

二、中国二氧化碳排放情况

对于国家碳排放量的核算,主要依据国际社会对温室气体报告标准,我国也基本参照该标准做法。2006 年联合国政府间气候变化专门委员会(IPCC)重新修订了《1996 年 IPCC 国家温室气体排放清单指南》,新指南即《2006 年 IPCC 国家温室气体清单指南》将温室气体排放源归纳为 5 个方面(如图 3－3 所示),主要包括:能源,工业过程和产品使用,农业、林业和其他土地利用,废弃物和其他。基本排放量核算公式为:

排放量(Q) = 活动水平(AD) × 排放因子(EF)

以能源活动带来的二氧化碳排放量为例:

$$Q = \sum_{i,j,k} AD_{i,j,k} \times EF_{i,j,k}$$

i —— 行业、地区;

j —— 设备、技术;

k —— 燃料类型;

其中 $EF_{i,j,k} = C_k \times \eta_{i,j,k}$, C_k 为含碳量, $\eta_{i,j,k}$ 为氧化率。

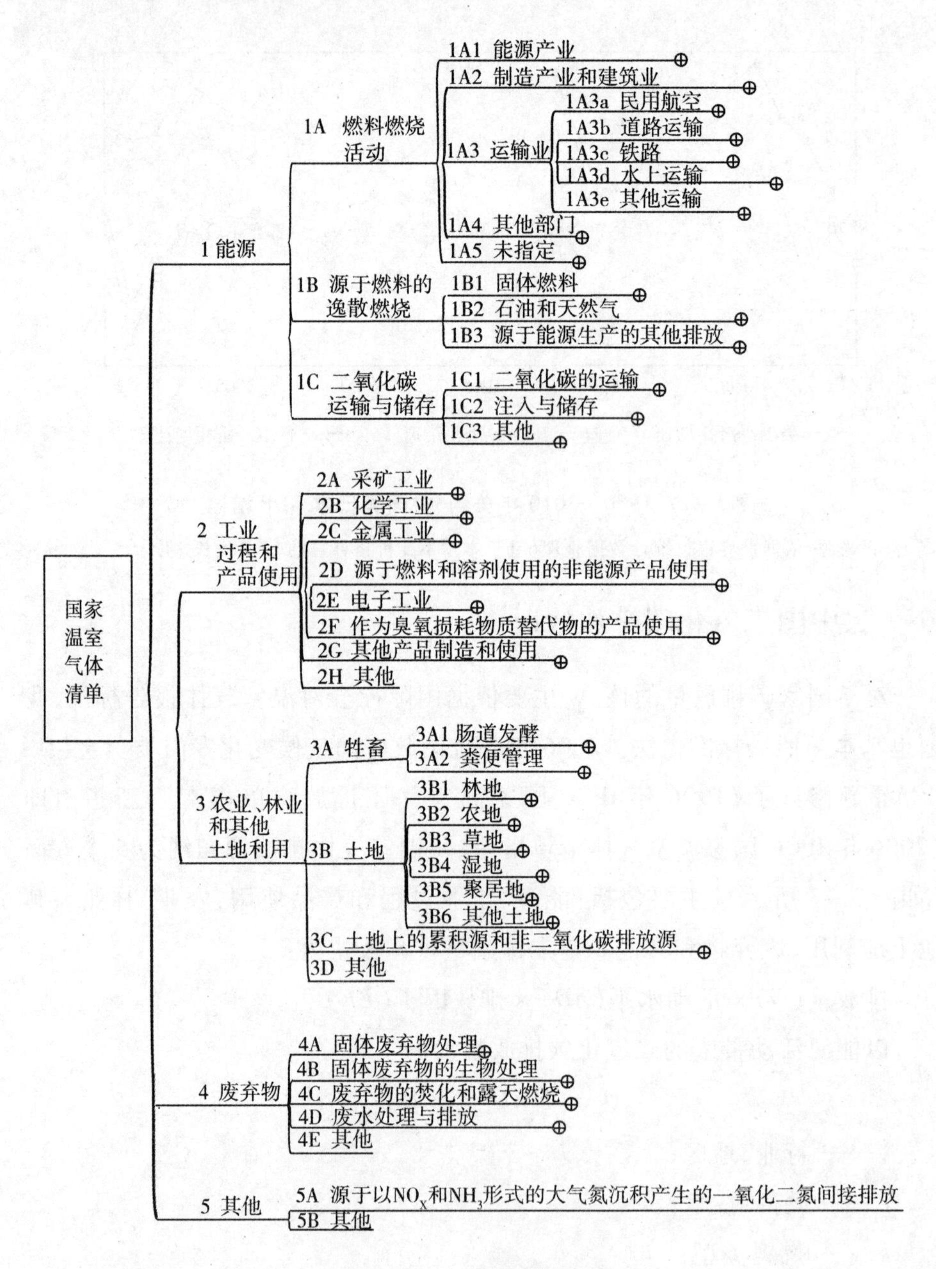

图 3－3　国家温室气体排放源

资料来源：联合国政府间气候变化专门委员会网站，http://www.ipcc－nggip.iges.or.jp

计算方法有三种：第一种方法 *AD* 根据燃烧的燃料数据计算，数据通常来源于国家能源统计年鉴；*EF* 为平均排放因子，主要取决于燃料的含碳量和燃料条件。燃料条件（燃料效率、在矿渣和炉灰等物中的碳残留）相对不重要，因此二氧化碳排放量主要由燃料总量和平均碳含量的精确估算。第二种方法是将 *EF* 用特定国家排放因子来替代第一种方法中的缺少因子。第三种方法是在适当的情况下使用详细排放模型或实测数据，以及单个工厂数据。①

由于国家二氧化碳排放的数据源较为广泛，但各个组织统计资料口径和侧重点均有所不同②，且有些组织公布的数据缺乏连贯性。考虑到研究的横向和纵向对比需要以及数据的一致性，国家二氧化碳排放量直接引用世界银行统计数据（见附录六）。

与中国经济高速增长同步增长的是中国的碳排放量。从图 3－4 可以看出，中国的碳排放量逐年增加。按碳排放量增长的状态，可以分为三个阶段。

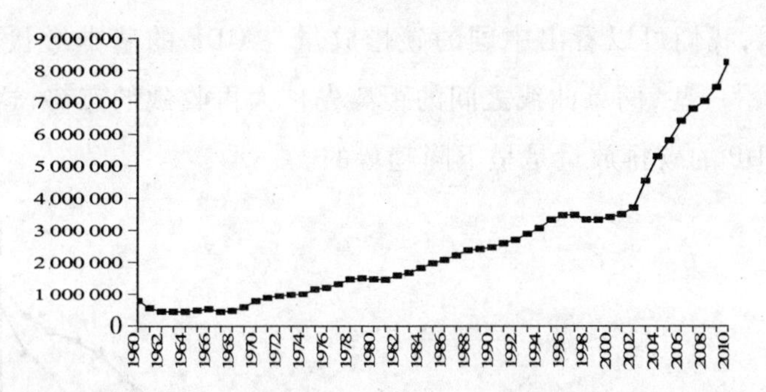

图 3－4　1960—2010 年中国年度二氧化碳排放量（单位：千吨）

资料来源：依据世界银行统计数据整理③

---

① 参见联合国政府间气候变化专门委员会发布的《2006 年 IPCC 国家温室气体排放清单指南》，http://www. ipcc－nggip. iges. or. jp。

② 参见公布类似温室气体和二氧化碳排放数据的国际组织还有 NOAA、IEA、IPCC，但侧重点各有不同。NOAA 主要对大气中二氧化碳浓度数据进行监测，IEA 主要公布能源消费量和二氧化碳排放量，IPCC 重点对附件 I 国家的情况进行信息通报。

③ 参见世界银行统计数据均来源于美国田纳西州橡树岭国家实验室环境科学部二氧化碳信息分析中心，世界银行公布数据仅到 2008 年，2009—2010 年数据来源于橡树岭国家实验室，http://www. ornl. gov。

第一阶段(1960—1968)稳定阶段。在这个阶段上中国处于“二五”计划末期和“三五”计划初期,受1958年开始的“大跃进”的影响,1960年碳排放量在这个阶段上是最高的,达到了7亿吨,多数年份的碳年排放量基本稳定在5亿吨以下。碳排放量的年增长速度也不高,除1964—1966年的三年外,碳排放量均处于负增长状态。

第二阶段(1969—2002)缓慢增长阶段。在这个阶段上,中国的碳排放量比较平稳地增长,除个别年份受到国内外经济环境的影响外,增长速度都在10%以下。

第三阶段(2003—2010)高速增长阶段。从2003年起中国的碳排放量发生了快速增长,年均达到10.7%,基本与这一阶段上中国的经济增长速度一致。至2006年中国的年度碳排放总量超过美国,成为世界第一大碳排放国家。

我们可以将中国的GDP与中国的碳排放量放在一起再来观察,如图3－5所示,我们可以看出中国的碳排放量与GDP的基本形状相同,GDP的变化更平滑一些,两条曲线之间的距离先扩大再收敛的态势,这意味着中国的单位GDP的碳排放量是呈下降趋势的。

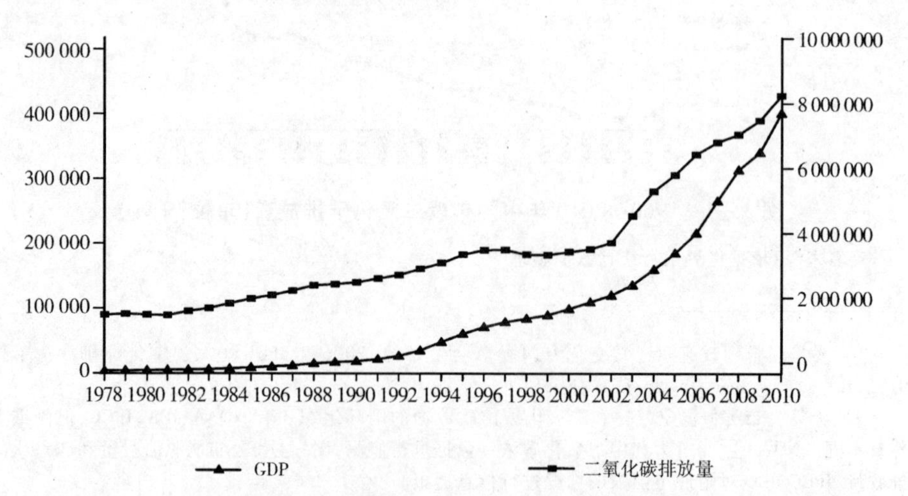

图3－5　1978—2010年中国GDP和二氧化碳排放量(单位:亿元,千吨)

资料来源:GDP来源于历年中国统计年鉴,碳排放数据来源于世界银行统计数据库

我们还可以比较美国、日本和印度同期的碳排放量。美国和日本是发达国家中经济总量最大的两个国家,而中国和印度作为两个最大发展中国家,将四者的碳排放情况进行对比。

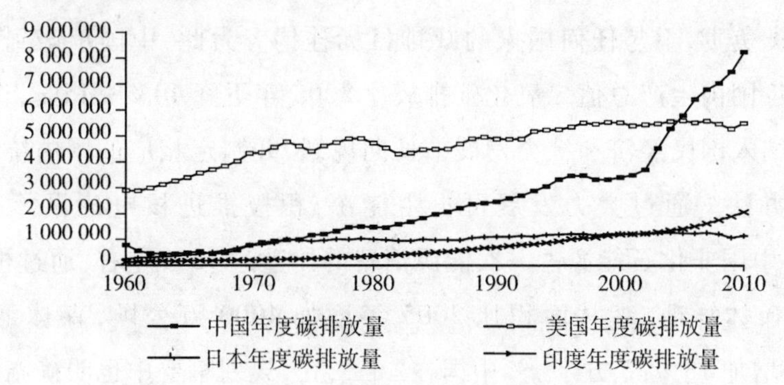

图 3-6 1960—2010 年中国、美国、日本和印度的年度二氧化碳排放量(单位:千吨)

资料来源:碳排放数据来源于世界银行统计数据库

如图 3-6 所示,我们可以看出美国和日本在 20 世纪 70 年代之前的年度碳排放量增长也是比较快的,此后由于能源危机的影响和产业结构以及能源技术的改革,这两个国家的年度碳排放量增速放缓,日本的年度碳排放量基本稳定在 10—12 亿吨。同时我们还应注意到一个有趣的现象,中国和印度的年度碳排放量分别在 2006 年和 2001 年超过美国和日本,并继续快速增长,中国增长势头比印度更为显著。

三、中国二氧化碳排放强度测算

为了应对全球气候变暖的问题,联合国一直以《联合国气候变化框架公约》和《京都议定书》两个法律文件为基础,坚持"共同但有区别"的责任,确保在最大范围内将各国纳入到应对全球气候变暖的合作行动中,要求发达国家进行强制性减排,发展中国家自主减缓碳排放,并要求发达国家对发展中国家给予资金和技术方面的援助。提出了将全球平均温升控制在工业革命以前2℃的长期行动目标。[①]

中国作为负责任的发展中大国，在哥本哈根会议上中国就向国际社会庄严承诺中国将根据中国国情自主采取行动，不附加任何条件，对中国人民和全人类负责，不与任何国家的减排目标挂钩。为此，中国承诺到2020年中国单位国内生产总值二氧化碳排放比2005年下降40%—45%，作为约束性指标纳入国民经济和社会发展中长期规划，并制定相应的国内统计、监测和考核办法。通过大力发展可再生能源，积极推进核电建设等行动，到2020年中国非化石能源占一次能源消费的比重达15%左右，通过植树造林和加强森林管理，森林面积比2005年增加4000万公顷，森林蓄积量比2005年增加13亿立方米。[②] 中国在"十二五"规划纲要中也明确指出：坚持减缓和适应气候变化并重，充分发挥技术进步的作用，完善体制机制和政策体系，提高应对气候变化能力，健全激励与约束机制，加快构建资源节约、环境友好的生产方式和消费模式，增强可持续发展能力，提高生态文明水平。[③]

中国承诺的二氧化碳减排目标主要针对单位GDP二氧化碳排放量而作出的，即二氧化碳排放强度（Carbon Dioxide Emissions Intensity，以下简称碳强度），用CI表示碳排放强度，用CE表示碳排放量，则碳强度计算公式表示为：

$$CI_{it} = \frac{CE_{it}}{GDP_{it}} \quad (3-1)$$

其中：CI_{it}表示i国在t年度的碳排放强度，单位是吨/千美元；CE_{it}表示i国在t年度的碳排放总量，单位是吨；GDP_{it}表示i国在t年度的GDP总量，单位是千美元。

由于对GDP的统计有现价美元GDP（Based on the US Dollar Price of Country GDP）和基于购买力平价（Purchasing Power Parity，简称PPP）的GDP

① 参见联合国气候变化框架公约网站，http://unfccc.int/2860.php。

② 参见新华网，凝聚共识　构筑新的起点——中国气象局局长郑国光解读《哥本哈根协议》，2009年12月22日，http://news.xinhuanet.com。

③ 参见新华社，2011年全国"两会"中华人民共和国国民经济和社会发展第十二个五年规划纲要，第六篇绿色发展，建设资源节约型、环境友好型社会中第二十一章积极应对全球气候变化。

估值(Based on The PPP Valuation of Country GDP),下面分别基于这两种算法对中国近年来碳强度的变化情况进行简单测算和国际比较(见附录七),其中现价美元GDP用于进行纵向比较分析,PPP法GDP侧重用于横向比较分析。购买力平价法(PPP法)数值来源于IMF(国际货币基金组织)的WEO(世界经济展望)数据库,由于该数据库中的中国PPP法GDP统计数据主要开始于1980年,所以碳强度测算也从1980年开始。二氧化碳年度排放量仍然沿用世界银行数据库中的统计数据。

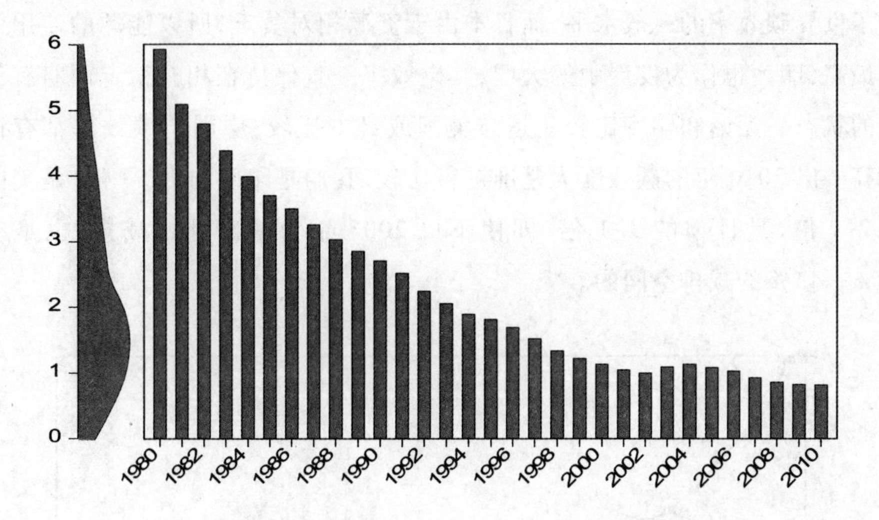

图3-7　1980—2010年PPP法中国单位GDP二氧化碳排放量(单位:吨/千美元)

资料来源:GDP来源于IMF的WEO数据库,碳排放数据来源于世界银行统计数据库

从图3-7可以看出,中国的碳强度从1980年以来显著降低,从原来的每1 000美元碳排放量5.93吨,一直到2010年的每1 000美元0.81吨。如果中国到2020年单位GDP减排40%—45%,那么到2020年中国的每1 000美元碳排放量将应该达到0.6—0.65吨。如果按IMF对中国经济总体发展规模的预测,到2017年中国的PPP法下的GDP总量将达到203 360.9亿美元,2017年中国的碳排放总量将达到约122—132亿吨,则比2010年还可以增加48%—60%。

我们依然选用美国、日本和印度的单位GDP碳排放量(以下简称碳强

度)进行同期比较。如图 3－8 所示,中国的碳强度呈现以下特点:

(1)在所示的四个国家中,中国一直是碳强度最高的国家,而且也高于同期世界平均碳强度。

(2)中国的碳强度下降最快,从 1980 年的近 6 吨下降至 2010 年的 0.8 吨,平均年下降 0.17 吨。

(3)中国的碳强度减排还有较大空间。从四个国家的 GDP 的碳效率来看,美国基本与世界平均水平持平,或者说美国由于 GDP 比重较高,基本代表了世界碳效率的一般水平,而日本由于资源相对贫乏,所以能源的使用效率最高,印度也作为发展中的大国,其碳效率一直保持在相对稳定而略有下降的状态。无论和印度比较还是与美国或日本比较,中国的碳效率都有待提高。以 2010 年的碳强度为基准进行比较,我们是印度的 1.58 倍,是美国的 2.1 倍,是日本的 3.1 倍,即使不以 2005 年为基础进行减排,也是有 40%—45% 的减排空间的。

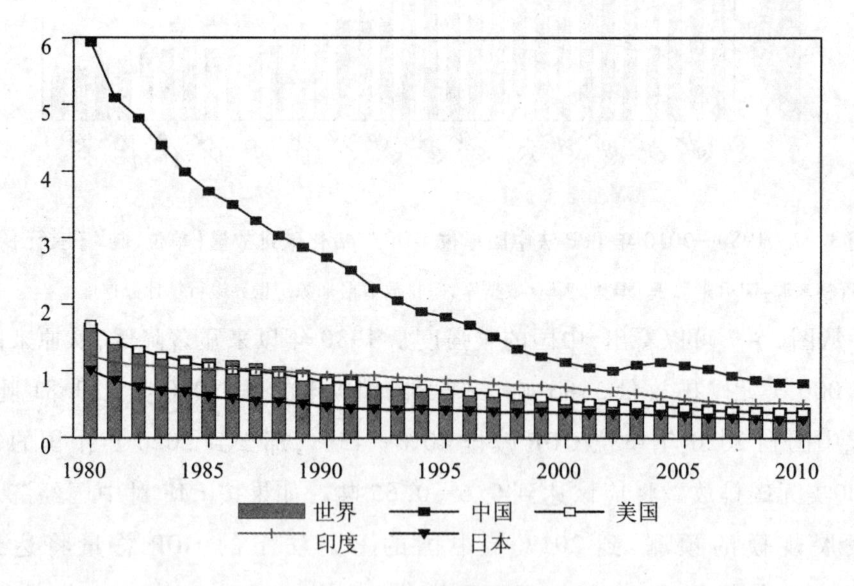

图 3－8 1980—2010 年 PPP 法中国、美国、日本和印度单位 GDP 二氧化碳排放量(单位:吨/千美元)

资料来源:GDP 来源于国际货币基金组织数据库,二氧化碳排放数据来源于世界银行统计数据库

如果以美元现价进行比较(见附录八),如图3－9所示,四个国家的效率排序没有变化,不同的是中国与其他国家的差距没有那么大了。2010年中国的碳强度为1.39吨/千美元,印度为1.23吨/千美元,日本为0.21吨/千美元,美国为0.38吨/千美元。在现价计算的基础上,碳强度减少40%—45%大体上相当于在到2020年中国的碳强度至少要不高于以PPP法核算的2010年碳强度,也就是说碳排放总量不增加的基础上,经济总量要达到10万亿美元,如果不采取节能措施,允许碳排放总量同步增长,则美元现价的经济总量要达到14—15万亿水平。如果在这10年间,出现经济波动则可能会影响到目标的实现。

通过比较图3－9中的(a)—(d)图,我们还可以发现中国和美国虽然是世界碳排放总量最大的两个国家,但一直在进行节能减排的努力,碳强度随着GDP的增大,在不断下降,也可以说中国和美国的GDP的增速快于碳排放量的增速。中国仅在2003—2008年出现了反弹,而这几年正是中国出口高速增长的时期,贸易摩擦最多的时期,由此可见,中国存在较为明显的隐含碳排放,如果对中国的出口产品进行碳规制,可能会对中国的出口产品有较大的影响。而印度和日本的碳强度的波动性较大,这种波动性背后存在的问题或隐藏的深层次的原因是值得我们剖析的。以日本为例,1985年以后,经济衰退后碳强度明显下降,沉寂了10年之后,1995—2008年又出现了较大的反弹,2009—2010年又迅速下降。从一般经验上看,日本碳强度的变化与其经济增长速度和出口状况明显相关,但影响程度如何和细节问题还有待进一步研究。

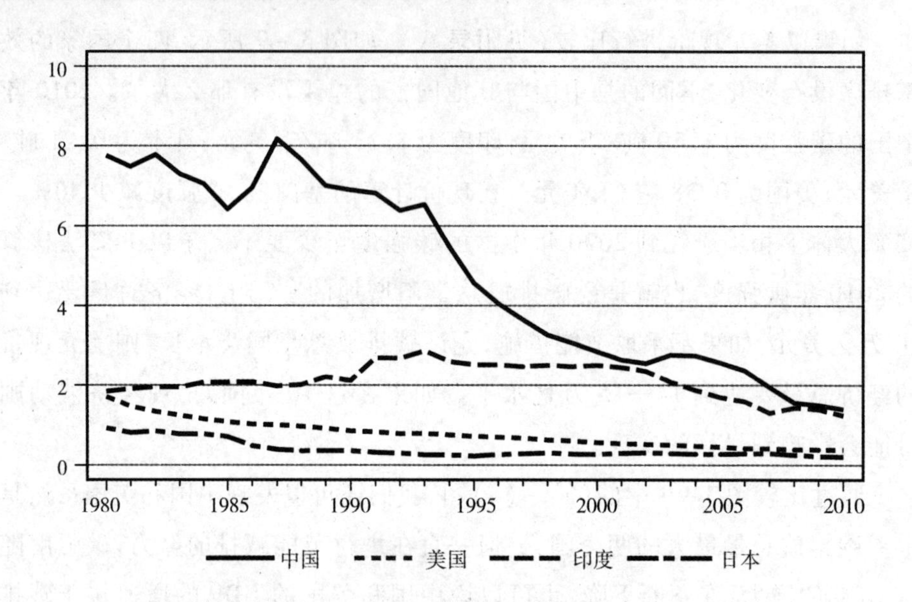
10
8
6
4
2
0
1980
1985
1990
1995
2000
2005
2010
中国
美国
印度
日本

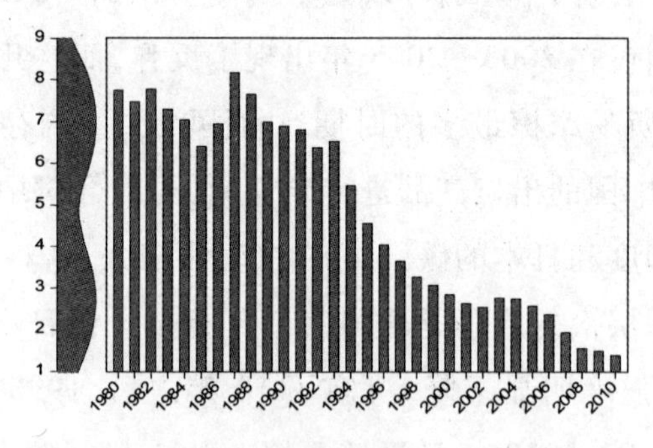
9
8
7
6
5
4
3
2
1
1980
1982
1984
1986
1988
1990
1992
1994
1996
1998
2000
2002
2004
2006
2008
2010

(a)中国

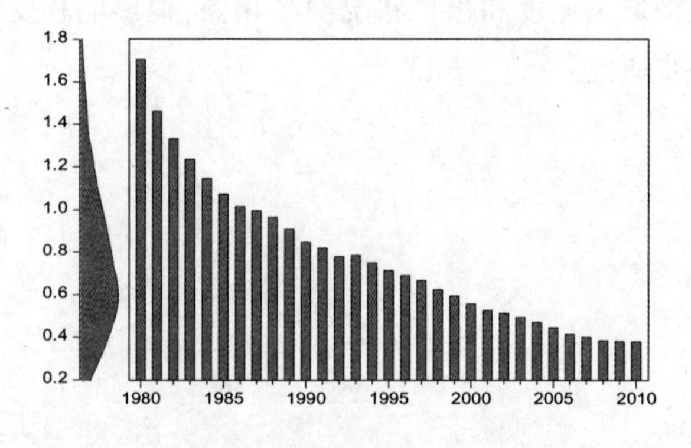
1.8
1.6
1.4
1.2
1.0
0.8
0.6
0.4
0.2
1980
1985
1990
1995
2000
2005
2010

(b)美国

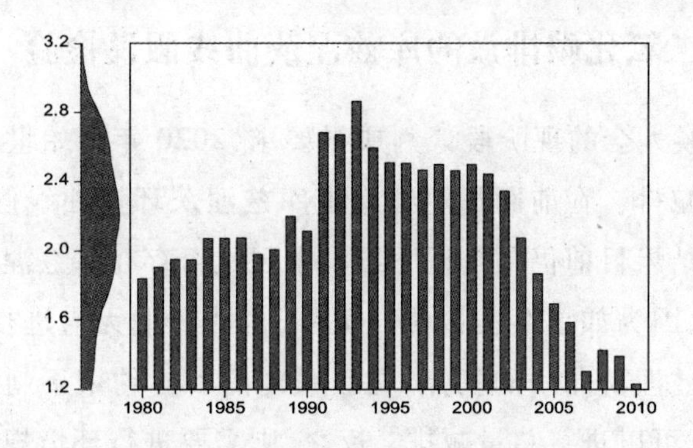

(c)印度

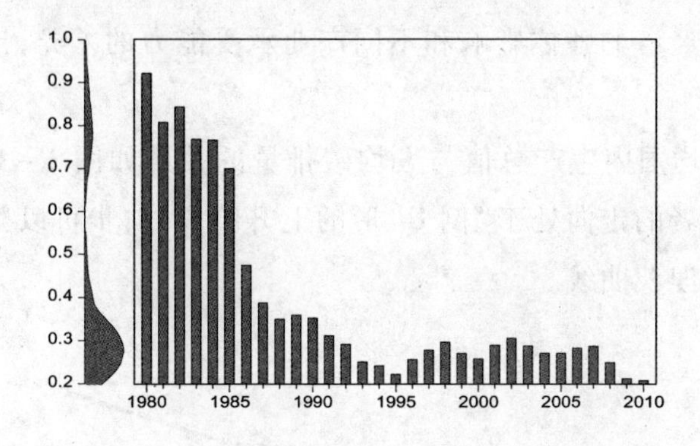

(d)日本

图 3－9　1980—2010 年现价美元中国、美国、日本和印度单位 GDP 二氧化碳排放量(单位:吨/千美元)

资料来源:GDP 来源于世界银行数据库,碳排放数据来源于世界银行统计数据库

对于 2003—2008 年中国碳排放强度反弹的现象,这同时也体现了政府政策作用的重要性。从 20 世纪 90 年代中期以来,由于产能过剩,中国政府强制对污染严重和耗费资源的产业进行了“关、停、并、转”等整顿措施,而 2003 年以后中国出现了再度重工业化的过程,因此碳强度有所上升。①

① 参见何小钢,张耀辉.中国工业碳排放影响因素与 CKC 重组效应——基于 STIRPAT 模型的分行业动态面板数据实证研究[J].中国工业经济,2012(1):26－35。

四、中国二氧化碳排放的库兹涅茨曲线假说检验

按世界气候大会的现阶段谈判成果要求，2020 年开始世界各国开始进行碳排放总量减排。在前面我们讨论了库兹涅茨环境曲线假说的内容，也说明了其实证结果目前仍是众说纷纭。中国是否存在库兹涅茨曲线也是我们需要关注的，因为如果存在该假设关系，说明我们无需进行环境规制，只要正确预测库兹涅茨曲线的拐点，在碳强度的目标约束下刺激经济增长尽快达到拐点，就可以进行总量减排。反之，则需要进行环境规制，如果这样，问题就要复杂得多，不但涉及中国的低碳经济转型的制度路径选择问题，还要考虑对中国经济的整体影响和不同产业承受能力的差异、传导机制和最终结果。

中国的人均国内生产总值与人均碳排量的关系如图 3－10 所示，从图中可以看出两者的走向处于“倒 U”形的上升阶段，初步可以判断中国的碳排放存在库兹涅茨曲线。

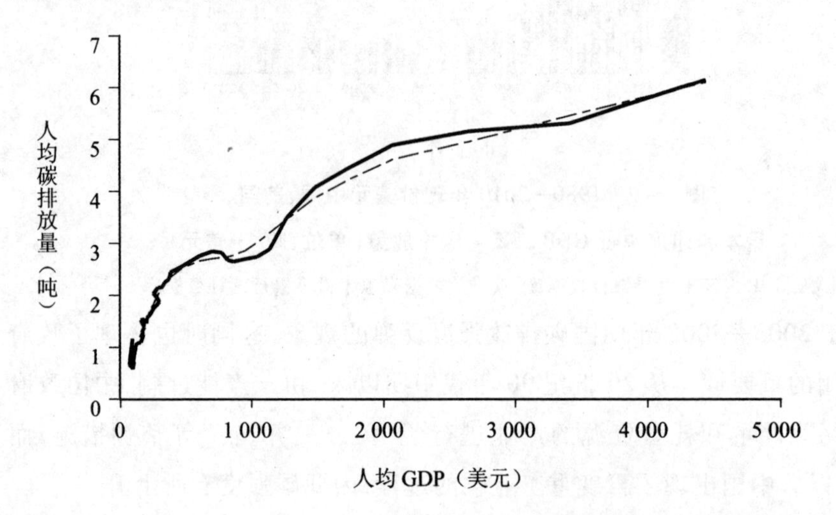

图 3－10　1960—2010 年中国二氧化碳排放的库兹涅茨曲线

资料来源：世界银行统计数据库

（一）模型设定

对碳排放库兹涅茨曲线（CKC）进行实证检验的模型有多种形式，可以

分为静态模型和动态模型，多项式模型、对数模型以及两者结合的双对数多项式模型。Poon(2006)研究发现发达国家的EKC模型多为三次多项式形式，而发展中国家的EKC在二次形式情况下拟合较好，因此国外学者一般选用三次多项式模型，如Grossman(1994)①等，国内的学者多选用双对数多项式模型，如许广月(2010)②等。上述两种均为静态模型。通过对中国人均GDP和人均碳排放量的散点图进行拟合，证明了二次形式模型确实比较适合中国的实际情况，因此EKC模型设定如下：

$$\ln Y_t = a_i + \delta T_i + \beta_1 \ln(GDP_t) + \beta_2 \ln(GDP_t)^2 + \varepsilon_t$$

其中 $t=1,2,3,\cdots$，Y_t 表示 t 年中国人均碳排放量，T 表示时间趋势项，GDP_t 表示 t 年中国人均GDP，是使用调整后的实际GDP水平，a、δ、β_1、β_2 表示估计系数，ε_i 表示随机误差项。1960—2010年中国人均GDP和人均碳排放量的数据均来自于世界银行统计数据库。

模型中若 $\beta_1 > 0$，$\beta_2 = 0$，则说明经济增长与碳排放之间为一次线性关系，即随着经济增长碳排放量也同步增长，一般这种情况都发生在工业化的初期；若 $\beta_1 > 0$，$\beta_2 < 0$，则说明经济增长与碳排放量呈“倒U”关系，也就是当经济增长到一定水平前碳排放量随经济增长而增长，但增长率不断衰减，而当过了最高点后，碳排放量将随着经济增长而呈现下降趋势，这个最高点就是CKC的拐点，理论上其值为 $\ln(GDP) = \frac{\beta_1}{-2\beta_2}$（令其值为 x），则拐点处的人均 $GDP = e^x$，再对人均GDP进行预测，就可以判断如果以现在的发展水平中国的碳排放拐点大概可以出现在哪一年。

（二）模型检验和回归结果

模型中的人均碳排放量和人均GDP有明显的时间趋势（如图3-11中的(a)、(b)、(c)所示），因此首先要对 $\ln Y_t$、$\ln(GDP)$ 和 $\ln(GDP)^2$ 均进行

---

① 参见Gene M. Grossman, Alan B. Krueger. Economic Growth and the Environment[J]. NBER working paper series. 1994(4634):1-21。

② 参见许广月，宋德勇. 中国碳排放环境库兹涅茨曲线的实证研究——基于省域面板数据[J]. 中国工业经济，2010(5):37-47。

单位根检验,在时间序列中一般使用 ADF 检验方法。如图 3－11 中的(d)、(e)、(f)所示,检验发现经过一阶差分后成为平稳序列,检验结果如表 3－1 所示。再对模型的结果进行残差检验,见图 3－12 发现拟合结果较好。

表 3－1　单位根检验结果

	$\ln Y_t$	$\ln(GDP)$	$\ln(GDP)^2$
原序列	3.469871	3.469871	5.477176
	(1.0000)	(1.0000)	(1.0000)
一阶差分后	0.040698	0.04698	0.015427
	(0.0011)	(0.0011)	(0.03881)

模型的回归结果为:

$$\ln Y_i = -3.55639 + 0.0153T_i + 0.9329\ln(GDP) - 0.0474\ln(GDP)^2$$

$$(0.0579)\quad(0.02144)\quad(0.01876)\quad\quad(0.01124)$$

$$R^2 = 0.932860 \qquad F = 283.1273$$

(三)曲线拐点预测

由上述回归模型可知,库兹涅茨曲线存在,且在中国人均收入水平达到 18 769.72 美元时到达拐点。依此可以通过对中国人均 GDP 水平进行预测分析。如果以中国经济年增长率 7% 的速度来预测,大约还要 20—25 年才能达到这个水平,也就是 2030—2035 年左右可以达到 CKC 拐点。

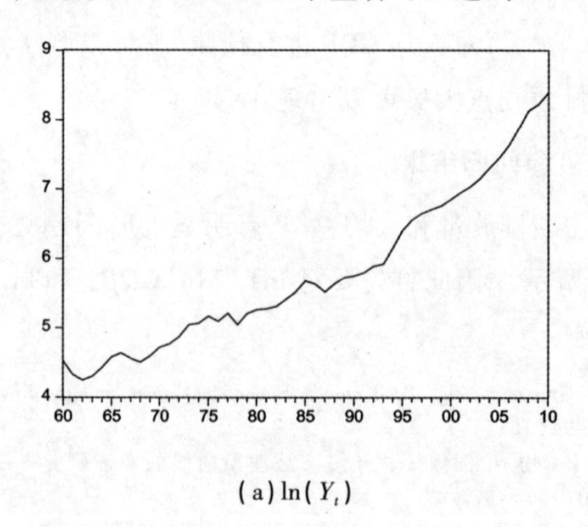

(a) $\ln(Y_t)$

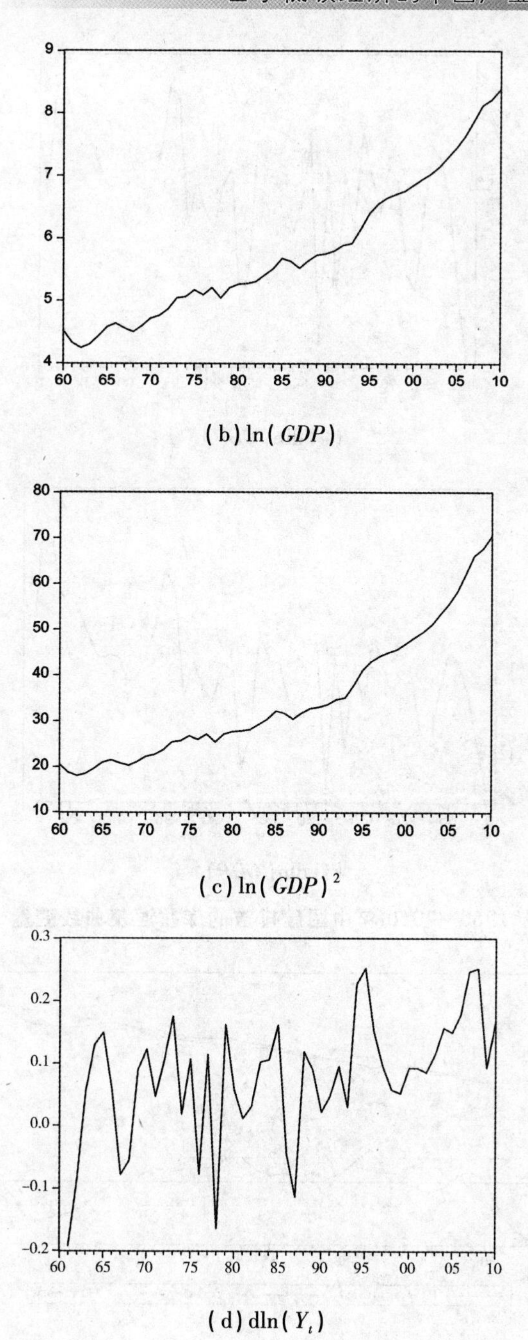

(b) ln(GDP)

(c) ln(GDP) ^{2}

(d) dln(Y_t)

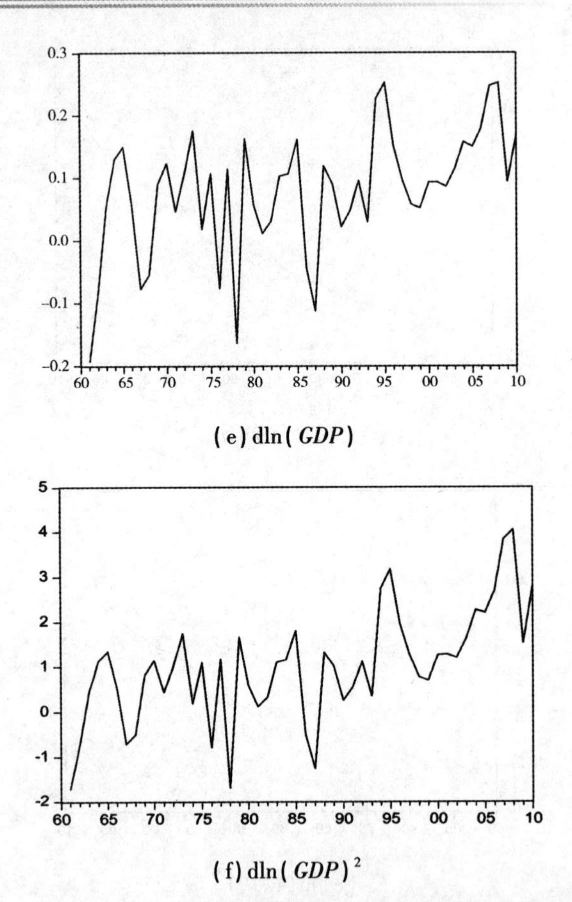

(e) dln(*GDP*)

(f) dln(*GDP*)^2

图 3-11　1960—2010 年中国碳排放的库兹涅茨曲线变量一阶差分

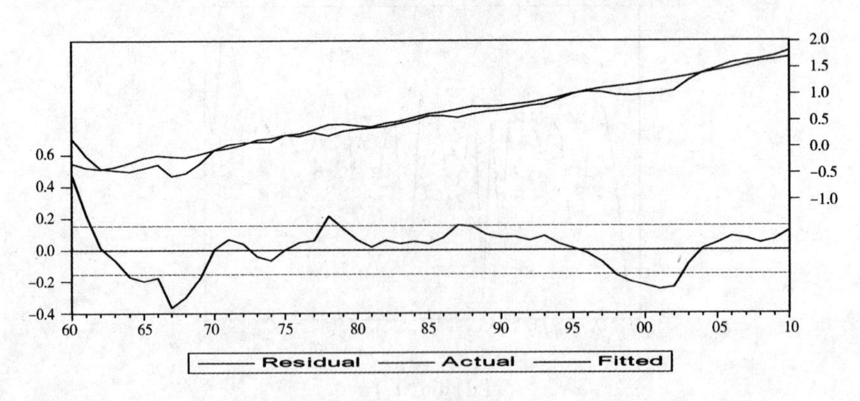

图 3-12　残差检验和拟合结果

从上述分析和预测可见，到 2020 前中国承诺的单位 GDP 碳排放减排

40%—45%的承诺实现是有较大空间的。但我们必须注意到联合国气候变化大会的坎昆会议中制定了针对发展中国家的碳排放减缓记录和通报制度,要求每2年公布一次,2011年的德班会议决定到2020年前将展开一项新的谈判,目标在于把所有国家置于一个法律框架下,要求各国作出控制温室气体减排的承诺,该协议最晚于2020年生效。而对于只有工业化国家减排的《京都议定书》正常应于2012年到期,但德班会议达成新协议,决定这项承诺有效期将再延长5年。

从时间上看,如果总量减排将于2017年开始,或最迟至2020年,则中国根本不可能迎来碳排放的库兹涅茨曲线的拐点,即使以10%的增长速度也至少要10年的时间。因此,我们必须从现在就认真研究中国产业在低碳经济下的发展问题。

第二节 传统发展模式下中国产业国际竞争力评价

中国改革开放后,随着中国开放水平的提高,中国的产业国际化水平不断提高,国际竞争力也不断提高,特别是加入WTO之后,出口产业结构不断优化,并成为贸易大国。

本书对产业国际竞争力进行评价的时间拟选取1995—2010这一时间段。以1995年作为起点主要考虑以下三个方面的因素。

(1)中国对外贸易政策的演变阶段。一国对外贸易政策一般要结合国内经济的发展需要和国际形势的变化两方面情况,决定对外政策的基本立场和内容。对外贸易政策的基本立场可以分为自由贸易和保护贸易两种,基本立场的选择依据是该国产业的国际竞争力状态。因此,以中国对外贸易政策演变情况作为时间段的选择依据,是比较合理的。根据刘似臣(2004)研究将中国的对外贸易政策演变分为四个阶段。第一阶段(1949—1978),计划经济体制下国家统治型的封闭式保护政策;第二阶段(1978—1992),改革开放后有计划商品经济体制下的国家统治型开放式贸易保护政策;第三阶段(1992—2001),社会主义市场经济体制下具有贸易自由化倾向的贸易保护政策;第四阶段(2001—至今)入世后与WTO规则逐渐相适应的规范公平与保护并存的贸易政策。[①] 通过上述对外贸易政策深化阶段的划分,可以看出1992年邓小平同志视察南方谈话后,中国才逐步走上市场经济道路。

(2)1994年人民币汇率制度改革。1994年汇改之前,人民币实行复汇制。从1994年开始,人民币汇率进入了单一的、有管理的市场汇率时期。人民币汇率的单一化,有利于进行国际比较。

(3)1995年WTO成立。WTO是管理世界多边贸易体制的国际组织,奉行贸易自由化的准则。WTO是一个完整的、永久的国际贸易组织,与GATT(关税及贸易总协定)相对,WTO明确指出,在提高世界各国人民的实际生活水平,保证充分就业的同时,按照可持续发展的目的,最优运用世界资源,保护环境。

综上,将研究的时间起点确定为1995年。

一、基于SITC分类的产业国际竞争力评价

我们先运用国际市场占有率、显性比较优势指数和贸易竞争优势指数三个指标,对所有大类(SITC一位数编码商品)商品的出口的竞争力状况进行初步测算和筛选,表3-2、表3-3和表3-4所示的是中国1995—2010年各部门商品的国际市场占有率、贸易竞争优势和显性比较优势指数的变化情况。

(1)国际市场占有率

从SITC分类中0—9类商品的国际市场占有率可以看出,0—4类商品的国际市场占有率均没有高出5%的,而5—9类商品中除了9类外,其余均高于5%的水平,其中平均占有率最高的是8类商品,包括服装、鞋类、床上用品、仪器设备等,其余依次是5类化学品,6类按原料分类的制成品,以及

① 参见刘似臣.中国对外贸易政策的演变与走向[J].中国国情国力,2004(8):48-50。

7类机械及运输设备。

表3-2 1995—2010年中国SITC分类中出口商品国际市场占有率及其变化

单位:%

	0类	1类	2类	3类	4类	5类	6类	7类	8类	9类
1995	2.75	2.37	2.05	1.43	1.67	6.79	3.93	1.62	8.56	0.00
1996	2.66	2.16	1.98	1.31	1.49	5.79	3.47	1.72	8.36	0.00
1997	2.96	1.69	2.04	1.54	2.35	6.73	4.09	2.01	9.89	0.00
1998	2.92	1.61	1.91	1.53	1.07	6.27	3.93	2.24	9.81	0.00
1999	2.99	1.29	2.21	1.10	0.53	6.17	4.10	2.49	9.81	0.00
2000	3.66	1.32	2.25	1.18	0.59	7.41	4.86	3.16	10.99	0.00
2001	3.64	1.52	2.23	1.38	0.58	7.37	5.23	3.83	11.24	0.00
2002	3.96	1.59	2.26	1.38	0.39	7.97	5.96	4.92	12.51	0.00
2003	4.15	1.46	2.17	1.47	0.36	8.69	6.73	6.37	13.63	0.01
2004	3.91	1.56	1.99	1.41	0.39	10.35	7.84	7.58	14.53	0.01
2005	4.20	1.41	2.20	1.19	0.69	11.66	8.97	8.99	16.37	0.01
2006	4.33	1.29	1.89	1.01	0.83	14.01	10.23	10.18	17.99	0.01
2007	4.34	1.29	1.80	0.98	0.49	14.97	10.97	11.43	19.74	0.01
2008	3.86	1.28	1.93	1.10	0.64	15.61	11.93	12.43	20.53	0.01
2009	4.21	1.48	1.85	1.13	0.48	12.87	11.69	13.40	20.97	0.01
2010	4.64	1.64	1.80	1.14	0.43	14.64	12.51	15.16	22.77	0.00
平均	3.69	1.56	2.04	1.27	0.82	9.83	7.28	6.76	14.22	0.00
变化趋势	微升	微降	稳定	微降	下降	上升	上升	上升	上升	稳定
竞争力排序	弱	较弱	较弱	较弱	很弱	强	强	强	很强	很弱

资料来源:《中国统计年鉴》和联合国世界贸易组织与联合国统计署ComTrade统计数据库

从图3-13可以看出,中国的初级产品出口的国际市场占有率从1995年以来一直处于低位状态,说明中国的初级产品出口量不大,至少从供给能力的角度来看竞争力比较弱。而工业制成品的国际市场占有率却在不断提高,特别是7、8两类始终保持比较平稳地增长,5、6两类商品的国际市场占有率在2008年有一个下滑趋势后反弹。从总体变化趋势可以看出，我国出口商品的加工程度不断提高，工业制成品的出口比重不断提高，如图3-14所示，我国出口初级产品的比重由1980年的51%下降到2010年的5%。在工业制成品出口中，也逐渐向加工程度繁杂的产业游移，其中SITC分类标准中的7、8类商品的加工程度明显高于5、6两类商品的加工程度，说明我国工业化程度加深，并且向重型化方向发展。

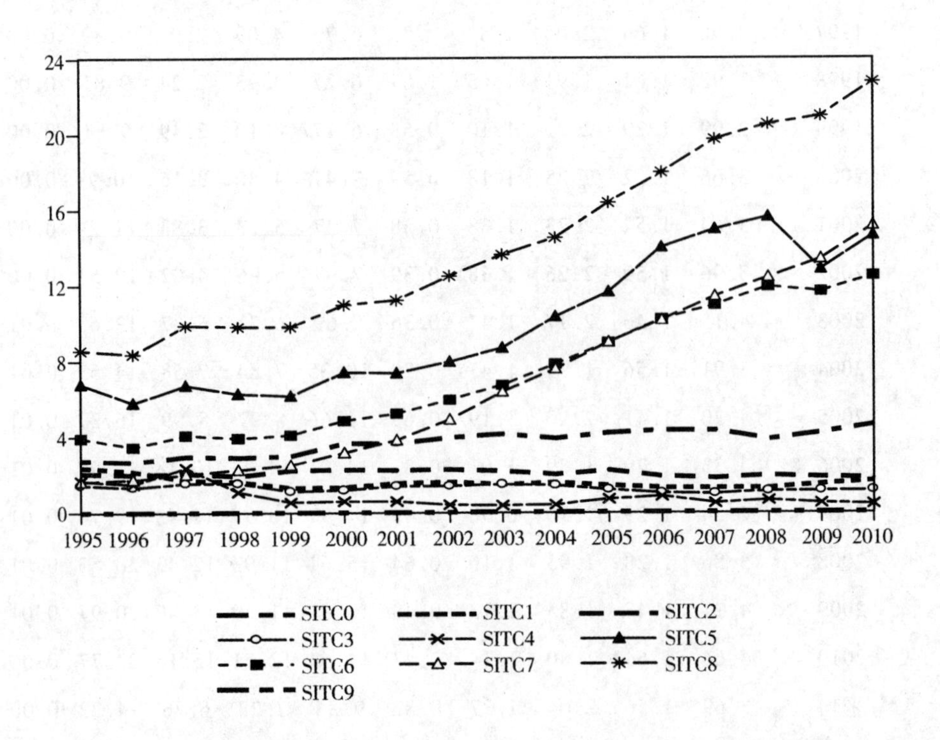

图3-13　1995—2010年中国SITC分类中出口商品国际市场占有率变化

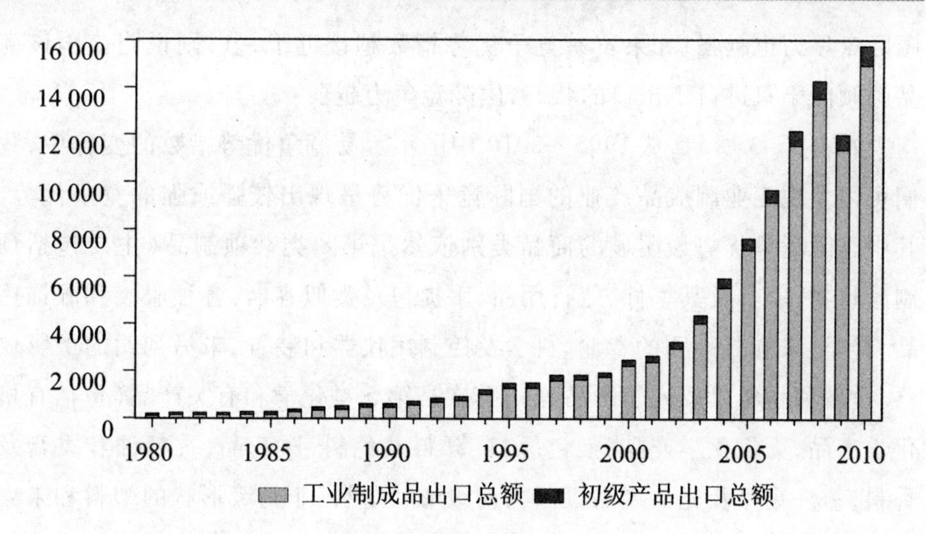

图 3－14　1980—2010 年中国出口商品结构

资料来源：根据历年《中国统计年鉴》数据整理

在初级产品的出口中以 0 类食品和活动物与 2 类非食用原料（不包括燃料）、润滑油及有关原料为主，其次是 1 类饮料及烟草和 3 类矿物燃料，国际市场占有率最低的是 4 类动植物油、脂和蜡。

如果国际市场占有率大于 20% 时被认为具有很强的国际竞争力，国际市场占有率在 10%—20% 时被认为具有强的国际竞争力，国际市场占有率为在 5%—10% 时被认为国际竞争力一般，国际市场占有率在 3%—5% 时被认为国际竞争力弱，国际市场占有率在 1%—3% 时被认为国际竞争力较弱，国际市场占有率小于 1% 时被认为国际市场竞争力很弱。以 2010 年的发展水平来评价，如表 3－2 所示，工业制成品的国际市场竞争力普遍强，其中 8 类商品的国际市场占有率从 2008 年起就已经超过 20% 的水平了，而初级产品的国际竞争力普遍比较弱。

（2）贸易竞争优势

大多数国家在进行贸易时，同类商品往往既进口也出口。如果贸易竞争优势指数等于 0，说明一个国家在某类商品上进口与出口量上相等，说明竞争力一般。如果贸易竞争优势指数越近于 1，说明该类商品贸易顺差，且国际竞争力也越强;如果贸易竞争优势指数越接近于 -1,则说明该国该商品越倾向于只进口不出口的状态,国际竞争力越弱。

如表 3-3 所示,从 1995—2010 中国年贸易竞争优势指数的变化中,我们可以发现工业制成品产业的国际竞争优势呈现出较强或强的竞争优势,其中国际竞争优势最明显的商品类别依然是第 8 类杂项制品(主要包括预制建筑物,家具及其零件,旅行用品、手提包及类似容器,各种服装和服饰用品,鞋类,未加行列明的专业、科学及控制用仪器和装置,未另列明的摄影仪器、设备和材料以及光学产品等),其次是第 5 类化学和有关产品(包括有机化学产品,无机化学产品,染色原料、鞣料及色料,医药品,香精油和香膏及香料,盥洗用品及光洁用品,肥料,初级形状塑料,非初级形状的塑料和未列明化学原料及其产品)。如图 3-15 所示,初级产品的竞争优势普遍评级低或较低,只有第 1 类饮料和烟草的平均竞争优势为强,但近几年的竞争优势却下降较快并转为弱。初级产品中除了第 0 类商品的贸易竞争优势相对稳定,其余均呈现下降趋势。竞争优势上升最为明显的是第 9 类商品(包括未按品种分类的邮包,未按品种分类的特种交易和商品,非合法货币的铸币(金币除外),非货币用黄金(金矿砂及精矿除外),且呈现出振荡趋势。

表 3-3　1995—2010 年中国出口商品国际竞争优势及其变化

	0类	1类	2类	3类	4类	5类	6类	7类	8类	9类
1995	-0.38	0.55	-0.40	-0.49	-0.70	0.31	-0.09	-0.40	0.76	-0.97
1996	-0.36	0.46	-0.45	-0.54	-0.64	0.30	0.057	-0.25	0.74	-0.99
1997	-0.28	0.53	-0.48	-0.60	-0.45	0.22	-0.04	-0.22	0.74	-0.97
1998	-0.26	0.69	-0.51	-0.57	-0.66	0.28	0.03	-0.09	0.78	-0.99
1999	-0.26	0.58	-0.53	-0.66	-0.82	0.23	0.02	-0.06	0.78	-0.99
2000	-0.28	0.34	-0.64	-0.72	-0.79	0.16	-0.02	-0.08	0.76	-0.99
2001	-0.28	0.36	-0.68	-0.68	-0.75	0.17	0.01	-0.05	0.74	-0.76
2002	-0.26	0.44	-0.68	-0.69	-0.89	0.15	0.02	-0.06	0.70	-0.48
2003	-0.25	0.35	-0.74	-0.72	-0.93	0.15	0.04	-0.04	0.67	-0.41
2004	-0.32	0.38	-0.81	-0.77	-0.93	0.17	0.04	-0.01	0.59	-0.15

续表

	0类	1类	2类	3类	4类	5类	6类	7类	8类	9类
2005	-0.29	0.20	-0.81	-0.68	-0.85	0.21	0.15	0.03	0.51	-0.16
2006	-0.28	0.07	-0.83	-0.83	-0.83	0.25	0.23	0.10	0.52	-0.11
2007	-0.27	-0.01	-0.86	-0.84	-0.92	0.34	0.34	0.12	0.54	0.07
2008	-0.30	-0.11	-0.87	-0.84	-0.90	0.34	0.36	0.17	0.54	-0.06
2009	-0.31	-0.09	-0.89	-0.86	-0.92	0.38	0.42	0.21	0.55	-0.44
2010	-0.34	-0.12	-0.89	-0.88	-0.92	0.25	0.26	0.18	0.56	-0.34
平均	-0.29	0.29	-0.69	-0.71	-0.81	0.24	0.14	0.01	0.64	-0.54
变化趋势	稳定	下降	下降	下降	略降	稳定	上升	上升	略降	上升
竞争力评价	弱	强	较弱	较弱	很弱	强	强	强	较强	较弱

资料来源:根据历年《中国统计年鉴》整理

从近五年的国际竞争优势看,所有初级产品均是贸易逆差,其中2、3、4类近十年来一直是贸易逆差,并不断接近于只进口不出口的状态。从近三年的国际竞争优势看,工业制成品的竞争优势排序为8类>6类>5类>7类,按SITC分类来看,6、8类商品属于劳动力密集型产品,而5、7类商品属于资本密集型产品,而中国现在的这个竞争优势排序说明中国的出口竞争力还没有摆脱劳动力竞争优势,化工产业和机械制造业竞争力较弱,第8类的竞争优势近年来有所下降,即轻工业产品竞争优势已经至最高并开始下降,但第6类商品却处于上升通道,势头比5类和7类要快。在工业制成品中第7类商品是精加工商品,科技含量较高,中国在这类商品的竞争优势恰恰是所有工业制成品中的竞争优势是最弱的,说明我国工业化的阶段正处于轻工业向重化工业转型过程中,且还没有完全摆脱劳动力密集型商品的比较优势。

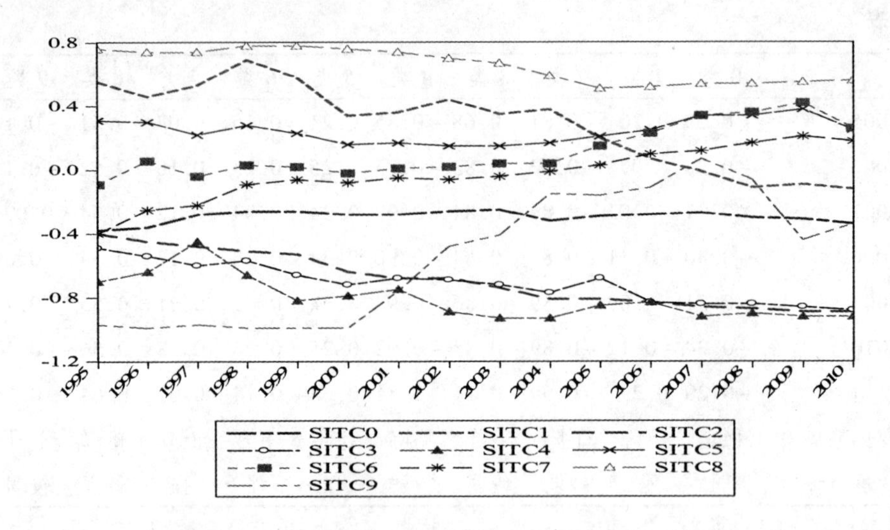

图 3-15　1995—2010 年中国出口商品竞争优势变化

资料来源:根据历年《中国统计年鉴》数据整理

(3)显性比较优势

显性比较优势指数能够从相对结构上充分说明出口商品的比较优势,是说明比较优势最常用的一个指标。显性比较优势可能定量描述某个国家(地区)的某种产业(产品组)相对于同期的其他产业(产品组)的出口竞争力状态及其变化,虽然不直接引用价格作为比较因素,但规模作为竞争的结果可以间接描述和体现某个国家的某种产业(产品组)的竞争力。它反映了一个国家的某个产业(产品组)与世界该产业(产品组)整体发展状态的比较,如果大于1说明该国的该产业的整体水平超过世界该产业发展的整体水平,如果小于1说明该国该产业的整体发展速度落后于世界整体水平。

表 3-4　1995—2010 年中国出口商品显性比较优势及其变化

	0类	1类	2类	3类	4类	5类	6类	7类	8类	9类
1995	0.96	0.82	0.71	0.49	0.58	2.36	1.36	0.56	2.97	0.00
1996	0.95	0.77	0.71	0.47	0.54	2.07	1.24	0.61	2.99	0.00
1997	0.90	0.52	0.62	0.47	0.72	2.06	1.25	0.61	3.02	0.00
1998	0.87	0.48	0.57	0.46	0.32	1.88	1.18	0.67	2.93	0.00
1999	0.88	0.38	0.65	0.32	0.16	1.81	1.20	0.73	2.87	0.00

续表

	0类	1类	2类	3类	4类	5类	6类	7类	8类	9类
2000	0.95	0.34	0.58	0.31	0.15	1.92	1.26	0.82	2.85	0.04
2001	0.85	0.35	0.52	0.32	0.13	1.72	1.22	0.89	2.61	0.10
2002	0.79	0.32	0.45	0.27	0.08	1.59	1.19	0.98	2.49	0.09
2003	0.73	0.25	0.38	0.25	0.06	1.51	1.17	1.10	2.36	0.10
2004	0.61	0.24	0.31	0.22	0.06	1.61	1.22	1.18	2.27	0.09
2005	0.58	0.19	0.30	0.16	0.10	1.61	1.24	1.24	2.25	0.11
2006	0.54	0.16	0.24	0.13	0.10	1.75	1.28	1.27	2.25	0.13
2007	0.50	0.15	0.21	0.11	0.06	1.72	1.26	1.31	2.27	0.09
2008	0.44	0.14	0.22	0.12	0.07	1.76	1.35	1.40	2.32	0.07
2009	0.44	0.15	0.19	0.12	0.05	1.34	1.22	1.46	2.18	0.06
2010	0.45	0.16	0.17	0.11	0.04	1.42	1.21	1.47	2.20	0.05
平均	0.71	0.34	0.43	0.27	0.20	1.76	1.24	1.02	2.55	0.06
变化趋势	下降	下降	下降	下降	下降	下降	下降	上升	下降	上升
竞争力评价	一般	一般	一般	一般	一般	较强	一般	一般	很强	弱

资料来源：世界贸易组织和联合国统计署 ComTrade 统计数据库

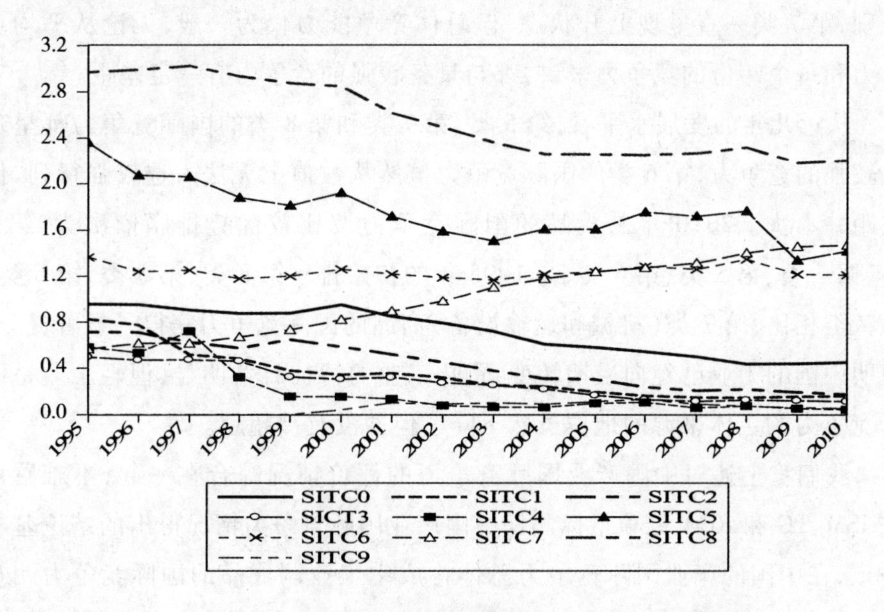

图 3－16　1995—2010 年中国出口商品显性比较优势及其变化

资料来源：历年《中国统计年鉴》和联合国统计署 ComTrade 统计数据库

从表 3－4 和图 3－16 的显性比较优势指数及其变化可以看出：

第一，中国所有 0—9 类产业除了第 7 类和第 9 类处于上升状态外，其余产业的发展均处于国际竞争力下降状态。

第二,第 8 类商品的出口竞争力仍然是所有出口商品类别中最强的,是世界整体产业水平的 2 倍,但整体水平是下降的。说明该产业的比较优势已经逐步在丧失。

第三,工业制成品的整体比较优势仍然高于初级产品,初级产品的比较优势从 2000 年以后就呈现出较快的均衡下降趋势,初级产品中比较优势略高于其他类别的是第 0 类(食品和活动物)和第 2 类(不包括燃料的非食品原料)。

第四,从平均水平看,工业制成品中有下降趋势但不显著的是第 6 类(主要按原料分类的制成品),尽管对第 6 类商品的竞争力评价为一般,但实际上近十年来第 6 类的比较优势处于强与较强的边界处振荡,发展的区分度不大。第 8 类(杂项制品)虽然呈现下降趋势,但仍然是比较优势最强的类别,第 7 类一直呈现上升状态,但总体竞争能力仅为一般,无论从平均竞争力和每个年份的竞争力来讲,都与具备较强的竞争力有一定差距。

从近几年的发展水平看,第 5 类、第 7 类和第 8 类的国际竞争力都呈现比较强的竞争力,第 6 类的国际竞争力虽然从数值上无法入选较强行列,但差距并不大。2010 年制成品的国际竞争力按比较优势排序依次为:第 8 类、第 7 类、第 5 类、第 6 类,与 1995 年的初始排序第 8 类、第 5 类、第 6 类、第 7 类相比,第 7 类(机械和运输设备)商品的国际竞争力获得了显著提升。说明中国的工业已经向后期转变,重化工业的特征日益明显,但轻工业是国际竞争力的主体来源的地位虽然下降了但并没有被超越。

我们将上述对中国产业国际竞争力的评价情况综合在一起,不难看出按 ISM、TC 和 RCA 分项指标测评中国产业国际竞争力情况得出的结论基本一致,在中国的产业国际竞争力总体构成中工业制成品的国际竞争力明显高于初级产品,并且对中国近几年的国际贸易顺差贡献巨大。如图 3 – 17 所示,中国的贸易顺差额明显扩大是在入世之后发生的,从前述对国际竞争力的分析也可以看出,入世对中国的产业国际竞争力有显著的影响,使得中国的国际专业化程度有所提高,产业的国际竞争力水平分化严重,优势产业的国际竞争力得到充分发挥，由此可见借助经济全球化中国工业制成品产业的国际竞争力得到了增强。由差额的变化情况可知中国是经济全球化受益者，人民币升值后贸易顺差势头减弱并回落，比较优势产业受到一定程度的冲击。

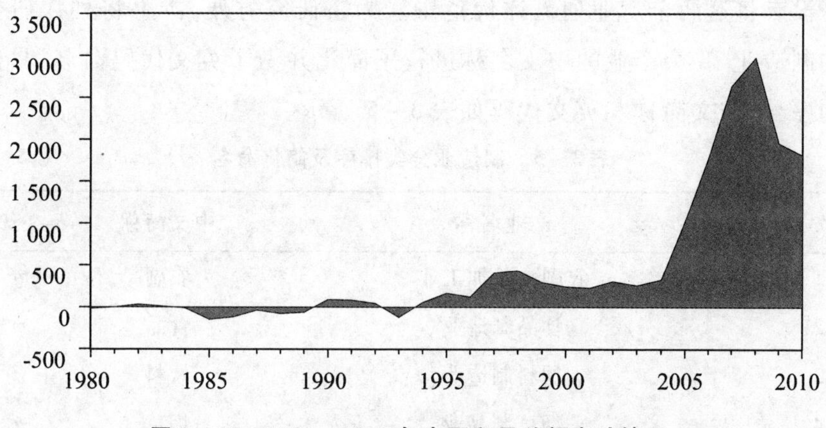

图 3－17　1980—2010 年中国贸易差额变动情况

资料来源：根据历年《中国统计年鉴》整理

从工业制成品产业内部看，中国的比较优势较强产业依然是劳动力密集型产业，而资本密集型产业的国际竞争力有所增强。资本密集型产业虽然不是中国国际竞争力的主体产业，但初露头脚，说明中国处于工业化的中后期，轻工业的优势开始衰落，重化工业的国际地位还没有奠稳，工业化的程度还要加深，重化工业的发展依然不足。在这样一个特定的过渡时期，能耗必然高启，发展低碳经济与中国的工业化进程是存在矛盾的。

由于上述指标都是基于规模来衡量的，所以并不代表这些产业的技术就是成熟的，劳动生产效率是最高的，只能说明这些产业的出口量较大，赚取外汇的能力较强，是主要的“吸金”产业，对拉动中国的经济增长贡献较大。基于上述分析，我们有必要进一步着重对工业制成品产业的国际竞争力现状进行剖析。

二、基于一般综合评价指标的制造业产业国际竞争力分析

我们运用第二章第二节中表 2－2 的产业国际竞争力一般综合评价指

标体系,对中国制造业产业国际竞争力的整体情况进行评价。按照《国民经济行业分类》(GB/ T4754—2002)对制造业的细分,将制造业分为30个产业。因为中国在2002年以前的分类中并没有设置废弃资源和废旧材料回收加工业,工艺品及其他制造业并非低碳经济下研究的重点产业,基于上述考虑没有将这两个产业列入评价范围。为了研究方便,本书将列入研究范畴的制造业28个产业的中文名称进行了简化并做了英文代码命名,具体产业的序号、中文简称和英文代码如表3－5所示。

表3－5　制造业分类排序及简化命名

序号	产业名称	中文简称	英文代码
1	农副食品加工业	农副	*nf*
2	食品制造业	食品	*sp*
3	饮料制造业	饮料	*yl*
4	烟草制品业	烟草	*yc*
5	纺织业	纺织	*fz*
6	纺织服装、鞋、帽制造业	服装	*fm*
7	皮革、毛皮、羽毛(绒)及其制品	皮革	*pg*
8	木材加工和木、竹、藤、棕、草制品业	木材	*mc*
9	家具制造业	家具	*jj*
10	造纸及纸制品业	造纸	*zz*
11	印刷业和记录媒介的复制	印刷	*yx*
12	文教体育用品制造业	文教	*wj*
13	石油加工、炼焦和核燃料加工业	石燃	*sy*
14	化学原料及化学制品制造业	化原	*hy*
15	医药制造业	医药	*yy*
16	化学纤维制造业	化纤	*hx*
17	橡胶制品业	橡胶	*xj*
18	塑料制品业	塑料	*sl*

续表

序号	产业名称	中文简称	英文代码
19	非金属矿物制品业	非金	*fj*
20	黑色金属冶炼和压延加工业	黑金	*hj*
21	有色金属冶炼和压延加工业	色金	*sj*
22	金属制品业	金制品	*jz*
23	通用设备制造业	通用设备	*ty*
24	专用设备制造业	专用设备	*zy*
25	交通运输设备制造业	交通设备	*jy*
26	电器机械及器材制造业	电器	*dq*
27	通信设备、计算机及其他电子设备制造业	通信电子	*tx*
28	仪器、仪表及文化、办公用机械制造业	仪器仪表	*yb*

评分的方法是将同一年度内同一指标下不同产业的指标数值的绝对值最高者的得分设定为满分（100 分），其他产业的指标值与最高指标值的比即为该产业该项指标的得分。如果用 G 表示不同产业某项指标的得分，则：

$$G_{\max} = 100 \qquad G_i = \frac{Index_i}{Index_{\max}} \times 100$$

依据上述排序和产业分类，结合一般产业国际竞争力的评价层次，分别计算中国制造业 28 个产业的国际竞争力，并进行综合评分和排序。评价的结果如表 3－6 所示。

表 3－6　中国制造业 28 个产业国际竞争力一般综合评价结果

产业名称	1 农副 (nf)	2 食品 (sp)	3 饮料 (yl)	4 烟草 (yc)	5 纺织 (fz)	6 服装 (fm)	7 皮革 (pg)	8 木材 (mc)	9 家具 (jj)	10 造纸 (zz)	11 印刷 (yx)	12 文教 (wj)	13 石燃 (sy)	14 化原 (hy)	15 医药 (yy)	16 化纤 (hx)	17 橡胶 (xj)	18 塑料 (sl)	19 非金 (fj)	20 黑金 (hj)	21 色金 (sj)	22 金属制品 (jz)	23 通用设备 (ty)	24 专用设备 (zy)	25 交通设备 (jy)	26 电器 (dq)	27 通信电子 (tx)	28 仪器仪表 (yb)
1995	29.02	22.5	26.87	43.23	45.1	35.73	35.06	11.28	18.14	10.88	7.84	21.39	31.33	40.9	24.25	17.04	15.59	13.86	38.97	37.55	17.27	27.17	37.12	22.9	38.65	34.86	37.66	26.99
1996	33.58	26.35	27.06	44.24	43.78	38.71	36.99	14.14	18.98	11.29	8.9	22.31	29.43	42.73	26.33	18.04	15.29	16.1	40.4	33.79	16.74	29.36	41.29	22.66	40.33	36.95	40.03	24.1
1997	36.7	27.1	28.4	44.1	43.6	37.1	37.7	13.1	21.1	12	9.3	24.4	28.9	43	28.2	18.2	15	18.1	42.2	37.6	17.1	31.1	44	21.6	43.6	37.4	47.8	26.3
1998	34.0	26.2	29.0	47.1	40.5	37.2	37.9	10.0	20.2	13.2	12.9	25.6	26.1	42.3	20.3	19.2	16.8	19.6	36.5	34.5	16.8	30.9	41.8	22.9	46.0	44.9	57.4	29.3
1999	31.41	27.22	27.74	44.93	40.68	39.32	38.42	10.39	22.42	11.81	14.99	26.05	23.57	40.33	27.44	19.58	16.20	17.99	34.55	32.86	17.47	32.76	41.98	22.04	45.60	45.58	60.01	29.19
2000	29.70	28.71	27.94	40.63	39.20	40.20	39.22	10.68	22.06	12.63	13.25	25.45	28.50	39.43	30.22	20.29	17.76	18.32	32.76	32.90	20.16	32.56	41.35	21.49	45.47	46.10	65.45	27.90
2001	28.19	26.19	26.04	39.86	37.35	39.19	39.14	11.95	22.19	11.58	12.84	24.29	25.6	36.71	25.96	22.88	15.21	17.05	31.3	30.51	18.44	31.51	38.95	18.48	43.8	45.48	63.91	25.49
2002	22.8	24.2	24.2	43.0	30.7	32.5	35.6	10.1	19.8	10.4	13.3	21.6	24.4	32.3	25.4	19.5	15.7	12.9	24.8	32.0	15.4	24.4	37.0	17.1	49.6	40.9	66.0	24.7
2003	20.06	23.59	22.24	40.25	29.47	32.58	37.01	10.46	19.71	9.94	16.9	21.43	20.75	29.56	24.41	20.81	14.04	11.84	23.45	33.55	15.88	24.36	39.03	19.19	45.1	40.61	66.36	25.58
2004	23.66	24.28	20.71	39.61	35.64	34.05	35.25	14.88	22.74	12.24	20.02	22.52	20.66	37.88	22.09	17.39	16.52	18.32	35.49	41.48	19.24	30.81	29.08	22.30	41.59	42.63	60.18	27.51
2005	27.56	24.25	20.43	36.48	33.91	37.44	37.55	13.73	23.10	10.53	14.44	20.93	19.47	33.91	18.85	18.40	15.15	25.48	27.70	40.51	20.68	29.08	38.90	17.55	39.26	41.47	61.44	24.30
2006	27	25.8	21.6	36.4	35.5	38.6	37.4	16	24.3	14.4	14.7	22.1	18.3	36.3	22.2	23.5	19.7	16.3	29.9	48.4	28.2	31.7	43.8	24.6	44.6	47.9	65.8	27
2007	25.4	24.8	17.3	24.9	36.4	36.4	36.3	14.6	23.8	14.1	14.6	21.2	15.2	37.9	21.6	25.3	21.8	16.0	29.7	51.1	25.6	32.4	44.4	27.1	45.6	50.4	66.8	27.8
2008	24.5	23.4	15.2	23.7	36.7	33.6	35.6	13.7	23.1	13.1	13.4	22	16.1	39.8	20.2	24.9	18.7	15.7	30.8	54.9	25.5	31.4	43.4	27.1	47.3	50.2	64.8	26.7
2009	26.8	23.1	14.4	22.6	37.5	33	35.9	13.3	23.1	13.1	13.1	21.5	14.3	39.8	22.3	23.7	17.2	16.1	34.2	42.9	22.3	30.6	48.1	29.7	48	51.3	66	30.6
2010	26.1	22.4	13.3	23.9	37.4	33.4	35.3	11.3	22.9	12.6	13.8	20.7	15.1	40.1	20.9	25.1	18.8	15.7	32.9	48.1	23	30.6	47.6	27.2	50.2	51.5	66.9	26.6

注：表中的数据为 28 个产业按平均权重进行评价的最终综合得分。国内学者如李钢(2012)均采用平均分配权重的做法

依据上述计算结果对制造业的28个产业的产业国际竞争力进行内部排序，结果如表3－7(a)和3－7(b)所示。

表3－7(a)　中国制造业28个产业国际竞争力一般综合评价结果排序(1995—2002)

	1995	1996	1997	1998	1999	2000	2001	2002
1	纺织	烟草	通信电子	通信电子	通信电子	通信电子	通信电子	通信电子
2	烟草	纺织	烟草	烟草	交运设备	电器	电器	交通设备
3	化原	化原	通用设备	交通设备	电器	交通设备	交通设备	烟草
4	非金	通用设备	纺织	电器	烟草	通用设备	烟草	电器
5	交通设备	非金	交能设备	化原	通用设备	烟草	服装	通用设备
6	通信电子	交运设备	化原	通用设备	纺织	服装	皮革	皮革
7	黑金	通信电子	非金	纺织	化原	化原	通用设备	服装
8	通用设备	服装	皮革	皮革	服装	皮革	纺织	化原
9	服装	皮革	黑金	服装	皮革	纺织	化原	黑金
10	皮革	电器	电器	非金	非金	黑金	金属制品	纺织
11	电器	黑金	服装	黑金	黑金	非金	非金	医药
12	石燃	农副	农副	农副	金属制品	金属制品	黑金	非金
13	农副	石燃	金属制品	金属制品	农副	医药	农副	仪器仪表

续表

	1995	1996	1997	1998	1999	2000	2001	2002
14	金属制品	金属制品	石燃	仪器仪表	仪器仪表	农副	食品	金属制品
15	仪器仪表	饮料	饮料	饮料	饮料	食品	饮料	石燃
16	饮料	食品	医药	食品	医药	石燃	医药	饮料
17	医药	医药	食品制造	石燃	食品	饮料	石燃	食品
18	专用设备	仪器仪表	仪器仪表	文教	文教	仪器仪表	仪器仪表	农副
19	食品	专用设备	文教	专用设备	石燃	文教	文教	文教
20	文教	文教	专用设备	医药	家具	家具	化纤	家具
21	家具	家具	家具	家具	专用设备	专用设备	家具	化纤
22	色金	化纤	化纤	塑料	化纤	化纤	专用设备	专用设备
23	化纤	色金	塑料	化纤	塑料	色金	色金	橡胶
24	橡胶	塑料	色金	橡胶	色金	塑料	塑料	色金
25	塑料	橡胶	橡胶	色金	橡胶	橡胶	橡胶	印刷
26	木材	木材	木材	造纸	印刷	印刷	印刷	塑料
27	造纸	造纸	造纸	印刷	造纸	造纸	木材	造纸
28	印刷	印刷	印刷	木材	木材	木材	造纸	木材

表 3－7(b)　中国制造业 28 个产业国际竞争力一般综合评价结果排序(2003—2010)

	2003	2004	2005	2006	2007	2008	2009	2010
1	通信电子	通信电子	通信电子	通信电子	通信电子	通信电子	通信电子	通信电子
2	交通设备	电器	电器	黑金	黑金	黑金	电器	电器
3	电器	交通设备	黑金	电器	电器	电器	通用设备	交通设备
4	烟草	黑金	交通设备	交通设备	交通设备	交通设备	交通设备	黑金
5	通用设备	烟草	通用设备	通用设备	通用设备	通用设备	黑金	通用设备
6	皮革	化原	皮革	服装	化原	化原	化原	化原
7	黑金	纺织	服装	毛皮	纺织	纺织	纺织	纺织
8	服装	非金	烟草	烟草	服装	皮革	皮革	皮革
9	化原	皮革	纺织	化原	毛皮	服装	非金	服装
10	纺织	服装	化原	纺织	金属制品	金属制品	服装	非金
11	仪器仪表	金属制品	金属制品	金属制品	非金	非金	金属制品	金属制品
12	医药	通用设备	非金	非金	仪器仪表	专用设备	仪器仪表	专用设备
13	金属制品	仪器仪表	农副	色金	专用设备	仪器仪表	专用设备	仪器仪表
14	食品	食品制造	塑料	农副	色金	色金	农副	农副食品
15	非金	农副	仪器仪表	仪器仪表	农副	化纤	化纤	化纤
16	饮料	家具	食品	食品	化纤	农副	食品	烟草

续表

	2003	2004	2005	2006	2007	2008	2009	2010
17	文教	文教	家具	专用设备	烟草	烟草	家具	色金
18	化纤	专用设备	文教	家具	食品	食品制造	烟草	家具
19	石燃	医药	色金	化纤	家具	家具	医药	食品
20	农副	饮料	饮料	医药	橡胶	文教	色金	医药
21	家具	石燃	石燃	文教	医药	医药	文教	文教
22	专用设备	印刷	医药	饮料	文教	橡胶	橡胶	橡胶
23	印刷	色金	化纤	橡胶	饮料	石燃	塑料	塑料
24	色金	塑料	专用设备	石燃	塑料	塑料	饮料	石燃
25	橡胶	化纤	橡胶	塑料	石燃	饮料	石燃	印刷
26	塑料	橡胶	印刷	木材	印刷	木材	木材	饮料
27	木材	木材	木材加工	印刷	木材	印刷	造纸	造纸
28	造纸	造纸	造纸	造纸	通信电子	造纸	印刷	木材

1995—2010 年中国产业国际竞争力一般评价水平如图 3 – 18(a)所示，从图 3 – 18(a)可以看出所有产业的国际竞争力的评价值均为正数，说明中国制造业的产业国际竞争力总体水平较高，从图 3 – 18(b)可以发现中国制造业 28 个产业的国际竞争力均处于动态变化中，且受外部因素影响较大。其中加入世界贸易组织对各个产业均造成了不同程度的影响，在加入 WTO 初期，大多数产业的国际竞争力均有下滑的趋势，而后则呈现出分化的状

态,有的产业国际竞争力反弹并上升,有的则整体仍处于下行状态。

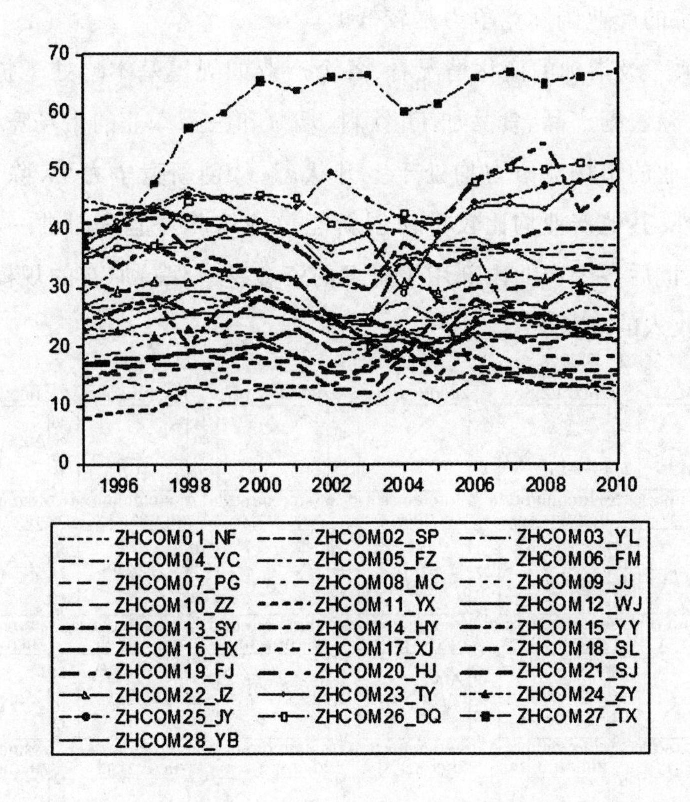

图 3-18(a) 1995—2010 年中国制造业 28 个产业一般国际竞争力情况

注:ZHCOM 代表的是一般综合竞争力评价指标,后面附加的产业序号_产业英文名称缩写

在 28 个产业中,整体国际竞争力处于下滑趋势的只有饮料和烟草 2 个产业,这 2 个产业是我国关税保护程度较高的产业。而资源型的产业如木材、石燃 2 个产业加入 WTO 后产业的国际竞争力下降,文教、皮革 2 个产业入世后显著下降后处于波动状态。食品产业的产业国际竞争力入世后先上升后下滑。其余产业均经过入世冲击后的调整而国际竞争力上升,特别是 16—21 的化纤、橡胶、塑料、非金属、黑色金属、有色金属产业,入世后显著上升的产业包括通用设备、专用设备、交通设备、电器机械、通信电子、仪器仪表产业处于波动上升。

以 2010 年的产业国际竞争力的最终评价结果看,机电产业是中国国际竞争力最强的产业，其次是纺织服装业，化工产业的国际竞争力不明显，而资源密集型的产业国际竞争力是较低的。

从各项二级指标的变化情况看，各个产业的规模基本均处于扩张状态，效率下降，除农副产品、食品加工、饮料、烟草和医药产业的市场竞争力下降外，其余产业的市场竞争力均处于上升状态，从创新竞争力看，除饮料和烟草产业以外，其他产业均比较重视创新能力的培养。但我们进一步分析又注意到，入世后各个产业内部用于研发的资金基本保持原有的规模，远远落后于销售收入的增长。

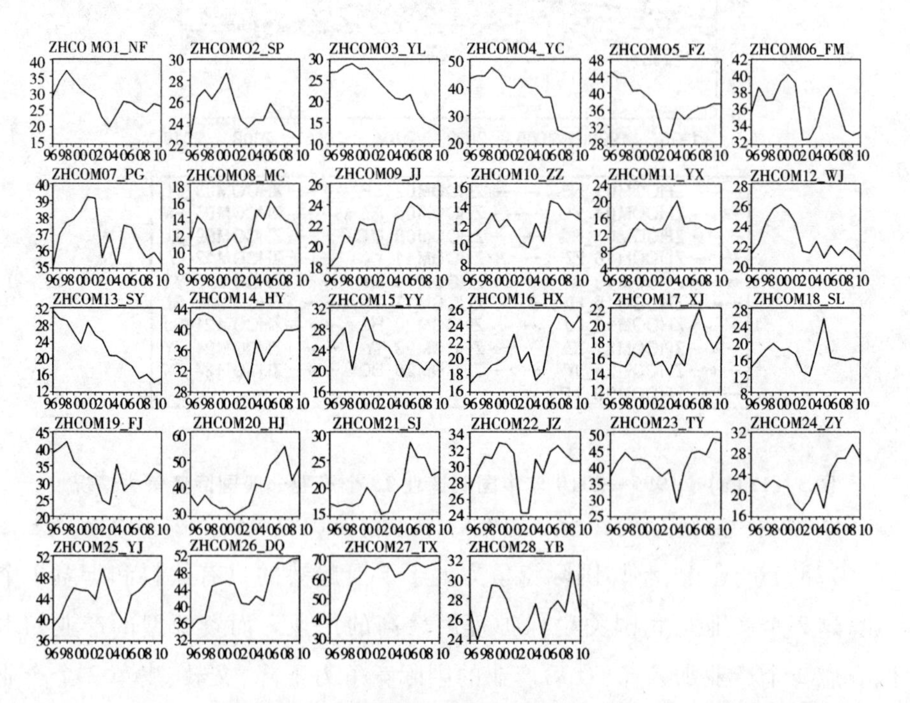

图 3-18(b)　1995—2010 年中国制造业 28 个产业一般国际竞争力变化情况

综上可以看出，随着中国经济的发展，经济总量的增加，资源密集型的产业的国际竞争力是趋于下降的，而机电产业、化学工业、钢铁产业的国际竞争力处于上升状态。特别是入世以后，我国的重化工业的国际竞争力得到了稳步提高，这一趋势充分说明了中国的产业处于不断升级的过程中。

同时我们还应该注意到，随着中国重化工业的加速发展，能源产业竞争力的下降,中国将面对的能源困境将加大,再加之低碳经济的约束,对这些产业的影响是我们应高度关注的。

第三节　基于低碳经济的中国制造业产业国际竞争力评价

通过传统理论对中国产业国际竞争力的筛选,我们已经基本有了一个清晰的关于中国产业国际竞争力现状的轮廓。现在我们要基于低碳经济对中国的产业国际竞争力进行评价。

从上述分析可知,中国的整体能耗与中国的经济增长是同步的,可以推知中国经济与二氧化碳的排放量之间也是正相关的。如图 3 - 19 所示,中国的能源消费与经济总量成正比例关系,这说明中国的经济增长带动了能源消费量的增加,特别是其中的工业是能源消费量增加的主要因素。这与低碳经济的要求是相悖的。低碳经济要求经济增长与二氧化碳的排放量应负相关。

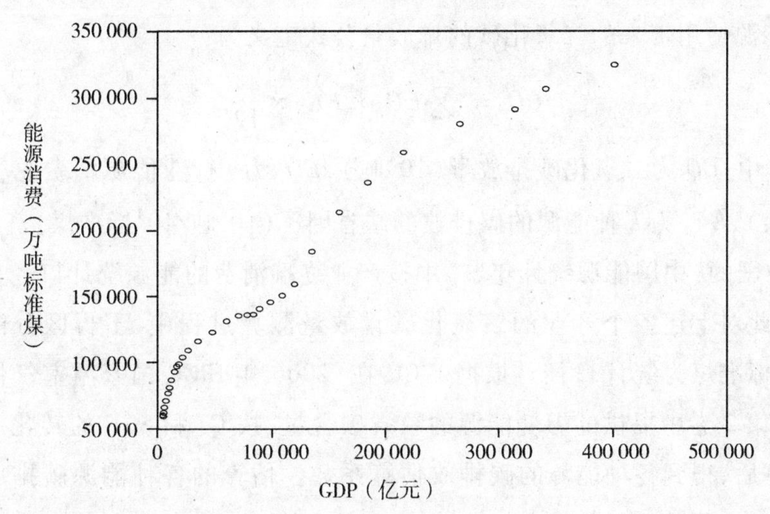

图 3 - 19　1980—2010 年中国 GDP 总量与能源消费总量的相关关系

资料来源:根据历年《中国统计年鉴》数据整理

如果假设全球在2020前强制向低碳经济转型,那么现在中国的经济发展阶段、能耗水平和对经济增长的要求都将成为实现低碳经济的制约因素。因此,我们有必要讨论在低碳经济条件下,中国的产业国际竞争力将如何变动。如果在低碳经济条件下中国的产业国际竞争力发生较大的变化,特别是原来具有国际竞争力的产业受到冲击或者威胁到新生产业的成长,那么这对中国经济的增长将是极为不利的。

根据第二章中的表2－3构建的低碳化水平指标体系,对28个产业国际竞争力中的低碳化指标层进行评价,再结合表2－8的评价指标体系对上述28个产业的低碳综合国际竞争力进行测评。用评价的结果与本章第二节中28个产业国际竞争力的一般评价结果进行比较,用于区分低碳经济对中国制造业的不同产业的影响程度。

一、二氧化碳排放量的估算

在本章第一节中给出了联合国政府间气候变化框架委员会的《2006年IPCC国家温室气体清单指南》以及中国能源消费的特点,本书将各个产业由于能源使用带来的二氧化碳的排放量公式定义为:

$$CQ = \sum EQ_j \times EF_k \times \frac{44}{12} \tag{3-2}$$

其中:CQ为二氧化碳排放量(10^4吨),EQ_j为j行业能源消费总量(10^4标准煤),EF_k为k种能源的碳排放的缺省因子(10^4吨/10^4标准煤)。

中国的《中国能源统计年鉴》中按产业终端消费的能源统计口径是标准煤,因此对上述各个产业的二氧化碳排放量测算过程中,不再区分能源类型,以标准煤为统计口径。根据IPCC在《2006年IPCC国家温室气体清单指南》第2卷中提供的燃烧能源的缺省碳含量,按GJ和SCE的转化系数进行折算后,得到各种能源的碳排放估算系数。估算的各种能源碳排放系数如表3－8所示。

表 3-8　据 IPCC 各种能源碳排放系数折算碳排放缺省系数

能源种类	碳排放系数（$10^4t/10^4t$）	能源种类	碳排放系数（$10^4t/10^4t$）
原煤	0.7559	柴油	0.5921
洗精煤	0.7559	燃料油	0.6185
焦炭	0.8550	其他石油制品	0.5857
其他焦化产品	0.6449	液化石油气	0.5042
原油	0.5857	天然气	0.4483
汽油	0.5538	煤气	0.3548
煤油	0.5714	炼厂干气	0.4602

资料来源：根据联合国政府间气候变化框架委员会的《2006 年 IPCC 国家温室气体清单指南》第 2 卷能源中的燃烧能源的二氧化碳缺省因子的缺省碳含量进行换算。指南中的数据以 GJ 为单位，为了与《中国能源统计年鉴》以及《中国统计年鉴》中的统计数据单位保持一致，因此将 GJ 转化为 SCE（标准煤），转化系数为 $1\times10^4 SCE=2.9307\times10^8 J$

将《中国能源统计年鉴》中各产业的不同能源的消费量与对应的折算系数代入（3-2）式中，就得到各产业历年的二氧化碳排放量，如表 3-9（a）和 3-9（b）所示。

表 3-9（a）　制造业 28 个产业基于能源消费的二氧化碳排放量

单位：万吨

	1995	1996	1997	1998	1999	2000	2001	2002
农副	2 864.04	2 732.94	2 973.06	2 908.64	2 598.2	2 479.91	2 449.64	2 604.97
食品	2 334.9	2 173.43	1 672.18	1 642.386	1 779.84	1 579.79	1 576.23	1 603.42
饮料	1 990.64	1 773.45	1 369.55	1 636.564	1 618.2	1 418.65	1 359.23	1 447.4
烟草	405.2	442.87	431.01	402.502	556.84	419.09	438.49	466.34
纺织	5 149.14	4 308.49	3 760.65	3 627.494	3 747.65	3 382.87	3 345.26	3 583.01
服装	296.54	349.52	317.81	391.176	440.36	382.66	391.5	421.81
皮革	309.77	236.82	203.96	269.167	294.18	240.46	237.2	248.55
木材	723.41	619.57	568.87	612.527	610.55	526.38	542.13	576.31
家具	138.72	137.53	128.91	120.059	151.59	121.17	129.99	136.38
造纸	3 587.63	3 357.17	2 967.44	2 994.858	3 018.12	3 067.76	3 001.78	3 393.9
印刷	200.22	180.08	155.64	182.152	202.81	189.67	195.98	207.63

续表

	1995	1996	1997	1998	1999	2000	2001	2002
文教	89.27	111.29	71.26	157.903	104.05	99.07	104.27	109.45
石燃	6 637.42	4 013.67	9 322.41	10 361.73	10 286.38	11 032.25	11 047.47	11 785.25
化原	26 350.12	32 759.77	24 111.6	22 944.379	20 564.18	21 331.16	21 159.66	23 394
医药	1 823.48	1 349.05	1 109.17	1 184.285	1 364.42	1 156.96	1 153.82	1 247.11
化纤	1 410.18	1 063.93	1 630.45	1 844.07	1 889.24	1 971.03	1 860.42	2 054.65
橡胶	1 090.78	953.94	764.27	870.606	940.93	717.06	737.99	784.04
塑料	646.03	663.16	624.89	596.209	621.36	555.33	547.2	510.06
非金	28 971.95	28 464.29	27 371.25	27 129.888	29 382.77	29 154.83	27 317.87	25 163.27
黑金	37 238.95	36 813.34	35 977.96	35 869.312	37 382.81	37 402.79	39 778.17	40 707.33
色金	2 792.88	2 924.25	2 793.88	2 944.7	3 137.52	2 904.91	2 821.37	3 230.07
金制品	1 474.5	1 447.29	1 228.92	1 309.214	1 357.88	1 183.4	1 260.58	1 349.23
通用设备	2 824.42	2 994.88	2 407.78	2 089.618	2 006.61	1 633.53	1 695.8	1 790.36
专用设备	1 739.6	1 536.4	1 378.25	1 267.772	1 347.69	1 146.58	1 106.63	1 078.75
交通设备	1 773.19	1 699.58	1 583.83	1 566.91	1 852.6	1 556.06	1 586.7	1 790.15
电器	892.42	864.69	781.07	740.504	777.22	662.84	615.49	661.85
通信电子	390.3	375.26	415.85	378.896	450.08	428.93	455.09	553.74
仪器仪表	182.03	158.73	126.68	137.18	166.37	131.14	129.21	138.72

表 3-9(b)　制造业 28 个产业基于能源消费的二氧化碳排放量

单位:万吨

	2003	2004	2005	2006	2007	2008	2009	2010
农副	2 612.99	2 982.58	2 883.76	2 946.02	3 056.77	3 323.92	3 285.15	2 926.04
食品	1 541.01	1 702.1	1 853	1 867.58	1 902.62	2 010.09	2 112.32	1 917.45
饮料	1 549.02	1 799.74	1 769.45	1 799.6	1 717.49	1 777.07	1 783.79	1 530.79
烟草	478.27	375.59	317	327.69	282.53	234.28	212.54	184.42
纺织	4 048.22	4 830.2	4 615.39	4 697.41	4 814.78	4 510.83	4 352.09	3 682.31
服装	468.65	570.57	624.14	639.07	646.38	658.17	640.38	609.29
皮革	274.11	331.67	315.06	327.03	313.65	302.12	296.73	238.17
木材	736.03	993.76	982.95	1 001.8	962.19	996.62	1 014.75	901.67

续表

	2003	2004	2005	2006	2007	2008	2009	2010
家具	162.01	105.8	112.8	127.66	113.94	144.97	145.11	146.99
造纸	3 543.82	4 729.65	4 591.66	4 663.17	12 257.35	5 104.15	5 214.21	4 582.74
印刷	233.21	156.54	153.97	154.59	154.56	190.54	178.59	173.36
文教	116.45	125.02	114.74	468.16	122.6	140.13	133.07	128.34
石燃	13 917.29	17 247.46	17 382.71	21 067.56	19 104.72	18 781.9	21 091.46	16 108.89
化原	27 779.95	31 571.34	33 664.26	33 223.8	39 826.91	41 813.03	41 084.7	37 965.01
医药	1 360.31	1 312.87	1 286.21	1 293.83	1 265.09	1 416.51	1 363.68	1 362.71
化纤	1 269.76	820.91	872.02	977.36	952.36	851.84	774.78	687.02
橡胶	861.19	1 001.63	966	994.8	945.43	1 024.87	1 015.81	946.81
塑料	593.9	882.76	854.58	1 377.99	828.68	970.4	939.43	932.09
非金	31 599.83	43 554.02	43 792.3	44 623.7	44 507.68	50 484.17	53 378.63	49 394.69
黑金	53 241.48	64 375.51	82 729.99	121 511.71	99 131.23	104 290.18	113 501.17	117 352.74
色金	3 804.27	4 465.95	4 826.37	5 118.72	5 462.49	5 989.87	6 483.2	5 615.89
金制品	1 253.94	1 257.73	1 241.24	1 334.27	1 320.02	1 471.71	1 495.72	1 324.33
通用设备	1 893.33	2 007.6	2 471.68	2 765.97	2 940.29	2 884.24	3 531.79	3 555.22
专用设备	1 336.97	1 577.14	6 231.44	1 663.11	1 716.57	1 738.44	1 838.1	1 914.76
交通设备	1 623.59	2 129.69	2 210.9	3 142.81	2 320.61	2 582.96	2 669.02	2 694.2
电器	690.54	762.58	752.82	870.21	790.45	929.17	945.06	984.91
通信电子	565.93	630.92	643.9	552.68	673.83	860.52	800.77	761.76
仪器仪表	190.07	112.41	105.03	2 739.45	111.16	137.57	151.8	150.54

资料来源：根据历年《中国能源统计年鉴》数据计算

从各产业二氧化碳排放总量看，如图 3－20 所示，所有产业的二氧化碳排放总量均处于不断增加的状态，特别是入世后，中国的黑色金属冶炼和压延产业，非金属矿物制品业，化学原料及化学制品制造业，石油加工、炼焦和核燃料加工业的二氧化碳排放量是显著上升的。上述四个产业的二氧化碳排放份额依次是 28 个产业中最高的。其他产业的二氧化碳排放量增加态势只是不明显而已。这在一定程度上可以说明，中国的二氧化碳排放量的增长部分是对外开放引致的。

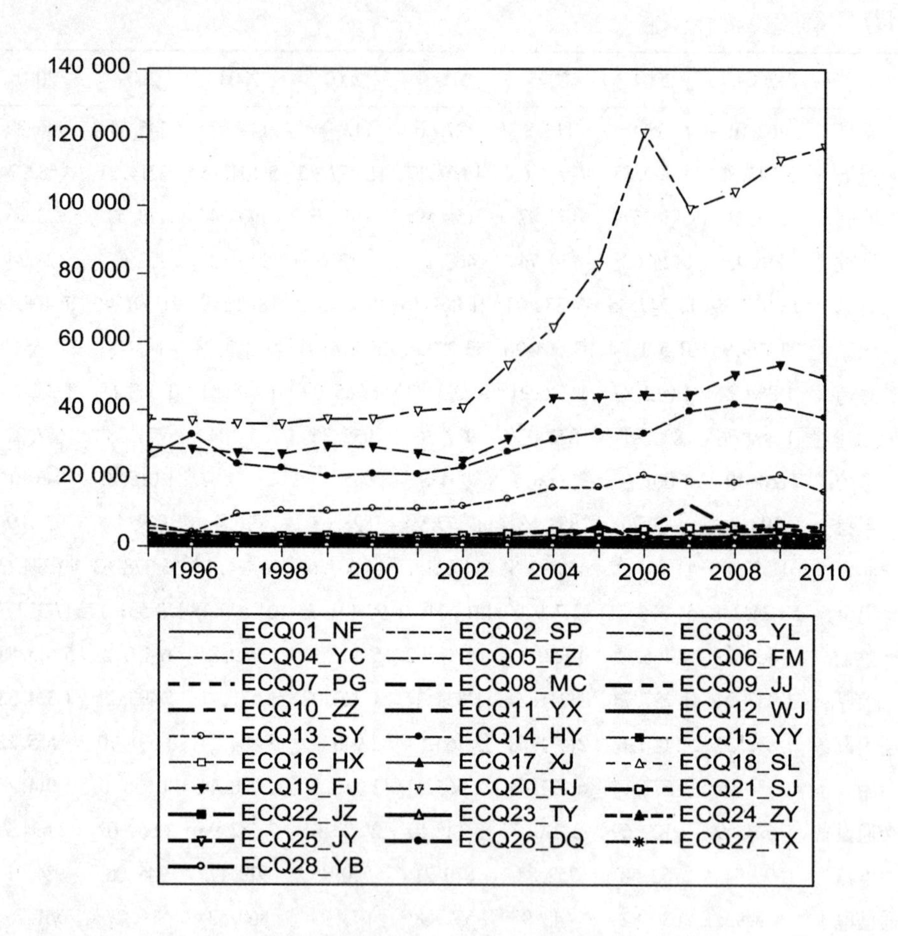

图 3-20　1995—2010 年中国制造业 28 个产业二氧化碳排放量(单位:万吨)

但如果从单个产业的二氧化碳强度变化趋势上看,所有产业的二氧化碳排放强度无一例外均处于波动下降通道中。如图 3-21 所示,从下降的速率上分析,多数产业的碳强度在 1997 年反弹,入世后碳强度波动下降,2004 年以后,单个产业的二氧化碳强度下降的速度有放缓的趋势,又变得相对比较平稳,基本没有波动。

结合二氧化碳排放总量分析,中国二氧化碳强度降低的原因在于各产业产值的增加速度快于二氧化碳排放总量增加的速度,即二氧化碳的生产效率得到了显著提高。一般地广义上也将这种关系称为能源-GDP 弹性系数,即衡量能源增长与经济增长的比例关系。如果经济增长与能源消费量的增长是同比的,弹性系数就是 1。发展中国家的经验表明,能源增长通常为经济增长的 1—1.5 倍,也就是对于多数发展中国家而言,能源消费量增长的速度均是快于经济增长速度的。但是如果将来产业产值的增长速度不断下降,而落后的产能或能耗高的基础设施不能关停的条件下,可能出现能源 - GDP 弹性系数的反弹的现象。中国的二氧化碳下降的另一个显著特点在于政府的主导力较突出。从图 3 - 21 中可以看出 1997 年以前各产业的二氧化碳排放强度的快速下降,主要是由于中国在 20 世纪 90 年代采取了产业改革和重组等措施,关掉了能耗高的、产能落后的中小企业,引导结构调整所致。

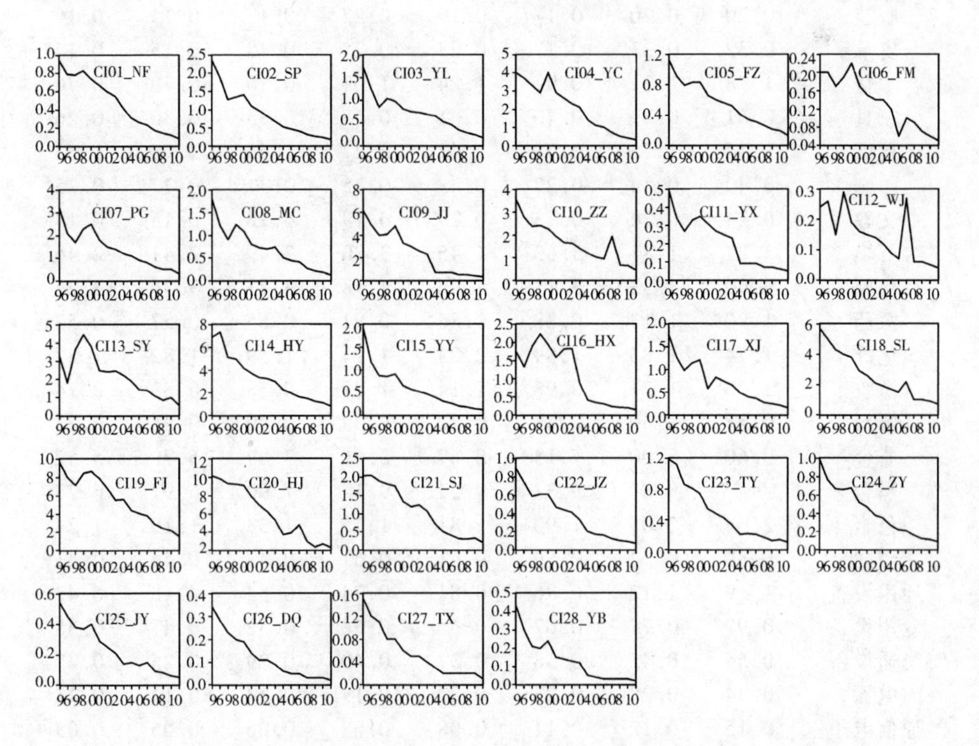

图 3 - 21　1995—2010 年中国制造业 28 个产业二氧化碳排放强度

陈诗一(2011)通过 LMDI 分解指出,中国工业二氧化碳排放强度波动下降最主要的原因在于能源强度下降。以表 3 - 10(b)中的单个产业的二氧化碳强度数据为准,可以看出至2010年相对于2005年而言,多数产业已经满足碳强度下降40%—45%的水平。除了服装业、仪器仪表业、通信电子产业、黑色金属冶炼和压延产业二氧化碳强度下降不足40%以外,其余产业的二氧化碳强度均下降了40%以上。

表3-10(a) 制造业28个产业基于能源消费的二氧化碳排放强度

单位:吨/万元

	1995	1996	1997	1998	1999	2000	2001	2002
农副	0.94	0.79	0.78	0.83	0.74	0.67	0.60	0.55
食品	2.35	1.88	1.28	1.35	1.41	1.10	0.97	0.82
饮料	1.72	1.25	0.85	1.04	0.98	0.81	0.75	0.73
烟草	0.40	0.37	0.33	0.29	0.40	0.29	0.26	0.23
纺织	1.12	0.91	0.79	0.83	0.83	0.66	0.60	0.56
服装	0.20	0.20	0.17	0.19	0.22	0.17	0.15	0.14
皮革	0.32	0.21	0.17	0.23	0.25	0.18	0.15	0.14
木材	1.78	1.21	0.91	1.24	1.09	0.80	0.73	0.70
家具	0.61	0.49	0.40	0.41	0.48	0.33	0.30	0.26
造纸	3.54	2.76	2.38	2.41	2.27	1.93	1.66	1.63
印刷	0.49	0.34	0.27	0.33	0.35	0.31	0.27	0.25
文教	0.24	0.26	0.15	0.29	0.19	0.16	0.15	0.14
石燃	3.27	1.81	3.63	4.45	3.80	2.49	2.41	2.46
化原	6.90	7.33	5.11	4.96	4.18	3.71	3.36	3.24
医药	1.90	1.17	0.88	0.86	0.91	0.65	0.57	0.52
化纤	1.74	1.33	1.89	2.23	1.94	1.59	1.82	1.83
橡胶	1.76	1.27	0.98	1.14	1.21	0.58	0.83	0.74
塑料	0.57	0.50	0.43	0.40	0.38	0.29	0.26	0.21
非金	9.60	8.00	7.15	8.47	8.66	7.89	6.79	5.52
黑金	10.17	9.83	9.33	9.24	9.12	7.90	6.97	6.27
色金	2.04	2.05	1.90	1.81	1.75	1.33	1.19	1.24
金制品	0.89	0.74	0.59	0.61	0.61	0.47	0.44	0.41
通用设备	1.19	1.12	0.86	0.81	0.74	0.54	0.48	0.42
专用设备	0.99	0.77	0.67	0.66	0.68	0.52	0.47	0.38
交通设备	0.54	0.45	0.38	0.37	0.40	0.29	0.25	0.21
电器	0.34	0.28	0.23	0.20	0.19	0.14	0.11	0.11
通信电子	0.15	0.12	0.11	0.08	0.08	0.06	0.05	0.05
仪器仪表	0.43	0.30	0.21	0.20	0.24	0.15	0.14	0.13

表 3-10(b) 制造业28个产业基于能源消费的二氧化碳排放强度

单位:吨/万元

	2003	2004	2005	2006	2007	2008	2009	2010
农副	0.42	0.31	0.26	0.23	0.17	0.14	0.12	0.08
食品	0.67	0.52	0.46	0.40	0.31	0.26	0.23	0.17
饮料	0.69	0.66	0.53	0.46	0.34	0.28	0.24	0.17
烟草	0.21	0.14	0.11	0.10	0.07	0.05	0.04	0.03
纺织	0.52	0.41	0.34	0.31	0.26	0.21	0.19	0.13
服装	0.14	0.12	0.06	0.10	0.09	0.07	0.06	0.05
皮革	0.12	0.11	0.09	0.08	0.06	0.05	0.05	0.03
木材	0.74	0.50	0.44	0.41	0.27	0.21	0.18	0.12
家具	0.23	0.07	0.07	0.07	0.05	0.05	0.04	0.03
造纸	1.40	1.19	1.02	0.93	1.94	0.65	0.63	0.44
印刷	0.23	0.09	0.09	0.09	0.07	0.07	0.06	0.05
文教	0.12	0.09	0.07	0.27	0.06	0.06	0.05	0.04
石燃	2.23	1.90	1.43	1.39	1.07	0.83	0.98	0.55
化原	3.00	2.25	1.95	1.62	1.49	1.23	1.11	0.79
医药	0.47	0.39	0.31	0.26	0.20	0.18	0.14	0.12
化纤	0.88	0.41	0.34	0.30	0.23	0.21	0.20	0.14
橡胶	0.66	0.49	0.40	0.36	0.27	0.24	0.21	0.16
塑料	0.19	0.17	0.15	0.22	0.10	0.10	0.09	0.07
非金	5.59	4.38	4.04	3.81	2.86	2.41	2.15	1.54
黑金	5.32	3.72	3.87	4.78	2.94	2.33	2.66	2.26
色金	1.07	0.72	0.50	0.40	0.30	0.29	0.32	0.20
金制品	0.33	0.20	0.17	0.16	0.12	0.10	0.09	0.07
通用设备	0.33	0.20	0.21	0.20	0.16	0.12	0.13	0.10
专用设备	0.35	0.27	0.22	0.21	0.16	0.12	0.11	0.09
交通设备	0.14	0.15	0.13	0.15	0.09	0.08	0.06	0.05
电器	0.09	0.06	0.05	0.05	0.03	0.03	0.03	0.02
通信电子	0.04	0.03	0.02	0.02	0.02	0.02	0.02	0.01
仪器仪表	0.12	0.05	0.04	0.03	0.03	0.03	0.03	0.02

资料来源:根据历年《中国能源统计年鉴》和《中国统计年鉴》数据计算

从上述分析可以看出,制造业产业的二氧化碳排放总量和强度的变化趋势与中国总体的二氧化碳排放总量和强度的变化趋势基本一致,且受外部环境条件的影响比较明显,随着经济增长和国际经济环境的变化而波动,可以判断出中国制造业相关产业的内生减排机制还没有形成。

二、清洁能源消费比重的估算

本书中对创新描述指标的选取主要考虑中国的实际情况。刘丹鹤等(2010)指出低碳技术特别是新能源技术将成为后金融危机时代经济的新增长点。[①] 周勤等(2011)对中国的能源补贴政策和出口产品竞争优势的关系进行研究发现,中国对化石燃料和电力进行补贴,促进了高能耗产品的出口,目标是为了保护特定产业的国际竞争力,出口创汇,以换取本国发展经济所需的技术和设备,并带动投资结构和产业结构不断改善。虽然这种能源补贴是次优的选择,但在未来相当长的时间内仍将延续。[②] 因此选取油耗在该产业的总能耗中所占的比重作为考量中国实施能源补贴政策对产业国际竞争力影响的指标。从技术角度上则选取中国清洁能源在生产中的消费比例,作为衡量低碳技术水平对产业国际竞争力的影响指标。由于中国的清洁能源主要是核电和水电的形式存在,根据国家统计局《中华人民共和国2009年国民经济和社会发展统计公报》计算得出,如表3-11所示,中国2009年清洁能源在总发电量中的比重为19.7%,据此可以估算各个产业清洁能源的消费量在该产业总能耗中所占的比重。

表3-11　2009年中国发电量及电力来源结构

	发电量(亿千瓦时)	比例(%)	
总发电量	37 146.5	100	
其中:火电	29 827.8	80.3	
水电	6 156.4	16.6	
核电	701.3	1.9	19.7
其他	461	1.2	

资料来源:中华人民共和国国家统计局《2009年国民经济和社会统计公报》,http://www.stats.gov.cn

① 参见刘丹鹤,彭博,黄海思.低碳技术是否能成为新一轮经济增长点?——低碳技术与IT技术对经济增长影响的比较研究[J].经济理论与经济管理,2010(4):12-18。

② 参见周勤,赵静,盛巧燕.中国能源补贴政策形成和出口产品竞争优势的关系研究[J].中国工业经济,2011(3):47-56。

同理,可以得到1995—2010年清洁能源在发电量中所占的比重,不同年份清洁能源在发电量中所占的比重如表3-12所示。

表3-12 1995—2010年中国清洁能源发电量比重

年份	清洁能源的比重(%)	年份	清洁能源的比重(%)
1995	19.8	2003	17.3
1996	18.7	2004	17.1
1997	18.4	2005	17.8
1998	18.9	2006	16.8
1999	19.0	2007	17.0
2000	19.0	2008	19.5
2001	18.7	2009	19.7
2002	18.2	2010	20.8

资料来源:2006年以后的清洁能源比重根据国家统计局历年《中华人民共和国经济和社会发展统计公报》中的主要工业品产量及其增长速度中的统计数据计算得出,http://www.stats.gov.cn,2005年以前的清洁能源比重根据国家电力信息网公布的全国电力生产基本情况中的统计数据计算得出,http://www.sp.com.cn

根据上述各年发电量中清洁能源的比重,分别与历年28个产业的耗电量相乘,得到每个产业清洁能源消费量的估计值,以该估计值除以每个产业历年的能源消费总量,推算出每个产业清洁能源消费量比重。以此推算出的1995—2010年各个产业的清洁能源比重如表3-13(a)和表3-13(b)所示。

表3-13(a) 制造业28个产业清洁能源消费量比重

单位:%

	1995	1996	1997	1998	1999	2000	2001	2002
农副	0.11	0.13	0.11	0.12	0.11	0.12	0.12	0.13
食品	0.07	0.07	0.09	0.10	0.11	0.12	0.11	0.13

续表

	1995	1996	1997	1998	1999	2000	2001	2002
饮料	0.06	0.08	0.08	0.08	0.08	0.09	0.10	0.10
烟草	0.09	0.07	0.09	0.11	0.11	0.13	0.13	0.13
纺织	0.12	0.13	0.14	0.14	0.13	0.15	0.16	0.17
服装	0.15	0.14	0.16	0.15	0.16	0.17	0.18	0.19
皮革	0.18	0.12	0.14	0.15	0.14	0.16	0.18	0.19
木材	0.08	0.09	0.10	0.09	0.09	0.11	0.12	0.12
家具	0.15	0.33	0.20	0.14	0.13	0.15	0.16	0.14
造纸	0.10	0.09	0.11	0.11	0.12	0.13	0.14	0.14
印刷	0.19	0.18	0.20	0.17	0.17	0.19	0.20	0.19
文教	0.14	0.09	0.18	0.15	0.19	0.21	0.22	0.24
石燃	0.03	0.03	0.04	0.04	0.04	0.04	0.05	0.05
化原	0.08	0.11	0.00	0.09	0.10	0.10	0.11	0.11
医药	0.11	0.11	0.12	0.11	0.10	0.12	0.13	0.12
化纤	0.09	0.07	0.10	0.12	0.12	0.13	0.13	0.14
橡胶	0.10	0.12	0.14	0.15	0.14	0.18	0.18	0.19
塑料	0.16	0.14	0.18	0.19	0.19	0.21	0.22	0.24
非金	0.06	0.05	0.06	0.06	0.06	0.07	0.08	0.09
黑金	0.06	0.06	0.07	0.07	0.07	0.07	0.08	0.08
色金	0.18	0.14	0.19	0.19	0.20	0.21	0.22	0.22
金制品	0.14	0.14	0.17	0.17	0.18	0.20	0.21	0.22
通用设备	0.10	0.14	0.12	0.14	0.13	0.16	0.16	0.18
专用设备	0.11	0.12	0.10	0.12	0.11	0.13	0.14	0.15
交通设备	0.14	0.00	0.16	0.17	0.15	0.17	0.18	0.18
电器	0.13	0.12	0.14	0.16	0.15	0.17	0.19	0.21
通信电子	0.15	0.08	0.18	0.21	0.21	0.22	0.22	0.23
仪器仪表	0.15	0.17	0.17	0.17	166.37	0.20	0.20	0.22

表 3-13(b)　制造业 28 个产业清洁能源消费量比重

单位:%

	2003	2004	2005	2006	2007	2008	2009	2010
农副	0.12	0.12	0.14	0.15	0.16	0.16	0.17	0.20
食品	0.12	0.11	0.11	0.12	0.13	0.13	0.13	0.15
饮料	0.09	0.09	0.09	0.10	0.11	0.12	0.12	0.14
烟草	0.13	0.15	0.17	0.17	0.18	0.20	0.22	0.25
纺织	0.17	0.18	0.19	0.21	0.21	0.22	0.23	0.25
服装	0.19	0.18	0.19	0.20	0.22	0.22	0.23	0.25
皮革	0.20	0.19	0.21	0.22	0.23	0.24	0.25	0.28
木材	0.13	0.12	0.17	0.19	0.20	0.22	0.22	0.25
家具	0.15	0.22	0.22	0.23	0.24	0.24	0.24	0.26
造纸	0.14	0.13	0.14	0.15	0.15	0.15	0.14	0.17
印刷	0.25	0.28	0.27	0.27	0.28	0.27	0.29	0.30
文教	0.23	0.25	0.26	0.26	0.27	0.27	0.28	0.28
石燃	0.05	0.05	0.03	0.04	0.04	0.04	0.04	0.04
化原	0.11	0.11	0.11	0.12	0.12	0.12	0.12	0.13
医药	0.13	0.14	0.16	0.16	0.17	0.17	0.17	0.19
化纤	0.16	0.21	0.21	0.21	0.22	0.22	0.23	0.25
橡胶	0.19	0.20	0.23	0.23	0.25	0.25	0.26	0.28
塑料	0.24	0.24	0.27	0.27	0.28	0.29	0.30	0.31
非金	0.08	0.07	0.08	0.09	0.10	0.09	0.10	0.11
黑金	0.08	0.08	0.08	0.08	0.09	0.09	0.09	0.10
色金	0.23	0.24	0.24	0.25	0.27	0.27	0.28	0.30
金制品	0.25	0.26	0.27	0.28	0.29	0.30	0.30	0.33
通用设备	0.19	0.20	0.20	0.20	0.21	0.22	0.21	0.23
专用设备	0.15	0.15	0.17	0.18	0.18	0.19	0.19	0.21
交通设备	0.20	0.20	0.18	0.19	0.21	0.21	0.23	0.26
电器	0.22	0.24	0.25	0.26	0.27	0.28	0.28	0.29
通信电子	0.25	0.27	0.27	0.28	0.30	0.30	0.31	0.33
仪器仪表	0.21	0.25	0.26	0.27	0.29	0.29	0.29	0.30

资料来源:根据表 3-12 与历年《中国能源统计年鉴》数据计算

由表 3-13(a)和表 3-13(b)中的数据可以看出中国制造业的清洁能源消费比重并不高,最多只占全年能源消费总量(均以标准煤计算)的 0.3%,同时碳排放量较大、总能耗较高的产业的清洁能源消费比重较低,如石油加工、炼焦和核燃料加工业，非金属和黑色金属压延产业，清洁能源消费比重一般不超过0.1%，且清洁能源在产业总能耗中的比重近十几年来没有显著改善。

三、产业低碳化水平的估算

综合上述评价指标，按第二章第三节中表2－3所示的产业低碳化水平的评价指标，对28个产业的低碳化水平进行评价，其结果如图3－22所示。从图中可以看出：

第一，大多数产业的低碳化指标均为正值，只有化学原料、医药、非金属加工、黑色金属冶炼和压延产业的低碳化指标显著为负值，其中黑色金属冶炼和压延产业的低碳化指标始终处于低水平，且有向低位振荡的趋势。

第二，单纯从各产业的低碳化发展水平看，每个产业的低碳水平指标均处于波动状态，没有稳定状态，也没有明显改善或恶化的显著趋势，依然表明减排的机制没有生成，内部的减排动力不足，受外界影响较大，缺乏减排的内生机制。

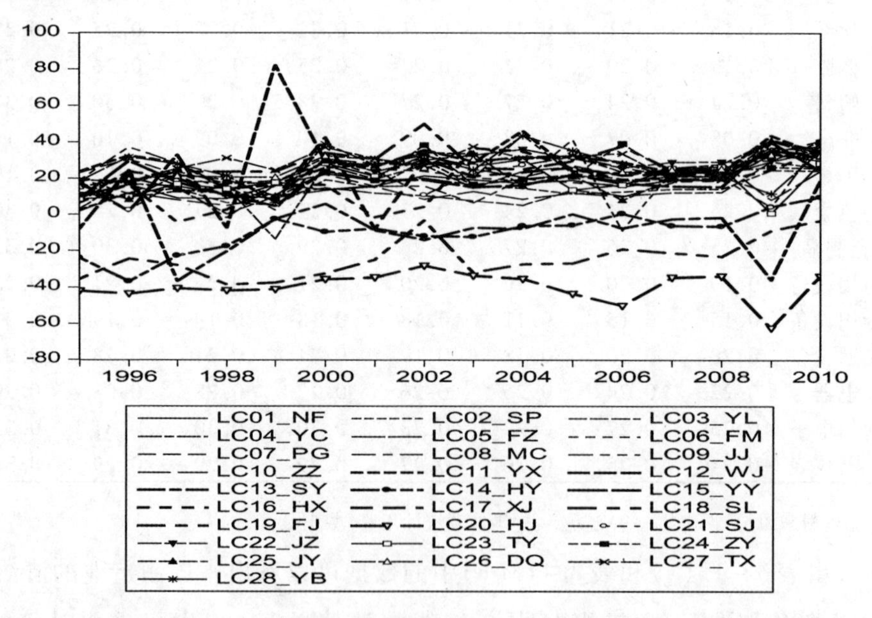

图3－22　1995—2010年中国制造业28个产业低碳化水平指数变化

注：LC表示低碳化水平指标值，后面为各个产业的序号和英文代码

四、产业国际竞争力低碳综合评价

结合上述评价和本章第二节的一般评价结果，采用第二章第三节中的表2－8构建的基于低碳经济的产业国际竞争力综合评价体系，对中国制造业28个产业进行综合评价。

为了详细说明评价过程，以1995年纺织业为例进行说明，如表3－14所示。

表3－14　1995年纺织业产业国际竞争力低碳综合评价过程和结果

一级指标		二级指标				一级指标折算评分
内容	权重	变量代码	变量取值（评分结果）	权重	正负性	
规模竞争力	0.11	Y_{ij}	4 604亿元 （100） $Index_{max}=4\ 604(fz)$	$\frac{1}{2}$	+	8.6
		ΔY_{ij}	898.45亿元 （56.3） $Index_{max}=1\ 596.12(ty)$	$\frac{1}{2}$	+	
效率竞争力	0.21	R_{ij}	1.33万元/人 （7.2） $Index_{max}=18.56(yc)$	$\frac{1}{2}$	+	3.1
		k_{ij}	32.04.元/百元 （22.1） $Index_{max}=145.08(yc)$	$\frac{1}{2}$	+	
市场竞争力	0.11	IMS_{ij}	7.66% （28.7） $Index_{max}=26.73\%(pg)$	$\frac{1}{3}$	+	2.7
		RCA_{ij}	2.66 （54.5） $Index_{max}=9.28(pg)$	$\frac{1}{3}$	+	
		TC_{ij}	0.15 （15.6） $Index_{max}=0.96(sp)$	$\frac{1}{3}$	+	

续表

一级指标		二级指标				一级指标折算评分
内容	权重	变量代码	变量取值（评分结果）	权重	正负性	
创新竞争力	0.21	T_{ij}	0.21 人/百人 (9.6) $Index_{max}=2.2(tx)$	$\frac{1}{2}$	+	13.3
		S_{ij}	4.71 元/百元 (26.6) $Index_{max}=17.73(zy)$	$\frac{1}{2}$	+	
低碳化水平	0.36	CES_{ij}	3.83% (13.8) $Index_{max}=27.72\%(ty)$	$\frac{1}{4}$	-	3.3
		CI_{ij}	1.12 吨/万元 (10.99) $Index_{max}=10.17(hj)$	$\frac{1}{4}$	-	
		ΔCI_{ij}	-0.09% (-48.5) $Index_{max}=-0.38(ty)$	$\frac{1}{4}$	-	
		NE_{ij}	2.31% (61.9) $Index_{max}=3.71\%(ys)$	$\frac{1}{4}$	+	
低碳综合评价结果						31

同理，可以得出1995—2010年中国制造业28个产业的产业国际竞争力低碳综合评价的结果，如表3－15(a)和表3－15(b)所示。

从计算结果看，从1995—2010年全部28个产业的综合国际竞争力逐年均有不同程度的提高，其中通信电子、电器和交通运输设备3个产业的产业国际竞争力在所有28个产业中一直是最高的。

我们还很高兴地注意到，从图3－15(a)和表3－15(b)可以发现中国的制造业产业的国际竞争力无论国际、国内的经济形势如何变动，自身综合能力和素质较好，具备自我发展和完善的能力，适应性也比较强，在一定程度上具备抵御外界风险的能力。

表 3－15(a)　制造业 28 个产业国际竞争力低碳综合评价

	1995	1996	1997	1998	1999	2000	2001	2002
农副	22.4	26.9	26.1	24.6	26	24.4	24.1	22.3
食品	13.9	20.1	21.5	18.5	18.7	24.9	21.3	25.4
饮料	18.2	24	23.2	18.5	21.8	24.2	21.5	19.6
烟草	34.7	35	36	38.4	27.1	39.9	36.2	40.7
纺织	31	33	32.6	29	29.2	32.4	29.4	25.5
服装	27.7	26.5	30	26.8	26.9	34.7	32.4	27.3
皮革	28	31.9	29.4	24.9	25.9	34.1	33	31.3
木材	9.6	18.4	14.8	7.8	13.7	16	14.5	12.9
家具	17.6	24.8	23.1	17.6	14.7	24.8	21.4	22.8
造纸	9.4	13.5	12.5	12.8	13.4	15.3	14.9	11.6
印刷	14.2	18.6	17.8	14.4	16.9	18.7	19.2	19
文教	19.8	14.7	27	13.1	46.4	26.8	24.6	26.1
石燃	17.9	28.5	6.2	11.2	15.5	22.1	14	11.3
化原	17.9	14.6	19.6	21.7	25.9	22.8	21.1	16.8
医药	19.9	29.1	26.1	17.2	22.2	31.7	26.4	26.2
化纤	15	19.6	11.8	15.7	20.7	20.7	16.6	15.5
橡胶	15	20.4	18.4	16.5	15.5	28.6	8.4	22.9
塑料	17.5	18.2	21.5	22.7	21.9	25.8	23.4	27.4
非金	10.8	15.6	15.6	9	7.8	8.8	10.2	13.7
黑金	8.7	6.8	10.5	8.9	8.5	9.9	8.6	12.2
色金	19	13.3	18.7	18.1	19.5	25.7	22.5	15.5
金制品	22.9	25	28.1	25.3	26.8	31.9	28	25.7
通用设备	27.9	31.2	35.3	32.5	34	37.1	32.2	34.7
专用设备	22.7	25.7	22	22.8	21.3	26	21.9	27.8
交通设备	32.2	30.7	37.6	37.9	34.9	41.4	39.4	45.7
电器	29	33.1	33.8	37.7	38.7	43.2	41.4	36.8
通信电子	32.4	33.3	40.9	49.2	49.3	57.1	52.7	51.8
仪器仪表	25.6	27.8	28	27.2	22.6	33.3	26.9	28.3

表 3-15(b)　制造业 28 个产业国际竞争力低碳综合评价

	2003	2004	2005	2006	2007	2008	2009	2010
农副	20.3	21.6	24.9	23.5	23.5	23	29.3	27.3
食品	20.2	19.8	18.9	20.4	20.3	19.3	23.2	22.4
饮料	17.7	15.6	19.5	19.1	17.2	15.9	21.2	19.4
烟草	35.1	37.7	37.1	33.6	27.4	27.6	31.4	29.1
纺织	23.5	28.2	28	27.7	29	29.3	32.4	34.4
服装	26.5	26.1	37	18.9	29.4	27.6	31	29.2
皮革	30.5	27.2	31.4	29.6	29.8	29.3	32.5	34.4
木材	9.9	17.2	15.6	16.4	18	17.6	21.9	19.9
家具	19	29.3	21.9	21.5	20.7	20	25.1	23.9
造纸	12.9	12.4	12.2	14.3	16.7	20	12.2	17.6
印刷	20.6	29.1	17.4	17.4	17.9	16.5	24.1	21.1
文教	23.7	25.2	24.3	24	21.5	21.8	26.1	23.9
石燃	11.9	11.7	14	10.6	9.8	10.5	-2.8	17.4
化原	15.5	22.2	19.5	23.6	21.9	22.5	26.6	28.5
医药	24.7	23	22.3	23.6	22.6	21.2	31.8	24.8
化纤	28	23.8	20.9	21.9	22.7	22.7	24	28.7
橡胶	18.5	20.7	20.2	22.4	24	21.5	24.7	25.6
塑料	18	21.8	30	25	19.8	19.6	26.1	23.6
非金	2.9	11.1	6.6	10.9	9.8	10	16.8	18.1
黑金	11.6	13.9	9.8	12.5	19.1	21.5	4.7	17.6
色金	20.2	23.5	26	28.8	25	24.6	16.8	30.1
金制品	26.8	31.6	28.9	28.6	29.8	29.1	29	32.5
通用设备	33.4	31.7	28.7	33.4	36.7	36.1	29.5	38.4
专用设备	22	24.5	20.9	32.6	28.4	27.9	31	28.8
交通设备	42.7	33	33.5	32.9	37.3	38.3	45.7	44.2
电器	38.8	38.7	38	39.3	41	40.6	44.3	44.2
通信电子	56.1	48.3	49.1	52.5	47.5	46.2	53.2	54.6
仪器仪表	26.1	34.2	28.6	28.3	26.5	25.4	25.6	30.4

资料来源：根据历年《中国能源统计年鉴》和《中国统计年鉴》数据计算

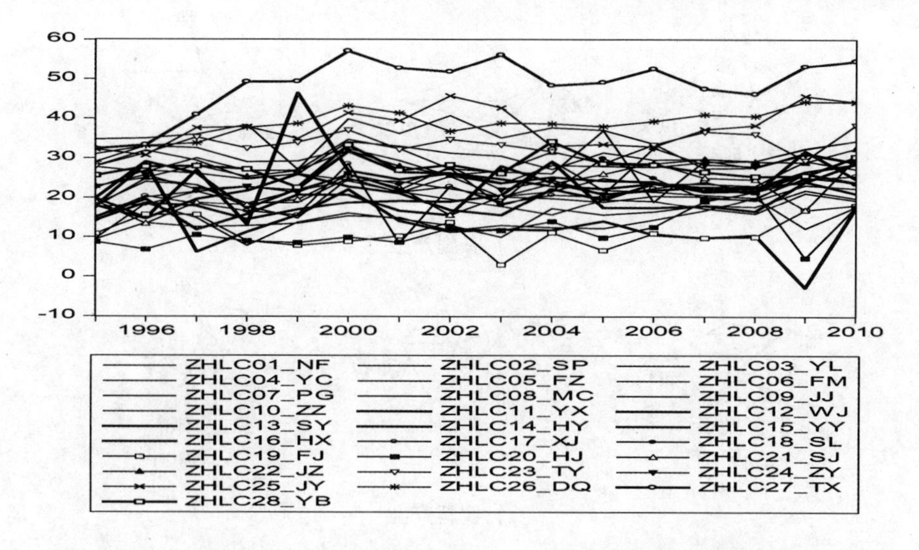

图 3－23　1995—2010 年中国制造业 28 个产业国际竞争力低碳综合评价

注:ZHLC 表示低碳综合评价指标值,后面为各个产业的序号和英文代码

为了更清楚地说明这一情况,我们把制造业 28 个产业的 5 个一级评价指标的得分绘成极坐标的形式。每一个极的长度表示该一级指标的得分,长度越长表示得分越高,说明在某个产业的国际竞争力中该指标的贡献度越大,通过极坐标我们就可以直观地看到每个产业国际竞争力的来源情况。为了简化说明,我们仅绘制了 28 个产业在 1995 年、2001 年和 2010 年三个重要时间点的极坐标,以此来动态演示不同产业国际竞争力变化情况。

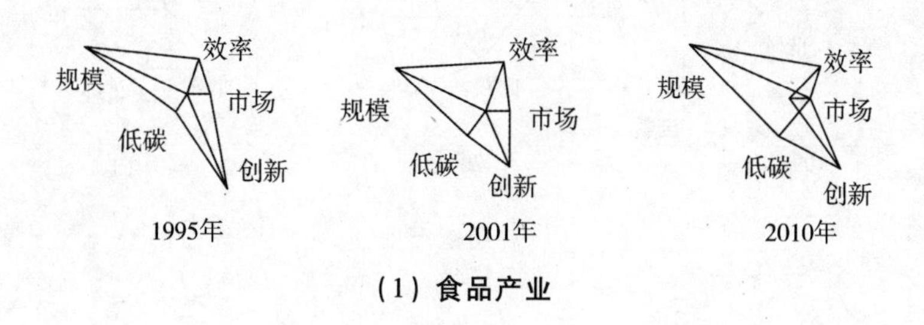

(1) 食品产业

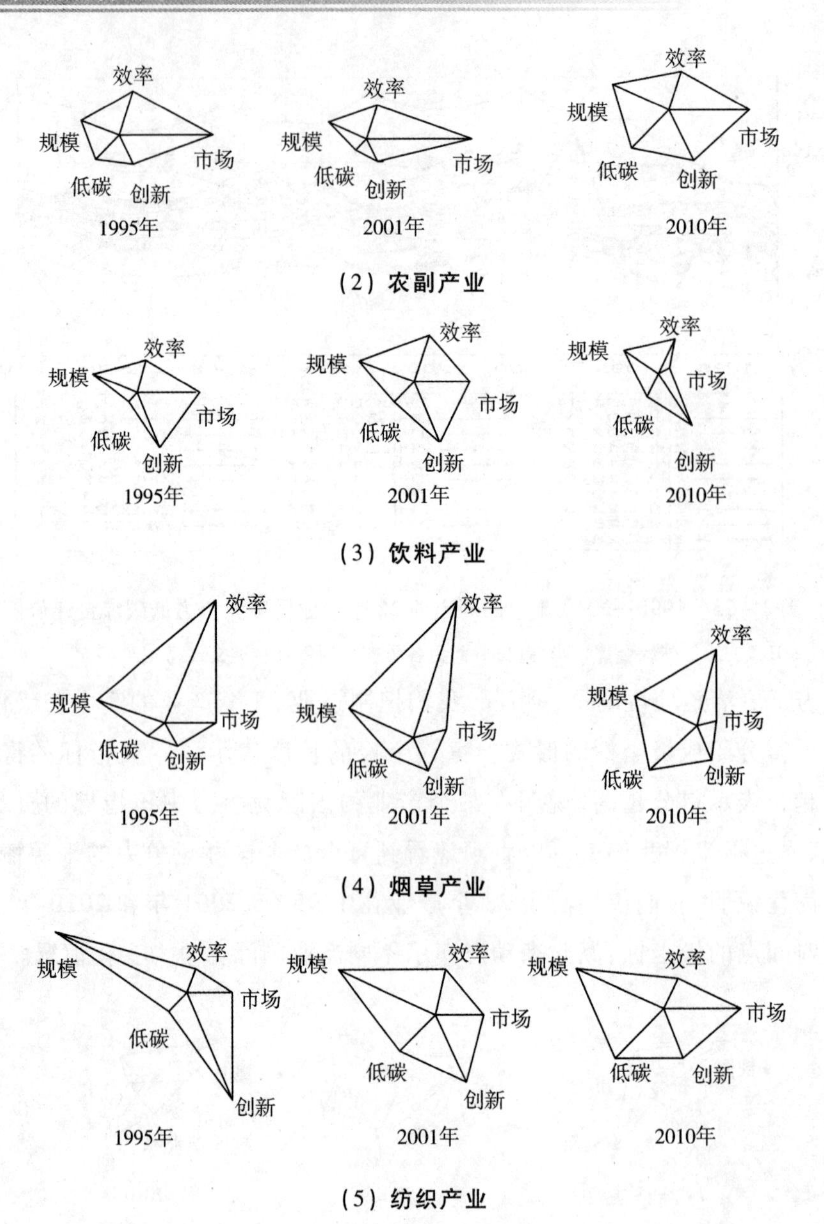

（2）农副产业

（3）饮料产业

（4）烟草产业

（5）纺织产业

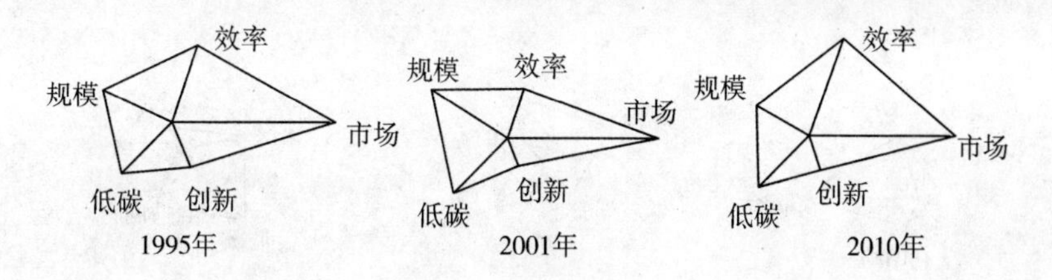

（6）服装产业

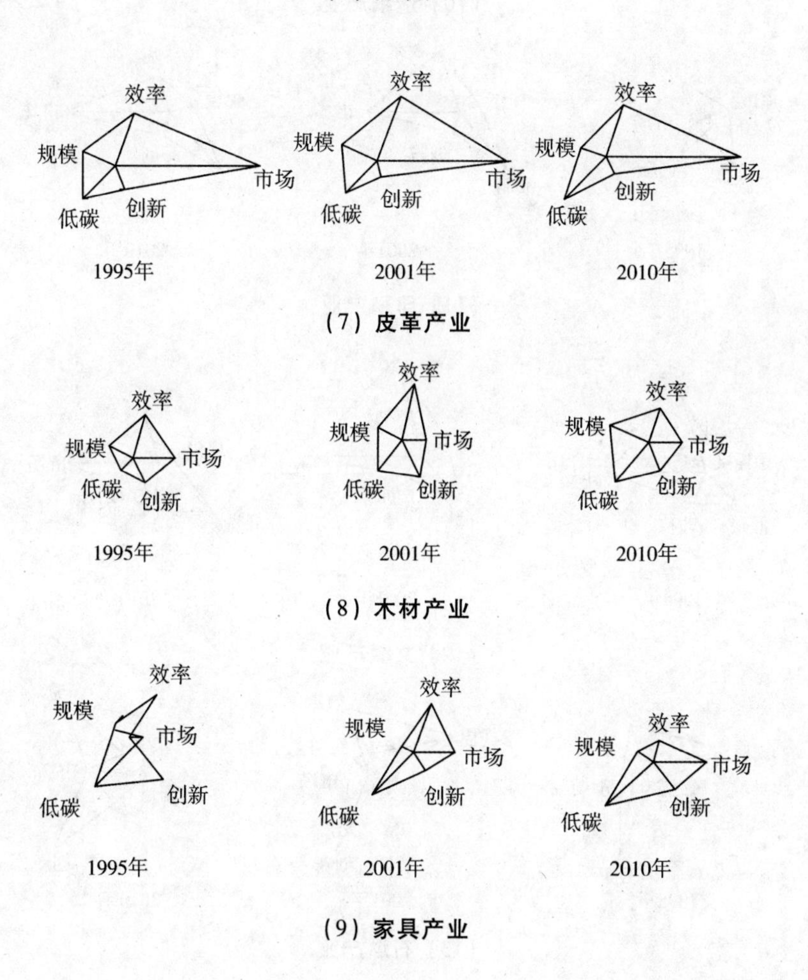

（7）皮革产业

（8）木材产业

（9）家具产业

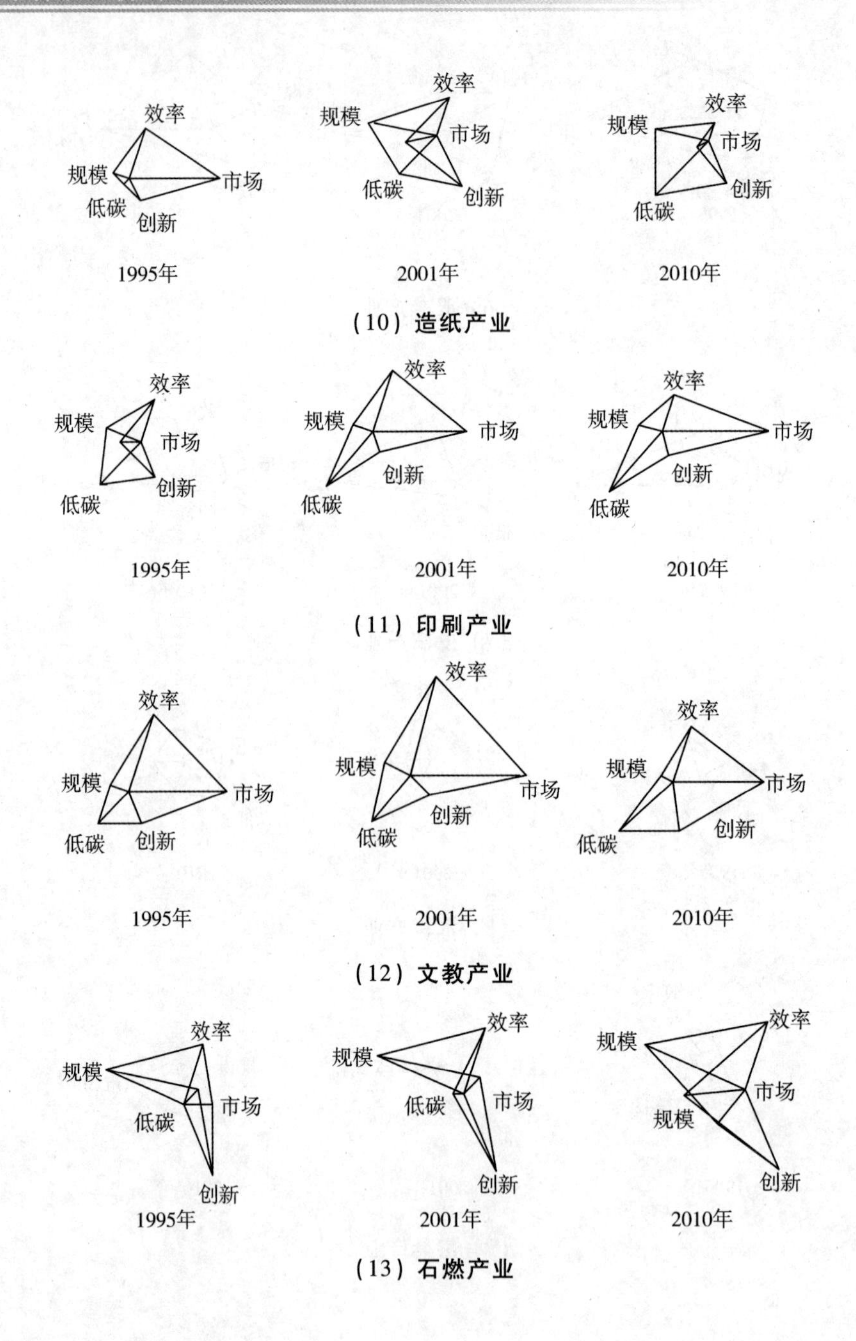

（10）造纸产业

（11）印刷产业

（12）文教产业

（13）石燃产业

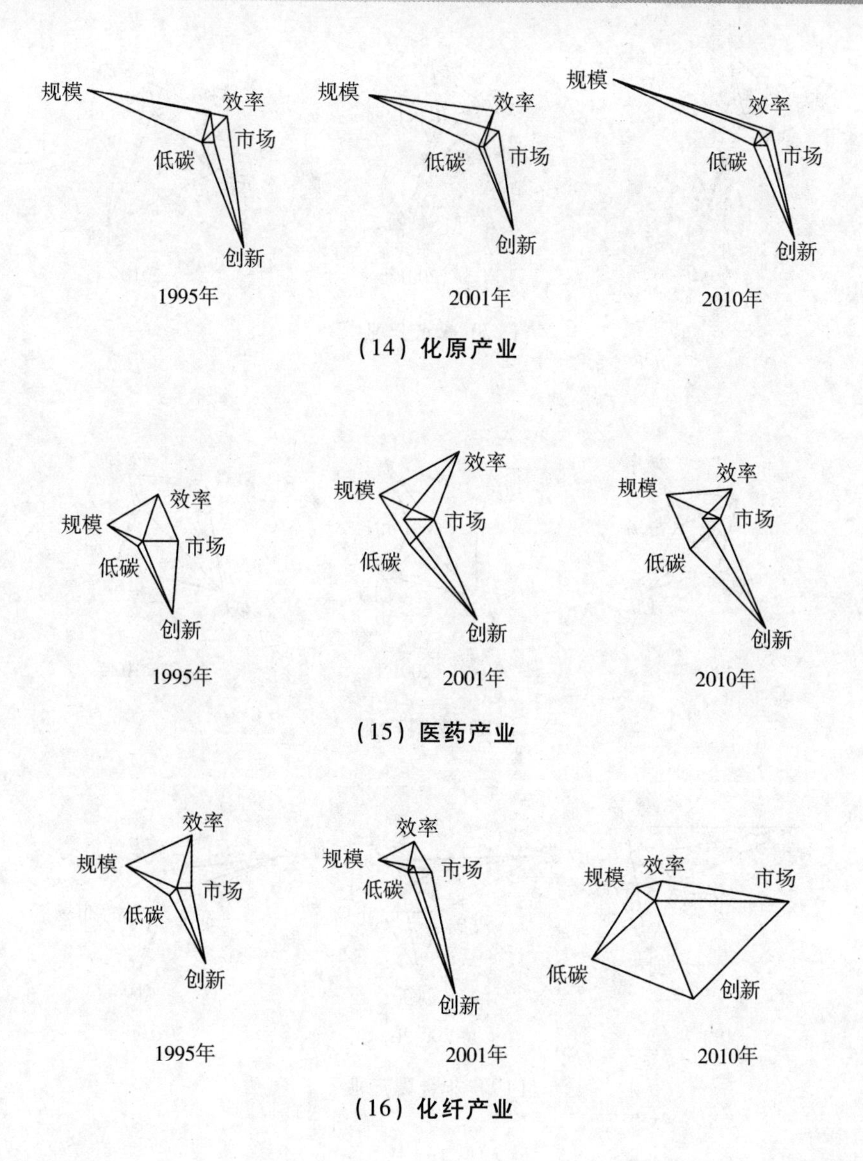

（14）化原产业

（15）医药产业

（16）化纤产业

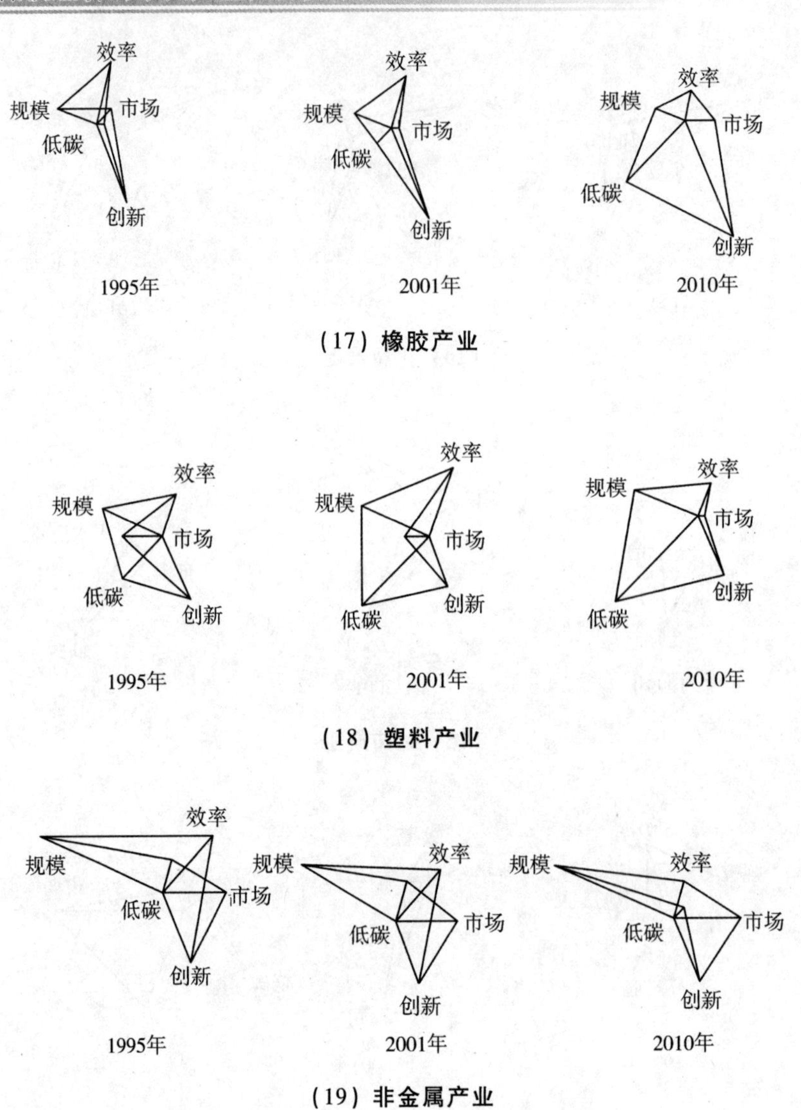
效率
规模
市场
低碳
创新
1995年
效率
规模
市场
低碳
创新
2001年
效率
规模
市场
低碳
创新
2010年
(17) 橡胶产业
效率
规模
市场
低碳
创新
1995年
效率
规模
市场
低碳
创新
2001年
效率
规模
市场
创新
低碳
2010年
(18) 塑料产业
效率
规模
低碳
市场
创新
1995年
规模
效率
低碳
市场
创新
2001年
规模
效率
低碳
市场
创新
2010年
(19) 非金属产业

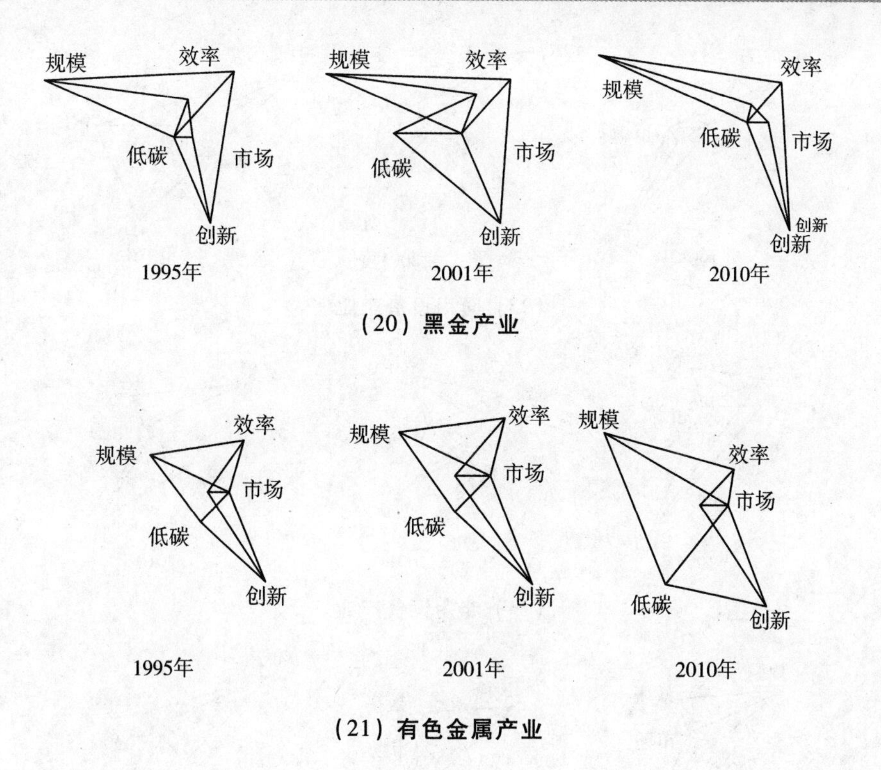

（20）黑金产业

（21）有色金属产业

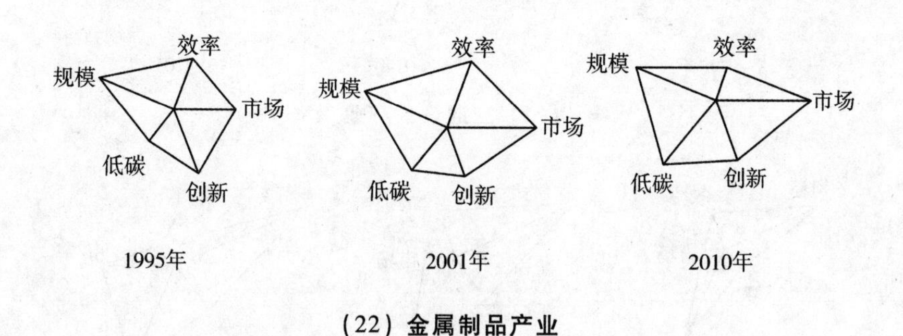

（22）金属制品产业

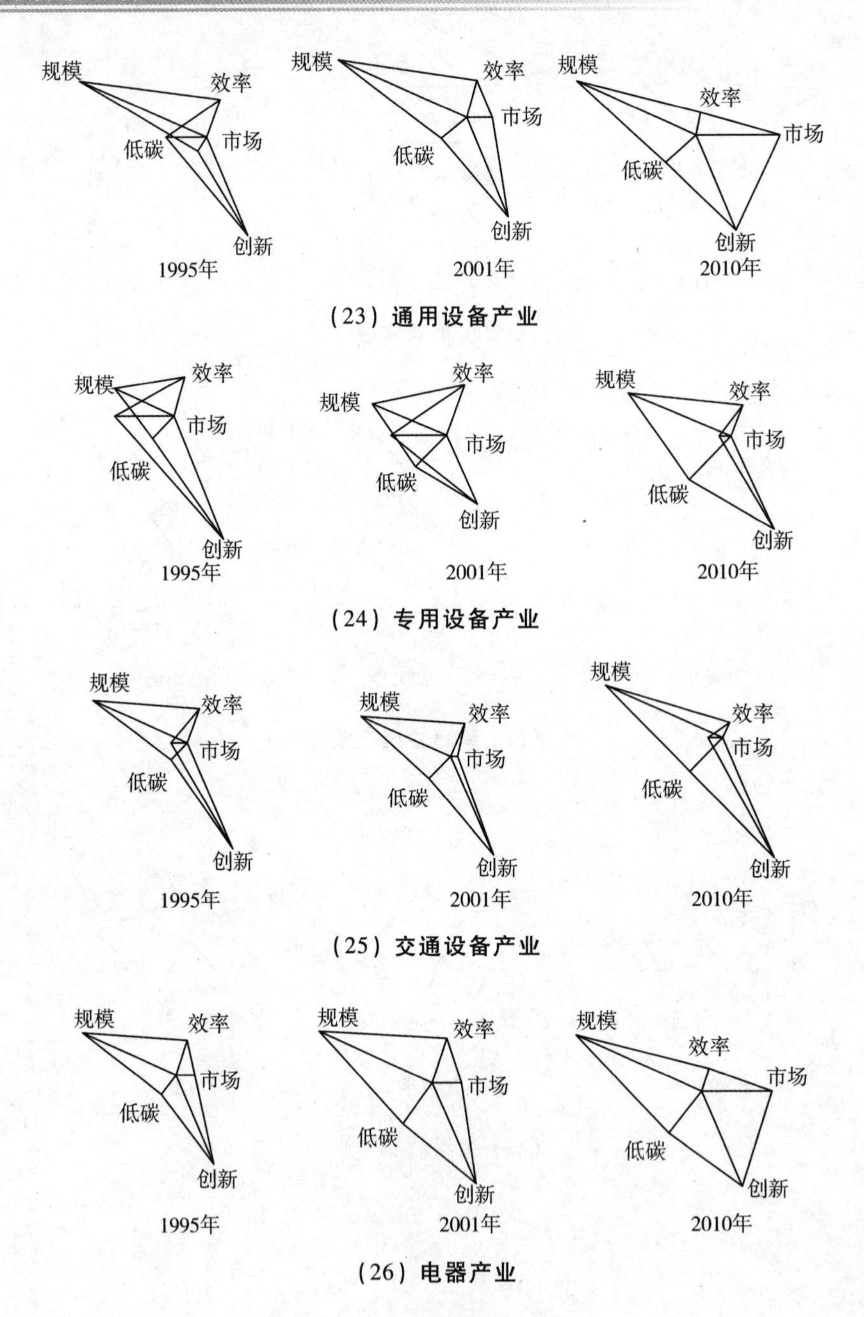

(23) 通用设备产业

(24) 专用设备产业

(25) 交通设备产业

(26) 电器产业

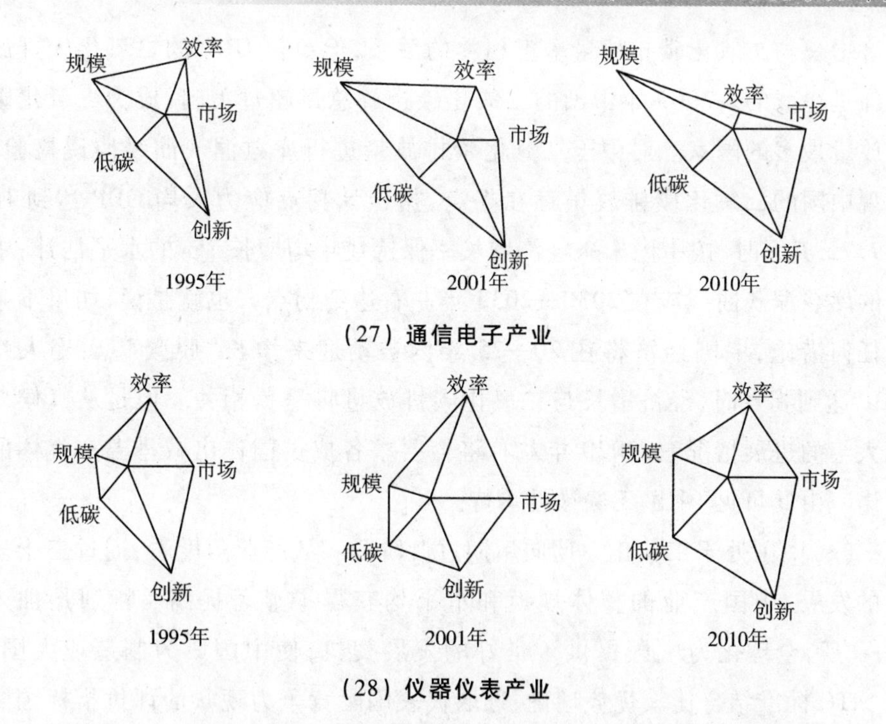

(27) 通信电子产业

(28) 仪器仪表产业

图3－24　1995、2001、2010年中国制造业28个产业国际竞争力极坐标

观察图3－24可以发现，如果细分一级指标，28个产业中多数产业的国际竞争力的来源主要是依靠规模和市场扩张，而效率、创新能力和低碳化水平较低，由此可见中国制造业提升产业国际竞争力的基本路径是粗放式的，内涵发展不够，那么未来发展的潜力比较弱。其中农副产业、纺织品产业、金属制品和仪器仪表产业的各级指标至2010年发展比较均衡。2010年非金属、黑色金属冶炼与压延、化学原料三个产业的低碳化指标显著为负。

第四节　评价结果的比较分析

通过上述研究，可以得出以下几点结论。

(1)面对低碳经济的到来中国应主动采取措施。从1960年以来，中国的二氧化碳排放量的变化经历了三个阶段，其中以入世后的第三个阶段二氧化碳的排放量增长最为迅速。结合中国GDP总量的增长情况看，中国的经济增长与二氧化碳排放量呈正相关的关系,但单位 GDP 的二氧化碳排放量却是递减的。2005 年中国的二氧化碳排放总量超过美国,成为二氧化碳排放量最多的国家。对中国二氧化碳排放量进行库兹涅茨曲线假说检验,发现中国的二氧化碳排放量存在拐点,据预计拐点应为人均 GDP 达到 18 769.72 美元时,按中国未来经济增长率保持在年均增长 7% 的水平估计,中国的库兹涅茨曲线应在 2030—2035 年左右达到拐点。也就是说,如果不采取任何措施,中国经济将在 20—25 年内被动迎来增长"脱碳"点,当人均 GDP 达到拐点时,经济增长与二氧化碳排放量将呈负相关。但是从气候变化大会的进展情况看,2020 年左右将会要求各成员国作出减排温室气体的承诺。由此可见,中国无法被动等待。

(2)中国处于工业化中期向后期过渡阶段。从产业角度看,通过三十多年的发展,中国产业的整体规模和水平均获得了显著提高。特别是加入 WTO 后,全球化为中国提供了良好的发展契机,使中国成为制造业大国。按 SITC 标准结合比较优势理论,选取代表国际竞争力现状的评价指标国际市场占有率、竞争优势指数和显性比较优势指数对中国产业国际竞争力进行测评和排序,对中国的四个大类产品国际竞争力进行测算,结果发现中国四个大类产品国际竞争力的排序由 1995 年 8 >5 >6 >7,调整为现在的 8 > 7 >5 >6,且第 8 类商品的国际竞争力已经处于下降势头中。在国际竞争力排序中变化最明显的是第 5 类商品和第 7 类商品,为资本密集型商品。第 7 类机械运输设备是近几年国际竞争力上升最快的。由此可知,中国的产业结构已经悄然开始由轻工业为主,逐渐向重化工业为主进行过渡。

(3)按国际竞争力的一般评价指标体系对中国制造业的 28 个产业进行测评,发现整体国际竞争力处于下滑趋势的只有饮料和烟草 2 个产业,这 2 个产业是我国关税保护程度较高的产业。而资源型的产业如木材、石燃 2 个产业加入 WTO 后产业的国际竞争力下降;文教、皮革 2 个产业入世后显著下降后处于波动状态。食品产业的产业国际竞争力入世后先上升后下滑。其余产业均经过入世冲击后的调整而国际竞争力上升,特别是 16—21 的化纤、橡胶、塑料、非金属、黑色金属、有色金属产业,入世后显著上升的产业包括通用设备、专用设备、运输设备、电器机械、通信电子,仪器仪表产业处于波动上升。

(4)单独考查中国制造业28个产业的低碳化水平指标,可以发现大多数产业的低碳化指标均为正值,只有化学原料、医药、非金属加工、黑色金属冶炼和压延产业的低碳化指标显著为负值,其中黑色金属冶炼和压延产业的低碳化指标始终处于低水平,且有向低位振荡的趋势。从长期变动趋势上看,每个产业的低碳水平指标均处于波动状态,没有显现出稳定趋势,既没有明显改善也没有恶化的显著趋势,表明减排的机制没有生成,内部的减排动力不足,受外界影响较大,缺乏减排的内生机制。

(5)基于低碳经济的产业竞争力综合评价指标结果看,如表3-16所示,如果不考虑低碳经济的约束,1995年制造业的28个产业一般综合竞争力排序中纺织业的国际竞争力最强,依次是烟草、化学原料等产业,如果考虑二氧化碳排放情况纺织业的国际竞争力则排第四,而通信电子、交通设备产业的国际竞争力则排名比较靠前。2010年按一般综合竞争力进行排序时纺织业的国际竞争力已降到第七位,前几位的分别是通信电子、电器、交通设备、黑金、通用设备、化原产业,按低碳综合竞争力评价只有黑金产业的国际竞争力下降到第27位,前几位的其余各产业排序基本稳定。烟草业的国际竞争力已经由前三名,退居十名之外。

表3-16　1995年和2010年制造业28个产业国际竞争力排序比较

1995			2010		
排序	一般综合竞争力评价结果	低碳综合竞争力评价结果	排序	一般综合竞争力评价结果	低碳综合竞争力评价结果
1	纺织	烟草	1	通信电子	通信电子
2	烟草	通信电子	2	电器	交通设备
3	化原	交通设备	3	交通设备	电器
4	非金属	纺织	4	黑金	通用设备
5	交通设备	电器	5	通用设备	纺织

续表

1995			2010		
排序	一般综合竞争力评价结果	低碳综合竞争力评价结果	排序	一般综合竞争力评价结果	低碳综合竞争力评价结果
6	通信电子	皮革	6	化原	皮革
7	黑金	通用设备	7	纺织	金属制品
8	通用设备	服装	8	毛皮	仪器仪表
9	服装	仪器仪表	9	服装	色金
10	皮革	金属制品	10	非金属	服装
11	电器	专用设备	11	金属制品	烟草
12	石燃	食品	12	专用设备	专用设备
13	农副	医药	13	仪器仪表	化纤
14	金属制品	文教	14	农副食品	化学原料
15	仪器仪表	色金	15	化纤	食品加工
16	饮料	饮料	16	烟草	橡胶
17	医药	石燃	17	色金	医药
18	专用设备	化原	18	家具	家具
19	食品	家具	19	食品制造	文教
20	文教	塑料	20	医药	塑料
21	家具	化纤	21	文教	食品制造
22	色金	橡胶	22	橡胶	印刷
23	化纤	印刷	23	塑料	木材加工
24	橡胶	食品	24	石油加工	饮料
25	塑料	非金属	25	印刷	非金属
26	木材	木材	26	饮料	造纸
27	造纸	造纸	27	造纸	黑金冶炼
28	印刷	黑金	28	木材加工	石油加工

资料来源：根据表3－7和表3－15的计算结果整理

(6)中国制造业的清洁能源消费比重并不高，且在样本区间内清洁能源消费量在产业总能源消费量中的比重没有显著改善。总能耗越高、二氧化碳排放量越大的产业的清洁能源消费比重越低，如石油加工、炼焦和核燃料加工业、非金属和黑色金属压延产业，清洁能源消费比重一般不超过0.1%。说明低碳经济对这些产业的能源技术的"倒逼机制"并没有发生作用。

(7)通过三个时点的极坐标可以分析产业国际竞争力的整体水平和发展趋势,至2010年发展比较均衡的有农副、纺织、金属制品、仪器仪表产业,除了石燃、化原、非金属和黑金4个产业的低碳化水平为负值外,其他产业的低碳化水平均有不同程度的提高。这是由于测算的指标侧重于中国碳强度的减排要求而设定的,因此所有产业的低碳化水平的衡量重心是二氧化碳强度下降的速度,所以结果比较乐观。一旦以总量减排为主要目标时,结果就没有这么乐观了。

(8)从产业国际竞争力总体走势上看,以一般综合评价指标体系进行测算的结果基本可以确立各产业国际竞争力的走势,但加入低碳经济因素后,各产业的低碳化评价指标及低碳综合评价的结果均呈现频繁波动走势,无法判断各产业在低碳经济下未来产业国际竞争力变化的态势。这从一定意义上说明,低碳经济对各产业的影响还不深入,或者各产业对此认识不充分,没有形成内生的减排机制,外部因素的影响超过内部自发机制的作用,即各产业对低碳经济的“内部觉醒”不足,自发减排动力不足,因此可能需要外部强制力引导才能进入“减排路径”。

综合上述评价结果的比较,中国的制造业正面临着由轻工业向重化工业转型的过渡期内,能耗高启和二氧化碳排放量增加是必然趋势。从测算的结果看,受低碳经济约束较为突出的产业将是石油加工、炼焦和核燃料加工业、化学原料及化学制品制造业、非金属矿物制品业、黑色金属冶炼和压延加工业,传统竞争优势产业如纺织、服装业国际竞争力的下降是自然趋势,发展低碳经济对其基本没有太大影响,而机械电子产业的国际竞争力在不断提高,是至今我国综合国际竞争力最强的产业,以目前的要求衡量,低碳经济对中国的机电产业的影响不大。通过本书研究认为纺织、服装等产业国际竞争力下降的原因有如下三个方面:一是由于中国产业结构的调整,重化工业发展迅速,势头已经超过了轻工业;二是由于纺织业规模扩张的速度较快,创新度不够,一直走内部竞争的路径来获得国际市场,利润率低,发展潜力不足;三是近年来中国经济快速发展,受到国际社会的压力,人民币升值,对外贸易摩擦等不断,这些不利因素对纺织业也有一定的影响。

本章小结

通过对中国 CKC 曲线实证,认为在人均收入水平达到 18 769.72 美元时,中国将迎来库兹涅茨曲线拐点。但考虑到全球气候大会的倡议,中国将无法被动等待库兹涅茨曲线的到来。

在第二章构建的产业国际竞争力评价指标体系的基础上,以中国制造业为例,基于一般综合评价指标体系和低碳综合评价指标体系进行评价与比较发现,中国制造业的 28 个产业在不考虑低碳经济约束的条件下,内部产业升级优化趋势基本确立,虽然受到外部经济环境的影响,但内部国际竞争力提升机制在对抗外部不利环境时发挥了显著作用;而加入低碳经济因素后,各产业的竞争力指数均呈频繁波动状态,说明中国制造业的内部低碳机制没有形成,如果将来面临国际强低碳约束机制时,"免疫力"缺位,还没有形成适应性体态,由此可以推断,各产业碳减排的内生机制需要外部强制力诱导才可以确立。

从中国制造业 28 个产业横向比较的结果看,中国的纺织业的国际竞争力自然下降,机电产业的国际竞争力自然上升,以目前的测评方式计算,该两大类产业受低碳经济的影响较小,而高能耗产业如石燃、非金属、化学原料和黑色金属产业受低碳经济的冲击最大。说明发展低碳经济对劳动力密集型产业、技术密集型产业影响较小,而对能源密集型产业的影响较大。

第四章　基于低碳经济的产业国际竞争力影响因素实证分析

为了应对全球气候变暖,低碳经济的本质要求是不断降低产业的碳排放强度和碳排放总量。中国已经独立做出了单位 GDP 减排的承诺,为了兑现这个承诺,未来中国必须走可持续发展的低碳环保道路。按照《"十二五"节能减排综合性工作方案》设定的目标,要求到 2015 年,中国万元 GDP 能耗下降到 0.869 吨标准煤(按 2005 年价格计算),比 2010 年的1.034吨标准煤下降 16%,比 2005 年的 1.276 吨标准煤下降 32%。[①] 因此,低碳经济对产业国际竞争力的影响将体现为对各产业的碳排放总量和碳排放总强度的硬性约束。本章将利用扩展的 STIRPAT 模型,在将各个影响因素进行分解的基础上,确定各影响因素与低碳经济下产业国际竞争力的相关程度。

第一节　模型选取

对于碳排放影响因素的研究比较多,采用的方法主要是分解法和固定模型法。具体研究手段不同,选取的变量也不相同。[②]

碳排放影响因素分解研究的方法主要包括以下两种:一是结构分解法

---

① 国务院关于印发"十二五"节能减排综合性工作方案的通知,www.gov.cn/zwgk/2011-09/07/content_1941731.htm。

② 由于二氧化碳的排放是由矿物质能源的使用带来的,因此在研究碳排放的影响因素时,多数学者以能源强度而非碳排放总量作为被解释变量。

(SDA),二是指数分解法(IDA)。[①] 结构分解法需要利用投入产出表对大量数据进行处理,较为烦琐,而指数分解法对数据的处理较为容易,得到了广泛应用。指数分解法可以依据 Laspeyres 指数,也可以依据 Divisia 指数进行分解,而后者可以分为算术平均 Divisia 指数(AMDI)和对数平均 Divisia 指数(LMDI)。[②] 由于 LMDI 分解完全且不包括无法解释的残差项,因此应用比较广泛。另一种方法使用模型,常用的模型是分析人文因素对环境产生压力的 IPAT 及其变种模型 IMPAT 和 STIRPAT。[③] 刘杨等用 IPAT 模型对碳排放的趋动因素进行了分析。[④] 佟新华(2012)采用 LMDI 方法对中国工业碳排放的影响因素进行了分解研究。[⑤] 使用相同方法的还有赵奥、唐建荣等。[⑥] 而袁鹏等人(2012)则运用 SDA 与 LMDI 结合的研究方法。[⑦] 多数学者运用 STIRPAT 模型对碳排放的影响因素进行研究。该模型是当今被普遍用于评价人类活动对环境影响压力的成熟模型。IPAT 模型将碳排放分解为不同因子的乘积。有研究者认为是人口增长导致了生态和社会环境的恶化[⑧],也有研究者认为现代生产技术是环境灾害的元凶。IPAT 模型建立了四个变量间的恒等关系,即:

$$I = P \times A \times T \tag{4-1}$$

其中,I 表示环境状况,P 表示人口规模,A 表示富裕程度,T 表示技术

---

① 参见郭朝先.中国二氧化碳排放增长因素分析——基于 SDA 分解技术[J].中国工业经济,2010(12):47-56。

② 参见郑若娟,王班班.中国制造业真实能源强度变化的主导因素——基于 LMDI 分解法的分析[J].经济管理,2011(10):23-32。

③ 参见 Richard Y, Eugene A R, Thomas D. STIRPAT, IPAT and IMPAT: analytic tools for unpacking the driving forces of environmental impacts [J]. Ecological Economics, 2003(3):351-365。

④ 见参考文献[186]—[189]。

⑤ 参见佟新华.中国工业燃烧能源碳排放影响因素分解研究[J].吉林大学社会科学学报,2012(4):151-160。

⑥ 见参考文献[191]—[195]。

⑦ 参见袁鹏,程施,刘海洋.国际贸易对我国 CO_2 排放增长的影响——基于 SDA 和 LMDI 结合的分解法[J].经济评论,2012(1):122-132。

⑧ 参见 Paul R E, John P H. Impact of Population Growth[J]. Science, 1971(3977), 1212-1217。

水平。

Dietz 等人(1994)认为 IPAT 模型尽管形式简单,但是明确指出了影响环境的主要因素,并且成为了联系科学和政策的有效工具。[2]

此后,Waggoner 和 Ausubel(2002)提出了 IMPACT 模型,将人口、收入水平、消费行为、生产者效率综合在一起作为影响因素,并且更新了 IPAT 中的影响因素,P 代表人口规模,A 代表人均 GDP,C 代表单位 GDP 资源强度(如单位 GDP 能耗),T 代表效率水平。[1] 其表达式为:

$$I_m = P \times A \times C \times T \qquad (4-2)$$

其中各变量的含义如表 4-1 所示。

表 4-1 IMPACT 模型中各变量的含义

Category	Symbol	Actors	Dimension
Impact	I	All	Emission
Population	P	Parents	Capita
Affluence	A	Workers	GDP/capita
Intensity of use	C	Consumers	Energy/GDP
Efficiency	T	Producers	Emission/energy
Consumption/capita	$A \times C$		Energy/capita
Consumer challenge	$P \times A \times T$		GDP × (Emission/Energy)
Technology challenge	$P \times A \times C$		Energy
Sustainability challenge	$P \times A$		GDP
Sustainability levers	$C \times T$		Emission/GDP

资料来源:Waggoner P E, Ausubel J H. A framework for sustainability science: a renovated IPAT identity[J]. Proceedings of the National Academy of Sciences of the United States of America 2012(12): 7860-7865

由于上述两个模型以 I 与 P、A、T 之间的单位为弹性假设,不便于实证分析,且无法加入其他影响因素,所以 Dietz 和 Rosa(1994)发展了 IPAT 模

① 见参考文献[198]—[199]。

型,提出了 STIRPAT 模型[①],将 IPAT 以随机形式表示为:

$$I_i = a \times P_i^b \times A_i^c \times T_i^d \times e_i \quad (4-3)$$

其中 a、b、c、d 为模型系数,为待估参数;当 $a=b=c=d=1$ 时,STIRPAT 模型还原为 IPAT 模型。P 为人口规模,A 为富裕程度,T 为技术水平,e 为模型误差项,i 代表时间。

许多研究在(4-3)式的基础上根据自身特点对 STIRPAT 模型改进和扩展后进行了实证。Dietz、Rosa 等多位研究者均利用 STIRPAT 模型对影响碳排放的主要因素进行了识别研究。[②]

由于在中国工业是二氧化碳排放的主体,所以本节在研究基于低碳经济的产业国际竞争力的影响因素时,以中国工业产业作为整体,以制造业产业的碳排放强度(EI)作为被解释变量,并对 STIRPAT 模型相关变量取对数。由于 STIRPAT 模型允许对相关的影响因素进行再分解,并对新生的变量进行参数估计[③],因此根据中国制造业的竞争力状况和碳排放的特点,结合表 4-1,考虑对 STIRPAT 模型中的解释变量做相应改进和扩展。

(1)对产业国际竞争力进行研究,由于涉及的范畴为生产领域,所以 P 由人口规模表示不再适合,由前述分析可知,中国目前具有国际竞争力的产业仍以劳动密集型产业为主,并向资本密集型过渡,考虑到目前中国产业具备的这种特征,因此将 P 变量用产业投资规模表示,用字母 I 表示。

(2)富裕程度则由产业的人均产值(单位劳动力的生产总值)作为解释变量,用 Y 表示。通过实证发现中国的人均碳排放量与人均 GDP 水平存在库兹涅茨曲线关系,因此也要考虑制造业的碳排放总量或碳排放强度是否存在库兹涅茨假说。引入三次方项被称为二氧化碳排放的库兹涅茨重组效

---

① 参见 Dietz T, Rosa E A. Rethinking the environmental impacts of population, affluence and technology[J]. Human Ecology Review, 1994(1):277-300。

② 见参考文献[200]—[204]。

③ 参见丁唯佳,吴先华,孙宁,等. 基于 STIRPAT 模型的我国制造业碳排放影响因素研究[J]. 数理统计与管理,2012(3):499-506。

应，邵帅等人（2010）[①]与何小刚等人（2012）[②]均认为工业能源消费的碳排放存在重组效应。

（3）对于技术变量 T 的指标选择，国外的学者们习惯使用科技人员占总劳动人数的比重或者研发经费占销售收入的比重来表示，国内的学者在STIRPAT 模型使用过程中，有的沿用这一做法，有的则根据自己对中国实际情况的理解，对这一变量进行了修正。邵帅等人（2010）将 T 分解为研发强度和能源效率两项指标[①]，姜磊等人（2011）将 T 改进为第二产业比重[③]，聂国卿等人（2012）采用第三产业比重[④]，卢娜等人（2011）则用时间序列表示技术因素的影响[⑤]，渠慎宁、郭朝先（2010）与孙敬水等人（2011）分别用碳排放强度和能源强度表示 T 变量[⑥⑦]。如果从低碳技术的潜力状态而言，可以用研发的强度来评价，但是无论是研发经费的多寡还是研发人员的多少均不能代表真实的技术水平，最多能够表明未来可能的技术潜力。从中国的现实情况看，应该选择第二产业比重和能源结构作为 T 的代理变量。一方面因为碳排放的主要来源是碳基能源的使用，而另一方面碳基能源的最大

---

① 参见邵帅，杨莉莉，曹建华. 工业能源消费碳排放影响因素研究——基于 STIRPAT 模型的上海分行业动态面板数据实证分析［J］. 财经研究，2010（11）：16－27。

② 参见何小钢，张耀辉. 中国工业碳排放影响因素与 CKC 重组效应——基于 STIRPAT 模型的分行业动态面板数据实证研究［J］. 中国工业经济，2012（1）：26－35。

③ 参见姜磊，季民河. 基于 STIRPAT 模型的中国能源压力分析——基于空间计量经济学模型的视角［J］. 地理科学，2011（9）：1072－1077。姜磊等认为国外研究机构的所有者多数为企业，因此国外可以用研发机构或者研发人员数量占比来表示技术水平，而中国研究开发工作的主要推动者为政府，如果采用研究机构或研发人员的数量占比作为代理变量，无法很好地刻画能源技术进步的实际情况。而第二产业是能源消费的主体，第二产业占能源消费70%以上，第二产业的变动对能源消费的影响是巨大的，因此在中国选用第二产业的比重作为衡量指标比较合适。本书在 T 指标的选取上，不但将第二产业能耗作为 T 变量，而且还加入了碳基能源的消费比重，这样更全面准确。

④ 参见聂国卿，尹向飞，邓柏盛. 基于 STIRPAT 模型的环境压力影响因素及其演进分析——以湖南省为例［J］. 系统工程，2012（5）：112－116。

⑤ 参见卢娜，曲福田，冯淑怡，等. 基于 STIRPAT 模型的能源消费碳足迹变化及影响因素——以江苏省苏锡常地区为例［J］. 自然资源学报，2011（5）：814－823。

⑥ 参见渠慎宁，郭朝先. 基于 STIRPAT 模型的中国碳排放峰值预测研究［J］. 中国人口·资源与环境，2011（12）：10－15。

⑦ 参见孙敬水，陈稚蕊，李志坚. 中国发展低碳经济的影响因素研究——基于扩展的 STIRPAT 模型分析［J］. 审计与经济研究，2011（4）：85－93。

使用者是第二产业。以2009年为例，工业占能源消费总量的71.5%，而制造业占能源消费总量的58.9%[①]。因此本书将 T 变量分解为各个相关产业在国民经济中的比重和碳基能源消费量在产业能源消费总量中的比重。分别用 SC（相关产业占国民经济比重）和 CE（碳基能源在总能耗中的比重）表示。

(4)根据中国低碳经济发展的要求和中国制造业的现状，本书将引入另外几个关键变量。

①出口依存度和外商投资比例。中国是加工贸易大国，出口商品不具备技术优势。从理论上分析，出口量和外商投资总额的增加都将引起碳排放量的增加。目前国际上并不单独计算和去除隐含碳的排放量，因此在影响因素中应引入这两个变量。分别用 EX 和 FDI 分别表示出口依存度和外商直接投资比例。

②时间趋势变量。由于中国政府一方面对产业结构进行调整，另一方面出于对国内经济平衡发展的考虑，干预能源市场的价格，因此将政策因素引入时间趋势变量，用 T 表示。

由于二氧化碳排放具有一定的滞后性，邵帅、何小钢等人均认为二氧化碳的排放具有较强的路径依赖特征，因此应引入动态面板模型。

根据上述对(4－3)式的分解过程，并参照何小钢等人建立的模型对(4－3)式进行对数变换后，得

$$\begin{aligned} C_{it} = {} & C_{it-1} + \alpha_1(\ln Y_{it}) + \alpha_2(\ln Y_{it})^2 + \alpha_3(\ln Y_{it})^3 + \alpha_4(\ln I_{it}) + \\ & \alpha_5 SC_{it} + \alpha_6 CE_{it} + \alpha_7 EX_{it} + \alpha_8 FDI_{it} + \alpha_9 T_{it} + \mu_{it} + \varepsilon_{it} \end{aligned} \tag{4-4}$$

其中，i 表示产业，t 表示年份，α_i $(i=1,2,3,\cdots,9)$ 为待估参数，μ_{it} 表示不同产业的个体效应，ε_{it} 表示随机扰动项。

---

① 依据《2011年中国统计年鉴》数据计算得出，2009年能源消费总量为306 647.15万吨标准煤，其中工业能源消费总量219 197.16万吨标准煤，制造业能源消费总量180 595.97万吨标准煤。

第二节　实证分析

自变量间存在明显的多重共线或误差时，不能直接采用普通最小二乘法（Ordinary Least Square，简称为 OLS）进行回归分析，必须采用相应的手段来处理。即当 $E(\varepsilon_t \mid X_t) = 0$ 不成立时，OLS 估计量一般不再是真实模型参数的一致估计。一般至少有三种可能，使得 $E(\varepsilon_t \mid X_t) = 0$ 不成立。第一种情形是解释变量存在测量误差，也称为变量包含误差；第二种情形是模型误设，比如函数形式误设或遗漏变量；第三种情形是联立方程组存在内生性。

经济数据度量与经济理论的变量概念有时候会存在差异。因此考虑测量误差非常重要。存在误差时，则有：

$$Y_t^* = \beta_0^o + \beta_1^o X_t^* + \mu_t \tag{4-5}$$

假设不能直接观测到 X_t^* 和 Y_t^*，而观测变量 X_t 和 Y_t 包含了测量误差，即：

$$X_t = X_t^* + v_t \tag{4-6}$$

$$Y_t = Y_t^* + \omega_t \tag{4-7}$$

其中 $\{v_t\}$ 和 $\{\omega_t\}$ 分别是 X^* 和 Y^* 的测量误差，它们独立于 $\{X^*\}$ 和 $\{Y^*\}$，并且 $\{v_t\} \sim$ i，i，d. $(0,\sigma_v^2)$，$\{\omega_t\} \sim$ i，i，d. $(0,\sigma_\omega^2)$。假设 $\{v_t\}$、$\{\omega_t\}$ 和 $\{\mu_t\}$ 三个序列相互独立，因为只能观测到 $\{Y_t, X_t\}_{t=1}^n$，只能估计以下回归模型：

$$Y_t = \beta_0^o + \beta_1^o X_t + \varepsilon_t \tag{4-8}$$

其中，ε_t 是不可观测的随机扰动项。

尽管线性回归模型（4－8）的函数形式依然设定正确，但由于存在测量误差，随机扰动项 ε_t 不同于原始真实扰动项 μ_t，不再有 $E(\varepsilon_t \mid X_t) = 0$。由于确保 OLS 估计量 $\hat{\beta}$ 是 β^o 的一致估计量的关键条件是 $E(\varepsilon_t \mid X_t) = 0$，由方程（4－5）至方程（4－7），有：

$$Y_t = Y_t^* + \omega_t$$

$$= (\beta_0^o + \beta_1^o X_t^* + \mu_t) + \omega_t$$

$$X_t = X_t^* + \mu_t$$

由方程(4－8)有:

$$\begin{aligned}\varepsilon_1 &= Y_1 - \beta_0^o - \beta_1^o X_1 \\ &= (\beta_0^o + \beta_1^o X_t^* + \mu_t + \omega_t) - [\beta_0^o + \beta_1^o (X_t^* + v_t)] \\ &= \mu_t + \omega_t - \beta_1^o v_t\end{aligned}$$

即随机扰动项 ε_t 是真实扰动项 μ_t 以及测量误差 $\{\omega_t, v_t\}$ 的线性组合。那么期望

$$\begin{aligned}E(X_t\varepsilon_t) &= E[(X_t^* + v_t)\varepsilon_t] \\ &= E(X_t^* \varepsilon_t) + E(v_t\varepsilon_t) \\ &= 0 - \beta_1^o E(v_t^2) \\ &= -\beta_1^o \sigma_v^2 \\ &\neq 0\end{aligned}$$

换言之,如果自变量 $\{X_t\}$ 中存在测量误差,将不再是一致性估计。

从式(4－4)可知,本书选取了动态面板数据,同时将被解释变量的滞后项作为解释变量,且自变量较多,而研究的时间较短,仅有16年,可能导致解释变量和随机扰动项相关,并且其他解释变量间存在相依性;另外,本书中由于二氧化碳排放量的核算并不是针对所有碳源进行的,变量值是存在测量误差的。基于上述两点考虑,如果采取传统的方法进行估计,结果是有偏差的,进而导致参数可靠程度降低,解释变量的经济意义扭曲。因此,应采用广义矩法(GMM)进行估计。具体步骤如下。

第一步:选择工具变量(IV),工具变量需要满足的条件有:

(1) $E(X_t\varepsilon_t) \neq 0$

(2) $E(\varepsilon_t | Z_t) = 0$

(3) $l \times l$ 矩阵

$$Q_{ZZ} = E(Z_t Z_t')$$

是有限、对称与非奇异的,且 $l \times K$ 矩阵

$$Q_{ZX} = E(Z_t X_t')$$

是有限与满秩的。

满足上述条件的随机变量 Z_t 称为工具变量。如果 $l \geqslant K$,要求工具变量 Z_t 的数目应超过或至少等于自变量 X_t 的数目。在实际应用中,选择工具变量的方法如下:

第一,确定 X_t 中哪些解释变量是内生的。如果一个解释变量是外生的,那么,该解释变量应该包括在工具变量 Z_t 中。比如,常数项应包括在工具变量 Z_t 中,因为它不与任何随机变量相关。X_t 中的所有外生变量也应该包括在工具变量 Z_t 中。如果 K 个解释变量中有 k_0 个内生解释变量,那么至少需要再寻找 k_0 个工具变量。

在时间序列回归模型中, X_t 的滞后变量往往与 ε_t 不相关。因此,可用 X_t 的滞后项 X_{t-1} 作为工具变量。如果 $\{X_t\}$ 是一个平衡时间序列,其滞后项一般应与 X_t 高度相关。在存在测量误差和期望误差时,测量误差或期望误差的存在使得 $E(X_t\varepsilon_t) \neq 0$ 。如果 $\{X_t\}$ 的测量误差或期望误差不存在序列相关,则可选择工具变量 $Z_t = (1, X_{t-1})'$ 。

X_t 对 Z_t 进行 OLS 回归,得到拟合值 $\hat{X}_t$ 。这里,考虑辅助线性回归模型

$$X_t = \boldsymbol{\gamma}' Z_t + v_t \quad t = 1, 2, \cdots, n$$

其中 $\boldsymbol{\gamma}$ 是 $l \times K$ 参数矩阵, v_t 是 $K \times 1$ 回归误差项。当且仅当 $\boldsymbol{\gamma}$ 是最优线性最小二乘近似系数,即当且仅当

$$\boldsymbol{\gamma} = [E(Z_t Z'_t)]^{-1} E(Z_t X'_t)$$

用矩阵的形式可将上述辅助回归模型表示为

$$\boldsymbol{X} = \boldsymbol{Z\gamma} + \boldsymbol{v}$$

其中 $\boldsymbol{X}$ 是 $n \times K$ 矩阵,$\boldsymbol{Z}$ 是 $n \times l$ 矩阵,$\boldsymbol{\gamma}$ 是 $l \times K$ 矩阵,$\boldsymbol{v}$ 是 $n \times K$ 随机扰动项矩阵。

$\boldsymbol{\gamma}$ 的 OLS 估计量为

$$\hat{\boldsymbol{\gamma}} = (\boldsymbol{Z}'\boldsymbol{Z})^{-1}\boldsymbol{Z}'\boldsymbol{X}$$

$$= (n^{-1}\sum_{t=1}^{n} Z_t Z'_t) n^{-1}\sum_{t=1}^{n} Z_t X'_t$$

拟合值或 X_t 对 Z_t 的样本投影为

$$\hat{X} = \hat{\gamma}' Z_t$$

用矩阵形式可表示为

$$\hat{\boldsymbol{X}} = \boldsymbol{Z}\hat{\boldsymbol{\gamma}} = \boldsymbol{Z}(\boldsymbol{Z}'\boldsymbol{Z})^{-1}\boldsymbol{Z}'\boldsymbol{X}$$

第二步：Y_t 对拟合值 $\hat{X}_t$ 进行回归，得到的 OLS 估计量称为 2SLS 估计量，记为 $\hat{\beta}_{2SLS}$。有 $\hat{\beta}_{2SLS} = (\hat{\boldsymbol{X}}'\hat{\boldsymbol{X}})^{-1}\boldsymbol{X}'\boldsymbol{Y}$。

第二阶段的回归模型可写为：

$$Y_t = \hat{X}_t'\beta^o + \hat{\mu}_t$$

注意扰动项是 $\hat{\mu}_t$ 不是 ε_t，因为自变量是 $\hat{X}_t$ 而不是 X_t。①

另外，在一个动态面板模型中，考虑模型(4－9)组内估计量(FE)是不一致的。

$$y_{it} = \alpha + \rho y_{i,t-1} + x'_{it}\beta + z'_i\gamma + v_i + \varepsilon_{it} \tag{4-9}$$

因此，要做离差变换：

$$(y_{it} - \overline{y_i}) = \rho(y_{i,t-1} - \overline{Ly_i}) + (x'_{it} - \overline{x_i})'\beta + (\varepsilon_{it} - \overline{\varepsilon_i}) \tag{4-10}$$

由于 $\overline{Ly_i}$ 中包含 $\{y_{i2},\cdots,y_{i,t-1}\}$ 的信息，因而 $\overline{Ly_i}$ 与 $(\varepsilon_{it} - \overline{\varepsilon_i})$ 相关，故 FE 是不一致的。这被称为“动态面板偏差”(Dynamic Panel Bias)。一种有效的处理办法是进行差分处理。将模型(4－9)两边进行一阶差分，则有：

$$\Delta y_{it} = \rho\Delta y_{i,t-1} + \Delta x'_{it}\beta + \Delta\varepsilon_{it} \tag{4-11}$$

$\Delta\varepsilon_{it}$ 与 $\Delta y_{i,t-1}$ 相关，因此，$\Delta y_{i,t-1}$ 为内生变量。使用所有可能的滞后变量作为工具变量，进行广义矩法估计，就可以得到“Arellano－Bond 估计量”，也被称为“差分 GMM(Difference GMM)”。

Difference GMM 的一个缺点是无法估计 z_i 的系数。此外，如果 x_{it} 仅为前

① 参见洪永淼.高级计量经济学[M].北京：高等教育出版社，2011：204－265。

定变量而非严格外生，就可能与 $\Delta\varepsilon_{it}$ 相关，从而成为内生变量。这时，可以用 $\{x_{i,t-1}, x_{i,t-2}, \cdots\}$ 作为 Δx_{it} 的工具变量。如果 T 很大，还容易出现“弱工具变量”问题。但通过限制用作工具变量的滞后变量阶数，这个问题也可以有效解决。

此外，对于 Difference GMM，当 $\{y_{it}\}$ 接近于随机游走时，$\Delta y_{i,t-2}$ 与 $\Delta y_{i,t-1}$ 的相关性会很差，导致弱工具变量问题。解决办法是采用“水平 GMM”。即对于差分前的“水平方程”（Level Equation）用 $\{\Delta y_{i,t-1}, \Delta y_{i,t-2}, \cdots\}$ 作为 $\Delta y_{i,t-1}$ 的工具变量。在 $\{\varepsilon_{it}\}$ 不存在自相关，$\{\Delta y_{i,t-1}, \Delta y_{i,t-2}, \cdots\}$ 与个体效应 v_i 不相关的情况下，就可以得到一致的估计量。

将差分方程与水平方程作为一个系统进行广义矩估计，被称为“系统广义矩”。系统广义矩的优点是可以提高估计的效率，并且可以估计不随时间变化的系数。[①] 其特点是，必须假定 $\Delta y_{i,t-1}, \Delta y_{i,t-2}, \cdots$ 与 v_i 无关。据此，采用系统广义矩对模型进行估计。运用 Stata10.0 软件对模型进回归。

可通过计算各解释变量之间的相关系数考察变量间的多重共线情况。各变量间的系数一般小于 0.4，只有不同产业的出口依存度（EX）和不同产业的碳基能源消费比重（CE）之间的相关系数为 0.65。由于方差膨胀因子都小于 10，不显著，可以认为多重共线性不显著，因此可以做回归分析。

表 4－2 给出了以各产业的二氧化碳排放强度的自然对数为因变量的回归结果。

表 4－2　因变量为二氧化碳排放强度的回归结果

解释变量	模型 1	模型 2	模型 3	模型 4
C_{it-1}	0.774***	0.643***	0.552***	0.584***
	(0.013)	(0.012)	(0.016)	(0.021)

① 何小钢等（2012）在对中国工业碳排放影响因素与 CKC 重组效应进行分析时，认为采用的面板数据是“小时间维度，大截面维度”且模型中包含被解释变量的滞后项，导致解释变量和随机扰动项相关，其他解释变量也可能存在内生性，随机效应估计量和固定效应估计量都是有偏差的，必须借助工具变量进行估计。

续表

解释变量	模型 1	模型 2	模型 3	模型 4
$\ln Y_{it}$	0.028	0.090 ***	0.081 2 **	0.078 **
	(0.017)	(0.022)	(0.032)	(0.037)
$(\ln Y_{it})^2$	-0.123 ***	-0.155 ***	-0.015 6 ***	-0.163 ***
	(0.012)	(0.016)	(0.023)	(0.021)
$(\ln Y_{it})^3$	0.035 ***	0.054 ***	0.055 ***	0.006 ***
	(0.005)	(0.005)	(0.007)	(0.008)
$\ln I_{it}$	0.060 ***	0.047 2 ***	0.023 ***	0.015 2 ***
	(0.004)	(0.008)	(0.052)	(0.072)
SC_{it}	0.532 ***	0.478 ***	0.358 ***	0.276 ***
	(0.012)	(0.020)	(0.016)	(0.034)
CE_{it}	1.183 ***	1.173 ***	1.106 ***	1.034 ***
	(0.052)	(0.065)	(0.072)	(0.076)
EX_{it}		0.135 **	0.124 **	0.081 8 **
		(0.024)	(0.033)	(0.026)
FDI_{it}			0.076	0.122
			(0.123)	(0.164)
T_{it}				-0.078 ***
				(0.016)
CKC 类型	N 型	N 型	N 型	N 型
拐点	0.578	0.534	0.542	0.642
	5.663	4.963	5.083	6.862
Hansen 检验(P)	45.642	37.786	34.897	31.354
	(0.804)	(0.812)	(0.804)	(0.833)
样本数	448	448	448	448

注：* * *、* *、* 分别表示 1%、5%、10% 水平显著

第三节 结果与讨论

从表4－2的回归结果看，产业的二氧化碳排放强度与二氧化碳排放强度的滞后一期项、产业的碳基能源消费比重和出口依存度相关程度较高。这个结果说明二氧化碳的排放强度是动态变化且前后相关的，能源消费与出口不同程度上导致了二氧化碳排放强度在产业间的差别。且投资规模与二氧化碳排放强度也是正相关的关系，说明随着投资规模的扩大，二氧化碳的排放强度也是随之提高的。而产业的劳均产出则与二氧化碳排放量之间存在“倒U型”和“N型”关系。随着产业劳均产出水平的提高，应该是机械化水平不断提高，技术水平不断上升，二氧化碳排放强度将先上升后下降，如果遇到外界因素的影响，下降后可能出现“重组效应”，即二氧化碳排放强度随着劳均产出水平的提高“反弹”回高点。

另外，二氧化碳排放强度与外商直接投资规模正相关，但显著性水平并不高。二氧化碳排放强度与不同产业在GDP当中所占的比重相关度较高。另外，随着政策的调整，产业的二氧化碳排放强度是下降的。

由此可见，如果想实现向低碳经济转型、实现减排目标，需要调整产业结构、提高清洁能源在能源消费结构中的比重、减少高碳产业产品的出口、合理控制高碳产业的投资规模，并加强对碳排放的控制，防止由于能源价格下降时管制过松导致“重组效应”出现。

本章小结

通过运用STIRPAT模型，采用动态面板数据，运用系统广义矩方法对低碳经济下产业国际竞争力的影响因素进行实证分析，结果发现二氧化碳排放强度与产业结构、能源消费结构、出口结构和外商投资规模等均不同程度正相关。而随着各产业劳动生产效率的提高，产业的二氧化碳排放强度应先上升后下降，达到拐点后，在外界环境较为宽松的条件下，可能出现“N

型”重组效应。说明中国的产业发展仍以规模扩张的粗放型为主,依靠投资拉动,并没有处于集约型发展的轨道,且受政府政策的影响较为显著,政府环境规制水平的提高有效地降低了二氧化碳排放强度。

第五章　基于低碳经济的产业国际竞争力的国际比较

总结过去，一般人都认为中国的出口商品以比较优势取胜，以价格为主要竞争手段，附加值低，靠规模弥补单位商品的利润损失。更重要的是中国虽然贸易规模很大，却没有商品定价权，人民币没有国际化，不断地面对贸易摩擦、汇率摩擦、外汇储备缩水、资源环境恶化、能源紧张等问题，这些使过去形成的比较优势发展路径备受指责。由此，普遍认为应进行结构调整，扩大内需。也就是说，不能再继续通过提高产业国际竞争力、增加出口来推动中国经济的发展了，因为无论从外部还是内部条件来看，这都将是很困难的，特别是在向低碳经济转型过程中，环境将变得更为恶劣。

第一节　从发达国家经验看产业国际竞争力重要性

从事物的发展规律而言，先有量变才有质变。从历史上看，英国、美国、德国和日本无一不是通过贸易规模的扩张成为今天的世界强国的。

美国在第二次世界大战期间大量出售军火，作为世界最大军火生产国和出口国，生产能力迅速提升，经济实力也很快得到了增强。美国在战争期间形成的产能相对过剩、战后的失业问题也成为了比较突出的社会矛盾，为了摆脱这种困境，美国推出了帮助欧洲复兴的“马歇尔计划”。通过马歇尔计划，美国支出了131.5亿美元的援助，其中88亿美元用于购买本国的出口产品。出口的扩大促进了美国经济的发展，1946—1950年美国贸易顺差平均每年为58.8亿美元。如表5-1所示,尽管美国从1971年开始出现了贸易逆差,但出口贸易的增长速度并没有放缓,从1972年的494亿增加到1990年的3 874亿美元,增长了约8倍。

表5-1 1965—1990年美国进口贸易和出口贸易统计表

单位:10亿美元

年份	出口额	进口额	净出口额	年份	出口额	进口额	净出口额
1965	26.5	21.5	5.0	1978	142.1	176.0	-33.9
1966	29.3	25.5	3.8	1979	184.4	212.0	-27.6
1967	30.7	26.9	3.8	1980	224.3	249.8	-25.5
1968	33.6	33.0	0.6	1981	237.0	265.1	-28.1
1969	36.4	35.8	0.6	1982	221.2	247.6	-26.4
1970	42.5	39.9	2.6	1983	201.8	268.9	-67.1
1971	43.3	45.6	-2.3	1984	219.9	332.4	-112.5
1972	49.4	55.8	-6.4	1985	215.9	338.1	-122.2
1973	71.4	70.5	0.9	1986	223.3	368.4	-145.1
1974	98.3	103.8	-5.5	1987	250.2	409.8	-159.6
1975	107.1	98.2	8.9	1988	320.2	447.2	-127.0
1976	114.8	124.2	-9.4	1989	359.9	477.7	-117.8
1977	120.8	151.9	-31.1	1990	387.4	498.4	-111.0

资料来源:美国商务部经济分析局数据,http://www.bea.gov/intemationl/index.htm

德国经济和日本经济的出口导向型更是十分明显。德国和日本在二战前就已经进行工业化了。二战后在美国的援助下,德国工业很快得到了恢复,贸易顺差不断加大,20世纪80年代,贸易顺差超过500亿欧元,1988年贸易顺差达到728.6亿欧元。如图5-1所示,至2008年被中国超过之前,德国一直是世界上最大的贸易顺差国,出口订单不断。德国对外贸易长期顺差与其产业具有较强的产业国际竞争力有直接关系,德国的工业产品,特别是精密光学仪器、高端机械产品和成套设备质量优异,在世界上享有盛誉,其汽车、化工产品的出口份额也远高于其服务类产品的出口。

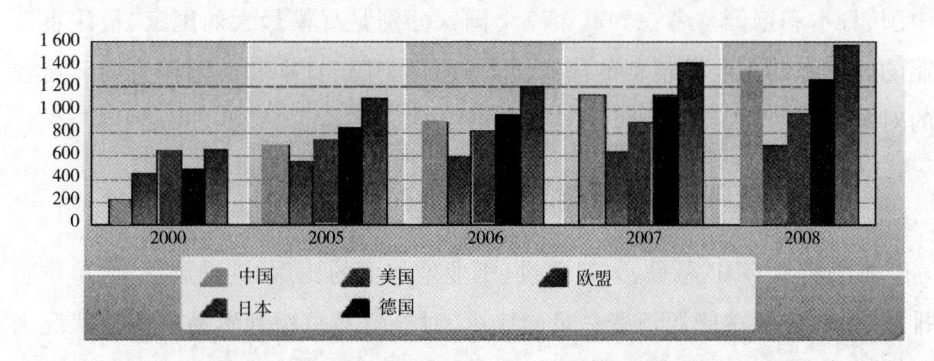

图5-1　2000—2008年中国、日本、美国、德国和欧盟工业制成品出口额(单位:亿美元)

资料来源:International Trade Statistics 2010, http://www. wto. org/english/res_e/statis_e/its_e. htm

日本在战后借助贸易立国的战略取得了世界经济强国的地位。从表5-2可以看出,日本在20世纪50至60年代劳动生产率保持了世界第一的增长速度,产业规模不断发展壮大,相继超过了德国和英国等,成为世界经济总量第二的经济大国。从1985年签订"广场协议"之后,日本事实上没有改变扩大出口贸易的战略,日本的出口贸易仍保持着较快的增长速度。

我们过去的对外贸易发展路径并没有错。美国、日本和德国在二战后成为世界经济强国大约用了40年的时间。我国改革开放也已有30多年,虽然取得了举世瞩目的成就,但单独从发展速度上相比,并不是很快的,并且从总人口占世界人口约20%的比例来看,我国贸易规模的发展还是不够的。①

第二节　四国低碳经济总体情况和制造业产业国际竞争力比较

按世界银行公布的GDP排名,经济总量居前四位的国家分别是美国、

① 参见裴长洪,彭磊,等.后危机时代中国开放型经济研究——转变外贸发展方式与对外经贸合作新趋势[M].社会科学文献出版社,2010:120-131。

中国、日本和德国。考虑到其余三个国家分别是规模最大的国家、最注重节能的国家和制造业最精良的国家,本书选择美国、日本和德国作为国际比较的对象。

一、四国低碳经济总体情况的比较

本书将从GDP总量、人口总量、工业增加值的比重、碳排放总量、单位碳排放、化石能源占能源消费总量的比重、对外贸易总额和贸易平衡等状况来说明上述四个国家发展的总体情况。为了排除外界因素的干扰,本书选取国际金融危机爆发前的2006年和“十一五”末的2010年的数据进行对比分析。各国发展低碳经济的总体情况如表5-3所示。从表5-3可以看出,2006年中国的GDP总量居世界第四位,仅次于德国,而2010年GDP总量刚刚超过日本跃居世界第二位,但仅相当于美国约1/3的水平,而中国的人口总量占世界近20%的水平,GDP总量仅占世界的9.4%,出口贸易额占世界出口贸易总额的13.3%,是世界上比较大的贸易顺差国。从二氧化碳排放情况看,中国的能源消耗水平随着经济总量的增加而增长,2006年能耗消费总量占全球消费总量的16.23%,远低于美国的20.1%的水平,但至2010年上升为第一,且化石能源的消费量在能源消费总量中的比重也是四个国家中最高的。二氧化碳排放强度有所降低,但与发达国家仍有很大差距。其余三个国家不仅二氧化碳排放总量的绝对量在减少,二氧化碳排放强度也在不断下降。

通过上述对低碳经济发展水平的总体比较,不难发现中国现有的发展模式与发达国家之间尚有较大差距。工业化、外向化和粗放化的发展模式在低碳经济下无疑将会面对许多阻力和压力。中国过去通过出口拉动经济、依靠投入扩大规模、单纯追求GDP增速的行为与发展低碳经济南辕北辙,因此“十二五”期间调整战略、转变经济发展方式是十分必要的。

表 5-2 美国、中国、日本和德国低碳经济总体情况比较

	2006				2010			
	美国	中国	日本	德国	美国	中国	日本	德国
GDP（万亿美元）	13.3	2.71	4.36	2.9	14.4	5.93	5.49	3.26
GDP 占比（%）	26.9	5.5	8.8	5.9	22.8	9.4	8.7	5.2
工业增加值（万亿美元）	2.96	1.30	1.22	0.87	2.88	2.77	1.50	0.92
人口规模（亿人）	2.98	13.11	1.28	0.823	3.09	13.38	1.27	0.818
人口规模占比（%）	4.53	19.92	1.94	1.25	4.48	19.41	1.84	1.19
出口贸易总额（亿美元）	10 383	9 688	6 499	11 219.6	12 780	15 780	7 700	12 710.9
贸易总额占比（%）	8.8	8.2	5.5	9.4	10.8	13.3	6.5	8.6
贸易差额（亿美元）	-8 798.1	1 775.8	671.5	2 012.4	-6 911.8	1 820.7	773.47	2 039.1
能源消费总量（亿吨原油）	22.9	18.54	5.20	3.41	22.3	22.57	4.95	3.32
能源消费占比（%）	20.1	16.23	4.56	2.99	18.96	19.15	4.20	2.81
化石能源消费比重（%）	85.63	86.01	81.24	81.56	84.35	87.37	81.58	78.89
二氧化碳排放总量（亿吨）	55.15	64.14	12.32	8.12	54.92	82.41	11.38	7.62
二氧化碳排放总量占比（%）	18.01	20.95	4.02	2.65	16.39	24.60	3.40	2.28
二氧化碳排放强度（吨/千美元）	0.43	1.06	0.31	0.3	0.38	0.93	0.21	0.23

注:各指标的占比是指该指标在世界总额中的比重

二、基于低碳经济的四国制造业国际竞争力比较

对于上述四国制造业的整体情况进行国际比较，借助于前面构建的评价模型及权重对四国制造业的整体国际竞争力进行测算，结果如表 5 - 3 示。

表 5 - 3　美国、中国、日本和德国低碳经济产业国际竞争力比较

		美国	中国	日本	德国
评价结果	2006	64.9	24.1	59	56.6
	2010	64	27.1	57.5	53.8
排 序	2006	1	4	2	3
	2010	1	4	2	3

从国际比较的结果看，中国的低碳经济产业国际竞争力从 2006 年至 2010 年有所上升，而其余三个国家的产业国际竞争力有不同程度下降，但是整体排序没有变化，低碳经济产业国际竞争力排序从高到低依次是美国、日本、德国和中国。中国与其他国家的差距较大。

第三节　实现低碳经济相关路径的国际比较

低碳经济对世界各国而言，已经不仅是应对气候变化的可持续发展模式了，更是在金融危机之后，全球在为寻找新的经济增长点而进行产业结构调整的新形势下的一种新发展模式。如何抓住新的发展机遇，成为摆在各国面前的新课题。各发达国家纷纷通过理念创新、政策创新、技术创新、产业创新或经营创新来实现经济社会低碳化发展。

一、世界主要国家发展低碳经济的战略措施[①]

低碳经济已经成为各国角逐的重要领域。世界主要国家包括美国、日

① 下述内容参见刑继俊，黄栋，赵刚. 低碳经济报告[M]. 北京：电子工业出版社，2010：44 - 66。

本、印度等都制定了低碳经济转型战略。

（一）英国

英国一直是全球低碳经济的倡导者和先行者。早在2003年，英国就以政府工作文件的形式提出低碳经济的概念，并宣布到2050年从根本上把英国建设成一个低碳经济国家。2008年英国公布了“气候变化法案”，成为世界上第一个为温室气体减排目标立法的国家。依据该法，英国成立了气候变化委员会，主要职责有三个：一是就英国如何向低碳经济转型，以及向低碳经济转型的具体政策和相关技术等问题提供建议；二是负责英国与“碳预算”相关的工作；三是依照所制定的预算来监督减排情况，并向国会提交英国的减排进程。2009年4月，英国政府将“碳预算”纳入到英国政府预算框架。同年7月，英国公布低碳经济国家战略，这一战略的核心内容是到2020年实现40%的电力构成来自低碳领域，其中，30%来自于风能、波浪能、潮汐能等可再生能源，其余10%来自于核能。为此政府还出台了具体的经济源刺激措施，包括投资1.2亿英镑用于发展海上风能，6 000万英镑用于开发波浪能和潮汐能技术。英国促进低碳经济发展的主要政策手段包括以下五种：气候变化税，碳基金，气候变化协议，排放贸易机制和低碳技术创新。英国计划到2050年温室气体排放量至少比1990年减少80%，并且认为这一目标可以在不牺牲经济增长的条件下实现。

（二）德国

德国是比较发达的工业化国家，其能源和环保技术在世界范围内是比较领先的，因此德国制定和实施高技术战略，将减少温室气体排放的气候保护政策纳入到可持续发展战略中，通过立法和采取较强的约束性机制，按时间表履行节能减排具体目标。2007年，德国联邦教育与研究部在“高技术战略”框架下制定了气候保护高技术战略。根据该项战略，德国将在之后10年内额外投入10亿欧元用于研发气候保护技术，德国工业界也投入等额的资金用于开发气候保护技术。该战略确定了未来研究的4个重点领域，即有机光伏材料、能源存储技术、新型电动汽车和二氧化碳分离与存储技术。此外,德国还通过征收生态税、推广热电联产、鼓励企业实现现代化能源管理和实行建筑节能改造等措施提高能源使用效率,促进能源节约。最近几年,德国的可再生能源开发也取得了很大的成功。原因在于德国政府通过《可再生能源法》对可再生能源发电进行补贴,减轻了可再生能源产业的成本负担,提高了其竞争力,使其获得了发展。德国也比较重视国际合作,不断寻求与许多国家特别是发展中国家在气候保护领域的合作。德国发起了欧盟与美国间的"跨大西洋气候和技术行动",重点在于统一标准,制订共同的研究计划等。

(三)美国

美国虽然没有加入《京都议定书》,但美国也十分重视节能减碳工作。1990 年美国实施了《清洁空气法》,2005 年通过了《国家能源政策法2005》,2007 年美国参议院提出了《低碳经济法案》。美国政府也把寻求综合平衡且对环境有利的安全能源作为长期战略,把低碳经济发展战略作为美国的重要战略。美国政府在《清洁空气法》和《国家能源政策法 2005》的基础上提出了"清洁煤计划",其目标是充分利用先进技术,提高效率,降低成本,减少排放。将用于发电的 50% 的煤炭比重通过技术创新逐步降低,支持企业与政府建立伙伴关系,共同建立示范型清洁煤电厂,通过税收优惠、补贴等措施推广具有市场价值的先进技术,推动高效清洁煤炭技术商业化。

(四)日本

日本是《京都议定书》的发起国和倡导国。日本在低碳经济发展方面也做出了巨大的努力。日本是一个资源匮乏的岛国,一直重视能源的多样化。2008 年 6 月,日本推出了"福田蓝图计划",提出日本减排的长期目标是到 2050 年使本国的温室气体排放量比 2008 年减少 60%—80%。该计划还指出从 2009 年起将对碳捕捉和封存技术进行大规模试验,争取 2020 年前使这一技术实用化。日本政府为了达到低碳社会的目标,采取了综合性措施并制订了长远计划,改革工业结构,资助基础设施,鼓励节能技术与低碳能源技术创新的私人投资。此外,还注重以法律、宏观规划、管理创新等措施,鼓励和推动节能降耗，大力发展低碳经济。日本政府先后推出了《促进建立循环型社会基本法》、《固体废弃物管理和公共清洁法》、《促进容器与包装分类回收法》、《家用电器回收法》、《建筑及材料回收法》、《食品回收法》及《绿色采购法》等，为低碳经济的有效推动提供了法律依据和保证。

（五）印度

印度作为发展中国家，主要通过植树造林捕捉碳，森林每年增长0.8万公顷。在《京都议定书》规定的清洁发展机制下，印度是全世界登记注册项目最多的国家，2009年被评为清洁发展机制做得最好的国家。印度有两百余家科研机构一直在从事气候变化方面的研究，探索印度未来20年气体排放的情况。印度政府规定，至2030年人均温室气体排放要低于4吨，为保证这一承诺的实现，2008年印度政府出台了7项强制性减排措施，包括利用太阳能、建设可持续人类居住区、提高水资源的利用率、可持续的喜马拉雅山生态系统、绿色印度计划；建立可持续农业和应对气候变化技术的研究。同时印度承诺在遵循“共同而有区别的责任”原则基础上，为建立一个有效合作、平等的全球低碳经济机制而努力。

二、国外发展低碳经济的经验

可以发现，国外在向低碳经济转型的过程中，有以下经验值得学习和借鉴。

第一，长期稳定的政策支持。低碳经济作为一种可持续发展的经济模式，既要符合各国经济发展的自身条件，也要兼顾在全球承担的减排责任。为此各国政府部门都通过了一系列的法律和法规，推动全社会向低碳经济迈进，并促进全国向低碳经济转型。

第二，注重低碳技术研发。技术创新是实现低碳经济的重要途径。发达国家在节能技术、可再生技术和碳捕捉与封存等技术的研发上都做了很大努力，并取得了一定的成效。例如美国在加利福尼亚建成了第一座IGCC电站等。

第三,运用市场手段,加强经济激励。经济激励是各国除清洁能源技术研发外的另一个突破方向,包括税收、补贴和贷款等经济杠杆手段。如欧盟国家根据燃油效率和环保性能制定车辆税费和政策,对消费者购置的新型、清洁和高效的汽车给予税收减免。

第四,引导公众参与低碳经济。公众参与低碳经济建设体系处于不可替代的核心地位。各国在发展低碳经济的过程中,都积极地将公众纳入低碳经济发展的相关利益者模型中。只有公众从根本上注意节约资源、增强减排意识,才能建成真正的文明、健康和绿色低碳社会。

三、中国发展低碳经济的举措①

20 世纪 80 年代以来,中国在大力发展经济的同时,一直高度重视资源的节约工作。1994 年制定和发布了《中国 21 世纪议程》的可持续发展战略。20 世纪 80 年代后期,国务院分别颁布了《关于当前产业政策要点的决定》、《90 年代国家产业政策纲要》等。1990 年以来,关闭了一批技术落后、能耗和物耗高的企业,并出台了一系列政策鼓励节能技术改造、节能设备购置。对资源综合利用、城市生活垃圾发电、风力发电和农村可再生能源项目给予税收优惠。从 1995 到 2000 年,中国水电机组装机容量年均增长 8.7%,已运行的核电机组 210 万千瓦。同时,国务院和建设部等部门先后发布实施了一系列政策和规定,指导和规范节能工作,如《建筑节能技术政策》、《民用建筑节能管理规定》,发布建筑节能标准、铁路节能技术政策。中国政府还特别重视国际化交流与合作,分别与一些国家和国际组织开展广泛的交流与合作。在能效和可再生能源领域,在世界银行和全球环境基金的资助下,实施了多个项目。

2011 年 12 月,国务院就出台了《"十二五"控制温室气体排放工作方

① 下述内容参见徐华清,于胜民. 气候变化的责任与中国的努力[J]. 中国能源,2008(4):34－37;国务院法制办公室. 中华人民共和国新法规汇编. 2012 年. 第 2 辑[M]. 北京:中国法制出版社,2012;中华人民共和国气候变化初始国家信息通报[M]. 北京:中国计划出版社,2004。

案》(以下简称《方案》)。《方案》坚持以科学发展为主题,以加快转变经济发展方式为主线,牢固树立绿色、低碳发展理念,统筹国际国内两个大局,把积极应对气候变化作为经济社会发展的重大战略,作为加快转变经济发展方式、调整经济结构和推进新的产业革命的重大机遇,坚持走新型工业化道路,合理控制能源消费总量,综合运用优化产业结构和能源结构、节约能源和提高能效、增加碳汇等多种手段,开展低碳试验试点,完善体制机制和政策体系,健全激励和约束机制,更多地发挥市场机制作用,加强低碳技术研发和推广应用,加快建立以低碳为特征的工业、能源、建筑、交通等产业体系和消费模式,有效控制温室气体排放,提高应对气候变化能力,促进经济社会可持续发展,为应对全球气候变化做出积极贡献。《方案》提出,要大幅度降低单位国内生产总值二氧化碳排放,到 2015 年全国单位国内生产总值二氧化碳排放比 2010 年下降 17% 。《方案》还提出了综合运用多种控制措施,开展低碳发展试验试点,建立温室气体排放统计核算体系,探索建立碳排放交易市场,大力推进全社会低碳行动,广泛开展国际合作,强化科技与人才支撑等措施,保障目标和措施的落实和完成。

本章小结

通过对产业国际竞争力的国际比较,仍以制造业为例,我国产业国际竞争力的现状较好,但发展潜力不足。如果以低碳的发展标准来衡量,我国与国际上掌握先进技术的发达国家相比,仍有较大差距。特别是在能源的使用效率上,我国有巨大的提升空间。

分析世界主要国家的低碳经济发展路径,发达国家主要在技术和制度两个方面上进行突破,英国、德国、美国和日本的共同特点是都十分重视低碳技术的研发和推广,基本已经落实了以市场机制为主导的发展模式,并取得了一定的成效,这些可累积为将来产业发展的竞争优势,这是值得我们重视的。

中国虽然从 20 世纪 80 年代起就将节能环保作为国家发展战略,在追求经济增长的同时降低能耗方面，已取得了明显的成效，但是在向低碳经济转型时，还应敢于争夺和抢占低碳技术的制高点，加快完善低碳市场引导体系，增加向低碳经济转型的压力和动力，将“十二五”规划内容落实到位。

第六章　低碳经济下提升中国产业国际竞争力的政策建议

应对气候变化将是世界各国共同面对的急迫而严峻的挑战，发展低碳经济的必然性是不言而喻的。

至2010年底，中国人口总计为13.4亿[①]，国内生产总值约为401 202亿人民币[①]（约合美元58 783亿[②]），人均国内生产总值约合29 992元人民币（约合4433.2美元[③]）。[①]作为世界上最大的发展中国家，中国人口众多，正处于工业化初期阶段，人均资源禀赋不足，还没有完成工业化、现代化的任务。按中国政府现行扶贫标准，还有数千万贫困人口，发展经济、改善民生的任务相当艰巨。

中国也是一个易受气候变化影响的国家。2009年和2010年，中国受到了严重的气候灾害侵袭。2009年遭受了夏季高温和冬季多年不遇低温的袭击；2009—2010年，西南地区发生了有气象记录以来最为严重的秋冬春持续特大干旱；2010年入汛后华南、江南地区连遭14轮暴雨袭击，北方和西部地区连遭10轮暴雨袭击；多地高温突破历史极值。气象灾害的异常性、突发性、局地性十分突出，极端气象事件多发偏重，并引发其他严重的自然灾害，造成重大人员伤亡和经济损失。

从中华民族和全人类长远利益出发，中国政府一直高度重视应对气候

---

① 来自2011年《中国统计年鉴》。
② 来自世界货币基金组织数据库。
③ 来自世界银行数据库。

变化，将其作为经济社会发展的重大战略，建立了领导机构和工作机制，完善相关法律法规，实施了应对气候变化方案，采取了一系列积极的政策和行动，取得了显著成效。但从长远发展和未来低碳经济发展的国际趋势而言，还有许多工作要做。

单纯基于低碳经济提高产业国际竞争力而言，需要做好以下几个方面的工作。

第一节　稳定经济增长并转变经济增长方式

稳定经济增长并转变经济增长方式实际上构成了经济增长量和质的两个方面，两者共同构成了可持续性增长的方式。

经济增长表现为各种生产要素的组合、配置及产出增加的过程。经济增长方式是各种生产要素的组合、配置的方式及其实现经济增长（即产出增加）的方法和途径。理论界对经济增长方式依据不同角度做了多种分类，比较有代表性的主要有：从经营方式或经济增长的效率角度把经济增长方式分为粗放型经济增长方式和集约型经济增长方式；从扩大再生产的角度把经济增长方式分为外延型经济增长方式和内涵型经济增长方式；根据决定经济增长因素的不同贡献率分为要素投入增加推动型经济增长方式和生产率提高推动型经济增长方式；从经济增长速度和效益的取向角度分为追求速度型经济增长方式和追求效益型经济增长方式（也称为投资驱动型经济增长方式和效益型经济增长方式）；从生产要素投入的构成特征角度分为劳动密集型经济增长方式、资本密集型经济增长方式和技术密集型经济增长方式等。通过第四章的分析可知，中国的产业增长方式还是比较粗放的，依靠规模和投资拉动的痕迹明显，因此中国的经济增长方式的转变就是所有分类的前一种向后一种过渡。

同时，通过第三章的研究结论已知中国的二氧化碳排放量符合库兹涅茨曲线假说，为了尽快迎来拐点，面对资源和环境的约束，要保持比较稳定的经济增长率。亚洲开发银行首席经济学家李昌镛等（2012）认为中国未来十年内适宜的经济增长率为7%左右。①

第二节　制定产业绿色转型发展战略

目前,对产业转型的认识分为两种:一种观点认为产业转型是指一个国家或地区在一定历史时期内,根据国际和国内经济、科技等发展现状和趋势,通过特定的产业政策、财政金融等措施,对现有的产业结构各个方面进行直接或间接的调整。因此,从宏观角度看,产业转型是一个包括产业结构、产业规模、产业组织、产业技术装备等发生显著变动的状态或过程。这个过程是综合性的,包括产业的结构、组织和技术等多方面的转型。另一种观点从微观角度认为产业转型是一个行业内的资源存量在产业间的再配置,即资本、劳动等生产要素从衰退产业向新兴产业转移的过程。工业绿色转型是指以资源集约和环境友好为导向,以创新驱动为核心,坚持绿色增长,走新型工业化道路,实现经济的"又好又快"发展。② 孙凌宇(2012)认为,绿色转型的核心内容是从传统发展模式向科学发展模式转变,就是由人与自然相背离以及经济、社会、生态相分割的发展形态,向人与自然和谐共生以及经济、社会、生态协调发展形态的转变。③

提倡工业企业走新兴工业化发展道路,低碳环保,引导企业进行技术创新,在节能减排上下功夫,要特别强调对高能耗产业的转型升级,扶植企业制定相应的绿色发展战略。

依据上述对产业转型的认识,在向低碳经济转型过程中,实现产业绿色转型的途径主要有三种:一是从宏观角度实现产业结构调整,不断减少高能耗、高碳排放产业在GDP中的比重。对发展中国家而言,则应加快工业化

---

① 参见李昌镛发表的《中国GDP增长率保持7%更适合经济可持续发展》,网址是http://www.chinadaily.com.cn。

② 参见蓝庆新,韩晶.中国工业绿色转型战略研究[J].经济体制改革,2012(1):24-28。

③ 参见孙凌宇.资源型产业绿色转型的生态管理模式研究[J].青海社会科学,2012(4):32-38。

进程,不断提高第三产业在 GDP 中的比重;二是改善能源产业的结构,不断提高新能源、清洁高效能源在能源产业中的比重,逐渐减少对矿物质能源的依赖性;三是从微观角度改善传统产业的生产方式和生产组织形式。如通过订单式组织管理,减少库存和不必要的物流,建立和完善交易网络平台或通过第三方网络平台组织销售等,均有利于减少能源消耗。

联合国环境署于 2008 年提出了在全世界范围内实现“绿色经济”和“绿色新政”的倡议。发达国家首先积极响应,美国、欧盟等发达国家均加大了财政支持力度,鼓励本国企业在产业绿色转型方面进行探索,发展绿色经济。所谓绿色经济是指在经济发展的过程中要讲求环保,将经济的发展建立在可持续的基础上,讲求低排放、低消耗,注意环境保护和生态平衡;也指从环保活动中获得经济效益,通过这些环保活动本身创造经济效益,作为经济增长的一个来源。[①] 发展绿色经济需要企业采用绿色技术进行绿色生产,政府也应辅以绿色税收、绿色 GDP、绿色金融等措施。

第三节　调整产业结构并促进产业融合

由于欧洲和美国都受到危机的困扰,未来十年内亚洲仍是世界经济的可靠增长点。中国是世界第二大经济体,始终保持两位数的经济增长率是不现实的,除了受资源和环境的承受能力制约外,经济全球化条件下发达国家经济疲软是主要的原因。原有的“世界加工厂”模式使中国的资源和能源趋于枯竭,与亚洲国家相比,中国的服务业还相对落后,如软件业、法律等高水平的服务业规模与印度或拉丁美洲国家均有一定差距,因此服务业在中国有一定的发展潜力。如表 6 - 1 所示,中国入世后出现了“再度工业化”的情形,中国在经济全球化下接受了国际产业转移,至 2010 年工业增加值在 GDP 中的比重仍然保持在约 47% 的水平上,与美国、德国、日本及印度同期

① 参见孙凌宇.资源型产业绿色转型的生态管理模式研究[J].青海社会科学,2012(4):32 - 38。

相比是水平最高的,几乎是印度的2倍。

表6-1 1995—2010年中美德日印五国工业增加值占GDP比重

单位:%

	中国	美国	德国	日本	印度
1995	47.18	26.31	32.14	32.98	27.40
1996	47.54	25.83	31.26	32.90	26.60
1997	47.54	25.37	31.06	32.65	26.41
1998	46.21	24.10	31.02	31.93	25.74
1999	45.76	24.05	30.46	31.46	25.37
2000	45.92	23.44	30.49	31.12	26.11
2001	45.15	22.30	29.85	29.72	25.17
2002	44.79	21.80	29.31	28.98	26.23
2003	45.97	21.57	29.10	28.88	26.05
2004	46.23	22.04	29.48	28.86	27.93
2005	47.37	22.19	29.40	28.05	28.13
2006	47.95	22.24	30.03	28.06	28.84
2007	47.34	21.99	30.48	28.15	29.03
2008	47.45	21.13	29.75	27.43	28.29
2009	46.24	19.61	26.76	25.94	27.57
2010	46.67	20.00	28.17	27.38	27.12

资料来源:世界银行数据库,http://data.worldbank.org.cn

从日本和德国的工业化情况看,两国在1970年左右工业增加值在GDP中的比重保持在接近50%的水平上,经过近30年的发展至2000年左右才将这一比例降至30%左右。日本是亚洲第一个走上工业化道路的国家,因此关注日本的工业化过程可以发现,重化工业的发展起着重要的作用。侯力等(2005)指出明治维新后,以棉纺织工业和食品工业为代表的轻工业快速发展,使日本步入了工业化之路,而在轻工业还处于高速发展时期,重化工业就开始加速发展,并逐步完成了主导产业由轻工业向重化工业的转变,这种转变推动工业化进程加快及最终完成。[①] 中国入世前1997年工业增加值在GDP中的比重在达到峰值后下降,但2002年这一数值达到最低点至2006年才开始波动下降,因此与上述两个国家工业化的过程相比,中国的显著不同在于这个比重一直高居不下,而日本和德国则是在工业增加值逐年接近峰值后逐年下降,没有反弹过程。吕政等(2003)早期就指出中国走传统工业化道路时存在结构偏差,并认为这是传统工业化的弊端。[②] 其次,我们还应特别注意到中国与日本的显著区别还在于日本从工业化开始,就一直注意保护资源和环境。肖锟等(2010)指出日本在工业化过程中具有高度重视技术、环境保护的特点。[③] 此外,日本也比较注重制造业内部的结构调整。林温环(2009)认为日本的制造业是日本的支柱产业,是GDP的支撑者。日本制造业在国际环境不断变化的条件下,顺应变化趋势,不断对内调整结构。如20世纪80年代以来,日本制造业对内调整造船、钢铁、金属加工等产业,重点发展与信息社会相应的制造业。80年代以后,日本半导体、电脑、家电、手机、医疗器材等产业先后得到发展,出现了明显的经济服务化趋势。社会对物质的需求相对下降,对信息、教育、金融、娱乐、医疗、保健,公共服务等方面的需求增加,为了适应这些需求,服务业得到了较大发展。[④]

产业融合的概念虽然不完全统一,但一般是指以数字融合为基础,为适应产业增长而发生的产业边界的收缩或消失[⑤⑥],主要途径是技术创新。徐盈之等(2009),张华(2010)均认为传统制造业的转型升级,是推进我国经

① 参见侯力,秦熠群.日本工业化的特点及启示[J].现代日本经济,2005(4):35-40。

② 参见吕政,郭克莎,张其仔.论我国传统工业化道路的经验与教训[J].中国工业经济,2003(1):48-55。

③ 参见肖锟,胡亚军.日本工业化发展经验及对我国的启示[J].现代商贸工业,2010(12):54。

④ 参见林温环.日本工业化后期的制造业结构调整[J].消费导刊,2009(12):95。

⑤ 参见陈家海.产业融合:狭义概念的内涵及其广义化[J].上海经济研究,2009(11):35-41。

⑥ 参见张建刚,王新华,段治平.产业融合理论研究述评[J].山东科技大学学报(社会科学版),2010(2):73-78。

济发展方式实现根本性转变的一个关键环节，而产业融合则是加快传统制造业转型升级的重要路径。[①][②] 制造业的产业融合途径主要有三种：一是产业内部重组融合，优化产业本来的结构和组织形式；二是与高新技术产业融合，开发新产品或提高附加值；三是网络产业或文化产业等新兴产业融合，降低成本或扩展周边产业。

第四节 鼓励低碳技术引进和创新

气候变化是最重要的大气环境问题。人们对于这个复杂问题十分关注，但是由于采取行动的水平不一，低碳技术方案的成本又很高，因此进展十分缓慢。尽管许多国家已经开始尝试发展低碳经济，但是大气中的温室气体浓度依然在继续升高，这很可能导致全球温度超过世界公认的极限，即高出工业化以前水平2℃。现有的低碳技术以及政策选择可能会降低由于气候变化导致的风险，但是目前的减排承诺与实现气候目标所需要的水平之间依然有数十亿吨二氧化碳当量的缺口。

技术创新是发展低碳经济的核心和关键所在。发展低碳技术是全世界各国发展低碳经济时必须面对的问题。低碳技术是指有效控制和减少温室气体排放的技术。[③] 可以分为减碳技术、无碳技术和去碳技术。减碳技术也被称为能效技术，包括在高能耗和高碳排放领域实施的节能减排技术，目的在于提高能源的使用效率；无碳技术是指包括风能、核能和太阳能等在内的新能源或可再生能源技术；去碳技术主要是指碳捕捉和碳封存技术（CCS）。

从目前的情况看，低碳技术无论是研发还是转让均缺乏动力，利益机制逆向性突出。低碳技术的创新主要有两种途径，一种是通过自主创新的方

① 参见徐盈之，孙剑. 信息产业与制造业的融合——基于绩效分析的研究[J]. 中国工业经济，2009(7)：56－66。

② 参见张华. 产业融合：制造业转型升级的重要途径[J]. 求是，2010(15)：32－33。

③ 参见陈剑文，黄栋. 我国低碳技术创新的动力和障碍分析[J]. 科技管理研究，2011(20)：21－24。

式实现，二是通过技术引进的方式实现。中国低碳技术自主创新由于成本过高，且存在市场失灵和政府失灵的情况，导致资本缺乏投资信心。中国与发达国家在低碳技术发展上存在较大的差距，因此在短时间内向低碳经济转型，最佳的方式是通过技术引进和消化再创新来突破技术瓶颈。特别是对中国大规模进行基础设施建设的情况而言，能够直接引进低碳技术可以有效地避免技术“锁定”效应。《京都议定书》规定了清洁发展机制（CDM），本意是鼓励发达国家向发展中国家转让低碳技术，但由于低碳技术涉及发达国家的核心竞争力，发达国家担心转让核心技术会影响产业或产品的竞争力，因此这种国际转让基本没有。

通过上述分析可知，中国的低碳技术目前必须主要依靠自主创新。这意味着低碳经济的实现不但要增加成本，还要延长时间。但发达国家发展低碳技术的成功经验是可以借鉴的。从发达国家近几年的经验来看，都是先结合国情制定低碳技术发展战略，再根据执行需要进行政策配套，在不断追加投入的同时，注重国际合作。[①] 因此，中国未来也应结合国情，制定中长期技术发展战略规划，从资金和政策上给予足够的支持，有针对性地组织精锐力量突破关键技术。西方国家在这方面的机制比较灵活，即使由政府出资，也是产学研结合，有专业的机构，为了提高资金的使用效率，请相应的专家进行评审来决定是否给予资助。日本、英国等国家均有类似于新能源和低碳技术的研究基金。因此，中国也可以多方筹集资金，成立专门的评审机构，组织大型的企业和科研院所进行技术研究，后期再进行技术孵化或转让等市场化运作，加速关键技术的产业化过程。

第五节　建立全国统一的碳交易市场机制

在《京都议定书》的约束下，温室气体（碳）排放权成为一种稀缺资源，

① 参见赖流滨，龙云凤，郭小华．低碳技术创新的国际经验及启示[J]．科学管理研究，2011(10)：1－5。

鉴于温室气体(碳)的排放影响的全球性,《京都议定书》建立了三种灵活减排机制,联合履约、清洁发展机制和国际排放贸易。目前不存在统一的国际碳排放权交易市场,碳交易分散在各区域市场中,且这些市场的交易商品和合同结构、管理办法不同。最大的交易市场是欧盟碳排放交易体系,其次是美国芝加哥气候交易所。

在哥本哈根气候变化大会召开前期,中国政府承诺到2020年单位GDP碳排放量将比2005年减少40%到45%。建立碳交易市场在中国是有巨大潜力的。国内的学者们对于建立碳交易市场的问题意见不统一。程恩富(2010)认为减排是权宜之计,唯有按年度报告测算全球当年的碳排放量,并在各国之间公平分配碳排放权,低碳经济才有现实的可能性。[①] 杨志(2010)认为中国幅员辽阔,人口众多,各地经济发展水平呈现出明显的结构性特征,建立全国统一的碳交易市场短期内是不现实的,构建区域性碳交易市场是势在必行的战略性安排。[②]

如图6-1所示,全球碳交易市场由配额交易和自愿交易两部分构成。配额交易又分为基于配额和基于项目两大交易体系,基于配额的交易主要是指欧洲和英国排放交易体系,而基于项目的交易包括基于清洁发展机制和基于联合履约两类。自愿交易市场主要是指芝加哥气候交易所和日本资源排放交易体系。中国由于目前不承担强制减排责任,所以中国的碳排放权交易以两种形式存在:一是与发达国家间的清洁发展机制的项目减排,二是国内企业的自愿减排项目。中国的碳交易市场主要以区域交易所的形式存在。2008年7月国家发改委决定成立碳交易所以后,京津沪三大碳交易所首先成立。此后各地也纷纷建立碳交易所,虽然名称不一,但实际都是碳交易所,其中有国有企业性质的,也有民营企业性质的。从近几年的运行情况看,制度设计的缺陷较多,包括顶层制度设计和激励机制不足,以及各区域市场的联合与对接存在问题。

---

① 参见程恩富,王朝科.低碳经济的政治经济学逻辑分析[J].学术月刊,2010(7):62-65。
② 参见杨志,陈波.中国建立区域碳交易市场势在必行[J].学术月刊,2010(7):65-67。

根据联合国气候大会的时间表，中国最好在2020年之前形成全国统一的碳排放市场。以目前的试点市场取得的经验为基础，各地全面推广经验。由于中国各地方的经济发展情况不同，各有特色，因此应给各地方保留一定的自主权，但最后应统一集中，是选择区域中心市场还是单一中央市场，这种选择有待于全国统一市场形成后调试运行一段时间再确定。

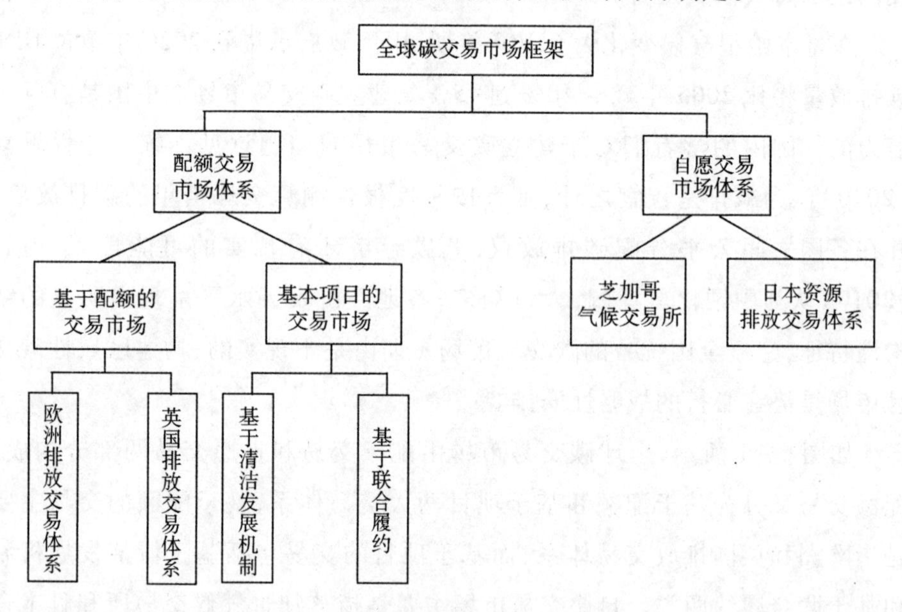

图6-1　全球碳交易市场构成

资料来源：方虹，罗炜，刘春平，中国碳排放权交易市场建设的现状、问题与趋势，中国科技投资[J].2010(8):41-43

第六节　合理配置减排治理政策

郭朝先等(2007)指出在推进中国重工业化过程中应注意节能降耗问题。[①] 张其仔等(2006)认为环境管制要获得环境状况改善、生产效率提高的双重红利，就必须在环境管制与科技创新之间架起桥梁。环境管制有力

---

① 参见郭朝先，张其仔.我国工业实现又快又好发展需处理好六大关系[J].新视野，2007(5):32-35。

地推进科技创新,实现科技创新方向的重大转变,即科技创新不仅要提高生产效率,而且要促进环境保护。[①] 通过前述论证中国的产业低碳化机制没有被确立,因此应辅以强制性制度设计,可以选用的政策类别和目标/工具如表6-2所示。在现有技术条件下,减排治理措施可以归结为三类:管制和计划、经济激励与通过政府或市场引进和推广清洁能源技术。

从过去中国减排政策工具的选择偏好看,不难发现中国仍有使用命令-控制型工具的强烈倾向。最典型的是为了完成"十一五"规划中单位GDP能耗和主要污染物排放两个指标,一些地方采取了拉闸限电等强制性作法。由于中国不承担强制减排责任,因此暂时不会选择总量控制和减排工具。多数国家一般选用经济激励措施,如碳税、二氧化碳税、能源税。赵玉焕(2011)通过对芬兰征收碳税对产业国际竞争力影响的实证分析认为,征收碳税对芬兰产业的国际竞争力有一定的负面影响,但长期碳税累积及对环保科技的创新激励可以抵消一部分消极影响。但应对能源密集型产业实行一定税收优惠和税收返还措施。[②]

表6-2 产业低碳化政策工具分类

	政策类别	目标/工具	
		减少单位GDP的能源消耗	减少单位能源的碳排放量
1	管制和计划	提高能源产出效率	确定减排目标 或二氧化碳排放标准
2	经济激励	能源税或能源补贴	碳税 二氧化碳税 总量控制和交易
3	通过政府或市场 引进和推广 清洁能源技术	生产和消费的节能技术	太阳能、风能、水能、核能 二氧化碳收集和储存(CCS)

资料来源:根据资料综合整理

① 参见张其仔,郭朝先,孙天法.中国工业污染防治的制度性缺陷及其纠正[J].中国工业经济,2006(8):29-35。

② 参见赵玉焕.碳税对芬兰产业国际竞争力影响的实证研究[J].北方经贸,2011(3):72-74。

本书认为征收能源税的公平性不如征收碳税或二氧化碳税，但后者在排放量的计量的准确性方面要求较高，因此中国实现低碳经济的最佳选择是第三种类型，通过清洁能源技术的引进和推广。与清洁能源技术相比，二氧化碳收集和储存技术是终结性的技术，应该作为科技创新的突破点。

第七节　参与国际减排标准制定并加强国际交流合作

世界气候大会虽然还没有最终确定全球减排的标准，但是就现存的国际二氧化碳减排的公平性而言，没有一个是公平的。① 一方面，现有方案无一考虑到历史上二氧化碳排放量的累积问题；二是人均未来排放量的设定是偏袒发达国家的。中国是目前最大的二氧化碳排放国，但历史累积量并不高，如果单纯考虑未来的碳排放量而分配碳排放权，是不符合发展中国家利益的，也是不符合“共同但有区别”的责任原则的。因此，在未来的碳排放标准的国际谈判中，中国仍要积极参与，争夺话语权。刘世锦等（2009）也认为如果将所有国家都纳入减排范围，实现全球温室气体减排目标和全球减排资源最优配置的关键，是合理界定并严格执行各国温室气体排放权，并在此基础上进行国际排放权交易。②

中国的绿色技术包括储备技术远远落后于发达国家，中国企业的创新仍处在外围地带，高新技术的创新数量很少。③ 虽然要以自主创新为主，但也应内外相结合。基于低碳技术的学术交流应该以企业或科研机构为主体，通过学术会议或访问学习、合作开发等方式，逐步了解和掌握国外在这方面的先进技术和方法。政府应为中国引进低碳技术打造良好的外部

① 参见丁仲礼，段晓男，葛全胜，张志强．国际温室气体减排方案评估及中国长期排放权讨论[J]．中国科学（D辑，地球科学），2009（12）：1659－1671。

② 参见国务院发展研究中心课题组．全球温室气体减排：理论框架和解决方案[J]．经济研究，2009（3）：4－13。

③ 参见蓝庆新，韩晶．中国工业绿色转型战略研究[J]．经济体制改革，2012（1）：24－28。

氛围。

本章小结

中国作为世界第一大二氧化碳排放国，在世界范围内承受较大的减排压力。为了在资源－环境－经济（3E）协调发展的经济体系中，进一步提高产业的国际竞争力，完成中国工业化后期的任务，需要在稳定经济增长和转变经济增长方式的同时，加强国际交流合作促进低碳技术的引进和创新，使产业实现绿色转型，加快建立全国统一的碳交易市场，调整产业结构的同时促进产业融合。

总之，在向低碳经济转型的过程中，应全面提高产业的整体素质和内涵，改变原有的粗放式增长方式，顺应国际和国内环境的变化，走绿色发展之路，才能使中国产业的国际竞争力真正得以提高。

结　语

国际社会对于气候变化问题的高度密切关注始于1980年，国际科学联合会理事会、世界气象组织和联合国教科文组织政府间海洋委员会联合资助“世界气候研究计划”，证实二氧化碳排放量增长是导致如气候变暖、海平面升高等不良后果的主要诱因。1992年在联合国环境与发展大会上，150多个国家签署《联合国气候变化框架公约》，1997年在《气候变化框架公约》第三次缔约方大会上，149个国家和地区代表通过了《京都议定书》。2009年联合国气候变化大会在丹麦哥本哈根召开，大会倡导“低碳经济”，2011年德班联合国气候变化大会，决议建立增强行动平台特设工作组，实施《京都议定书》第二承诺期。

由此可见，随着资源、环境和经济发展间的矛盾不断加深，由人类经济活动引发的全球气候变暖日益严重，发展低碳经济已经成为全球共识。在低碳经济约束下，高能耗、高碳排放的产业将受到较大的影响，特别是在各国在二氧化碳减排上承担差别责任，各国间的环境规制手段和程度明显不同的状况下，如何更好地发展经济，顺利完成工业化过程，并进一步提升制造业的产业国际竞争力，这些已经成为中国当前亟待解决的问题。

本书通过基于低碳经济以中国制造业为例的产业国际竞争力的研究，主要得出以下五点结论：

（1）随着中国改革开放，加入世界贸易组织，经济得到了快速发展，但二氧化碳的排放量也随之快速增长。中国从1960年至今，二氧化碳排放量的变化可以分为四个发展阶段，其中最快的阶段是加入WTO之后。中国的二氧化碳排放量与人均 GDP 之间存在“倒 U”关系，即碳排放的库兹涅茨曲线在中国存在，经测算其拐点为 18 769.72 美元。如果被动等待，可能要到 2030 年以后才能达到拐点。而按德班会议的进展，2020 年就将实施《京都议定书》第二承诺期的时间表，中国已经没有自然发展的条件了。

(2)发展低碳经济对产业国际竞争力将产生较大的影响。按本书对低碳经济的界定和理解，低碳经济将以低碳技术和环境规制为核心，通过强制性手段和市场诱导相结合的方式实现转型。因此，发展低碳经济将改变国际市场的竞争规则，必然要求产业向低碳化发展，发展落后的产业将面对国际“碳壁垒”，并失去发展先机。

(3)运用本书构建的基于低碳经济的产业国际竞争力的模型，对中国制造业的 28 个产业进行分行业验证，发现中国的传统产业如纺织服装业和现在具有国际竞争力的机电产业的国际竞争力，受低碳经济发展的影响相对较小，而能耗高的产业如石油加工、炼焦、核燃料加工业、化学原料及化学制品制造业、非金属矿物制品业、黑色金属冶炼和压延加工业受低碳经济约束较大。中国正处于从轻工业向重化工业转型期，能耗高和二氧化碳排放量增加是必然趋势。同时，通过横向比较还发现中国制造业的 28 个产业在不考虑低碳经济约束的条件下，内部产业升级优化趋势基本确立，虽然受到外部经济环境的影响，但内部国际竞争力提升机制在对抗外部不利环境时发挥了显著作用；而加入低碳经济因素后，各产业的竞争力指数均呈频繁波动状态，说明中国制造业的内部低碳机制没有形成，将来面临国际强低碳约束机制时，由于“免疫力”缺位，不能形成适应性体态，由此可以推断，各产业碳减排的内生机制需要外部强制力诱导才可以确立。传统竞争优势产业如纺织服装业国际竞争力的下降是自然趋势，发展低碳经济对其基本没有太大影响，而机械电子产业的国际竞争力在不断提高，是至今为止我国综合国际竞争力最强的产业，以目前产业状态和要求衡量，低碳经济对机电产业的国际竞争力影响不大。

通过对制造业整体水平的国际比较，发现中国制造业的低碳化水平与世界先进国家仍有较大差距，特别是能耗效率和二氧化碳强度的差距最为明显。

（4）运用 STIRPAT 模型对影响中国低碳经济产业国际竞争力的因素进行实证，结果表明二氧化碳排放与产业结构、能源消费结构、出口结构和外商投资产业结构等均不同程度正相关。而随着各产业劳动生产效率的提高，产业的二氧化碳排放强度应先上升后下降，在外界环境较为宽松的条件下，可能出现“N 型”重组效应。值得注意的是，通过实证发现，二氧化碳排放强度受政府政策的影响较为显著，政府环境规制水平的提高有效地降低了二氧化碳排放强度的提高。

（5）在低碳经济下提高中国产业国际竞争力，主要应做好以下七个方面的工作。第一，应稳定经济增长并转变经济增长方式。保持经济增长可以更加接近库兹涅茨曲线的拐点，转变经济增长方式可以提高经济效率，包括能源使用效率。要摆脱过去依靠投资、出口和单纯追求增长的发展方式，向内涵型经济增长方式转变。第二，制定产业绿色转型发展战略。发展绿色经济是世界发展的新趋势，在资源、环境和经济发展矛盾日益突出的状况下，产业的发展也应符合这一要求。第三，调整产业结构并促进产业融合。降低能耗消费水平，减少二氧化碳排放量，可以通过淘汰落后产能，减少高能耗产业的比重，以及通过与新兴产业和新能源产业的融合实现。第四，特别鼓励低碳技术的引进和创新。发展低碳经济，低碳技术是关键，包括美国、英国、德国、日本在内的发达国家均在技术上下功夫，美国从新型电站试点入手，德国和日本均加强了对碳捕捉和封存技术的研发投入，日本准备在2020 年左右使该技术能够实现。作为世界第一大二氧化碳排放国，中国虽然不承担强制减排的责任，但从抑制全球变暖的角度讲，也应注重低碳技术的研究和开发，特别是对碳捕捉和封存技术的研究，这是根本解决办法。印度通过增加森林覆盖率这一天然捕捉方法来提高碳汇能力。第五，建立全国统一的碳交易市场。尽管中国现在有碳交易所，但缺乏全国性的整合和统一，没有对接，加之激励不足，压力不大，各地的碳交易所在中国向低碳经济转型过程中还没有真正发挥作用。中国至少应在 2020 年以前建立稳定的全国性碳交易机制，并试运行，为《京都议定书》第二承诺期做必要的前期准备。第六,合理配置减排治理政策。由于可供选择的政策措施较多,且利弊各异,对不同产业的影响存在差异,因此在对碳规制措施进行选择时应慎重,综合考虑对不同产业的影响,做好不同政策的选择和搭配,以避免对能耗高的产业发展造成较大冲击。第七,应加强国际交流与合作。目前关键的环保技术大部分都掌握在发达国家手中,但发达国家或出于政治动机或为了保持竞争力,一般不愿意将这些技术转让给发展中国家,这对发展中国家向低碳经济转型造成了一定的阻力。中国在自力更生的同时,应以企业和科研院所为主体,通过访问学习、合作开发或学术研讨等学习关键技术,以缩小与发达国家的差距。政府也应注意对外交流,创造更多的向发达国家学习和获得技术转让的机会。

通过对美国、欧盟、日本等发达国家向低碳经济转型的战略措施进行研究,发现发达国家在建设低碳经济时都十分重视低碳技术的研发和推广,基本已经落实了以市场机制为主导的发展模式,并取得了一定的成效,这些可能为将来产业的发展积累经验,这是值得我们重视的。

低碳经济是全新的发展模式,在全世界向低碳经济转型的关键时期,中国也应全面进行战略考虑,有重点地进行突破,尽量缩小与发达国家的差距,为更快更好地发展经济,为抑制全球气候变暖,贡献一个大国应有力量。

未来还需要进一步追踪研究以下两个方面的问题:

一是根据未来的实际情况,动态扩展低碳经济下产业国际竞争力的评价指标体系。当前发达国家并没有采取确定的向低碳经济转型的强制性措施,因此在本书构建的指标体系中并没有考虑具体政策对产业国际竞争力的影响。按一般预计,一旦发达国家以发展低碳经济的名义对进口商品采取限制性措施,必然会使中国出口商品的国际竞争力受到影响,甚至大打折扣。因此,具体的低碳经济制度对产业国际竞争力的影响是未来应追踪研究的问题。

二是提升低碳经济下中国产业国际竞争力政策选择。短期看,低碳经济的发展需要借助制度的强制力来改变原有的路径依赖。因此,未来中国也要基于向低碳经济转型的考虑,进行制度设计。那么,对发展低碳经济的政策工具选择和搭配研究是必不可少的。结合本书的研究领域,未来需要深入研究不同的实现低碳经济转型的政策工具对不同产业国际竞争力的影响,包括作用机制和最终效果。

参考文献

[1]李博.我国出口产业结构演变模式研究:1996—2006[J].国际贸易问题,2008,(7):3-8.

[2]董展眉.我国出口贸易的低碳化发展探讨[J].经济问题探索,2011,(9):153-156.

[3]陈文玲,颜少君.未来30年中国国际贸易发展的趋势与特点[M].中国经济分析与展望(2010—2011).北京:社会科学文献出版社,2011:349-362.

[4]李怀政.出口贸易的环境效应实证研究——基于中国主要外向型工业行业的证据[J].国际贸易问题,2010(3):80-85.

[5]张程程.对外贸易对中国环境影响的实证分析[D].上海:华东师范大学硕士论文,2011:18-53.

[6]杨丹萍.我国出口贸易环境成本内在化效应的实证分析与政策建议[J].财贸经济,2011(6):94-100.

[7]徐慧.中国进出口贸易的环境成本转移——基于投入产出模型的分析[J].国际贸易,2010(1):51-55.

[8]刘卫东,陆大道,张雷等.我国低碳经济发展框架与科学基础[M].北京:商务印书馆,2010:9.

[9]Michael · E · Porter. The competitive advantage of nations[J]. Harvard business review, March - April 1993: 73-93.

[10]金碚.产业国际竞争力研究[J].经济研究,1996(11):39-44.

[11]金碚.经济学对竞争力的解释[J].经济管理.2002(22):4-12.

[12]赵洪斌. 论产业竞争力——一个理论综述[J]. 当代财经,2004(12):67-70.

[13]金碚. 竞争力经济学[M]. 广州:广东经济出版社,2003:14-15.

[14]裴长洪,王镭. 试论国际竞争力的理论概念与分析方法[J]. 中国工业经济, 2002(4):41-45.

[15]朱建国,苏涛,王骏翼. 产业国际竞争力内涵初探[J]. 世界经济文汇,2001(1):62-65.

[16]张超. 提升产业竞争力的理论与对策探微[J]. 宏观经济研究,2002(5):51-54.

[17]张铁男,罗晓梅. 对产业国际竞争力分析框架的理论研究[J]. 工业技术经济,2005,24(7):49-50.

[18]郭京福. 产业竞争力研究[J]. 经济论坛,2004(14):32-33.

[19]魏世灼. 产业国际竞争力理论基础与影响因素探究[J]. 黑龙江对外经贸,2010(10):46-48.

[20]斯密. 国富论[M]. 北京:中央编译出版社,谢宗林,李华夏译,2011:514-563.

[21]迈克尔·波特. 国家竞争优势[M]. 北京:中信出版社,李明轩,邱如美译,2007:505-530.

[22] Jan Fagerberg. International Competitiveness [J]. The Economic Journal, 1998, 98(391):355-374.

[23] A. P. Thirlwall. The Balance of Payments Constraint as a Explanation of International Growth Rate Difference[J]. BNL Quarterly Review, 2012, 32(128): 45-53.

[24]赵丹. 垂直专业化对中国产业国际竞争力的影响[D]. 天津:天津财经大学硕士学位论文,2009:32-35.

[25]Dunning J H. Internationalizing Porter's diamond[J]. MIR: Management International Review, 1993, 33 (2): 7-15.

[26] Alan M. Rugman, Joseph R. D'Cruz. The "Double Diamond" Model of In-

ternational Competitiveness: The Canadian Experience[J]. MIR: Management International Review, 1993:17 - 39.

[27] Moon, H. C., Rugman, A, M & Verbeke, A. A generalized double diamond approach to the global competitiveness of Korea and Singapore[J]. International Business Review,1998, 7(2): 135 - 150.

[28]金碚,李钢.竞争力研究的理论、方法与应用[J].综合竞争力,2009(1):4 -9.

[29]程宝栋,田园,龙叶.产业国际竞争力:一个理论框架模型[J].科技和产业,2010,10(2):1 -5.

[30]马颖,陈金锟.规模经济、市场结构与中国产业国际竞争力——基于21个子产业的理论与实证分析[J].综合竞争力.2011(3):1 -4.

[31]金碚,胥和平,谢晓霞.中国工业国际竞争力报告[J].管理世界,1997(4):52 -66.

[32]刘重力,赵军华.以竞争优势提升中国工业产业国际竞争力实证分析[J].南开经济研究,2004(5):43 -49.

[33]王蓓,武戈.资源环境约束下的我国钢铁产业国际竞争力实证研究[J].中国物价,2008(4):50 -53.

[34]游友斌.中日韩造船业国际竞争力比较研究[D].镇江:江苏科技大学硕士学位论文,2010:43 -53.

[35]陈立敏,王璇,饶思源.中美制造业国际竞争力比较:基于产业竞争力层次观点的实证分析[J].中国工业经济,2009(6):57 -66.

[36]成思危.提高金融产业国际竞争力的途径[J].中国国情国力,2010(5):4 -5.

[37]丁磊.中国软件外包产业的国际竞争力研究[D].北京:首都经济贸易大学硕士论文,2010:24 -30.

[38]尚宇.中国稀土产业国际竞争力研究[D].北京:中国地质大学博士学位论文,2011:43 -49

[39]刘林青.比较优势、FDI与中国农产品产业国际竞争力——基于全球价

值链背景下的思考[J]. 国际贸易问题,2011(12):39-53.

[40]潘家华,庄贵阳. 低碳经济的概念辨识及核心要素分析[J]. 国际经济评论,2010(4):88-101.

[41]李蓁. 我国装备制造业产业国际竞争力分析——基于RCA指数和钻石模型[J]. 现代商贸工业,2011(24):1-2.

[42]陈少克,陆跃祥. 建立产业国际竞争力提升指标体系的框架思路[J]. 商业研究,2012(3):36-41.

[43]陈立敏,侯再平. 融入技术附加值的国际竞争力评价方法——基于电子通讯设备产业的实证分析[J]. 中国工业经济,2012(3):134-146.

[44]李钢,刘吉超. 入世十年中国产业国际竞争力的实证分析[J]. 财贸经济,2012(8):88-96.

[45]任福兵,吴青芳,郭强. 低碳社会的评价指标体系构建[J]. 江淮论坛,2010(1):122-127.

[46]付加峰,庄贵阳,高庆先. 低碳经济的概念辨识及评价指标体系构建[J]. 中国人口. 资源与环境,2010,20(8):38-43.

[47]庄贵阳,潘家华,朱守先. 低碳经济的内涵及综合评价指标体系构建[J]. 经济学动态,2011(1):132-136.

[48]赵玉焕,范静文. 碳税对能源密集型产业国际竞争力影响研究[J]. 中国人口. 资源与环境,2012,22(6):45-51.

[49]Lester R. Brown. State of the World 1985: A Worldwatch Institute Re-port on Progerss toward a Sustainable Society[M]. NewYork: W. W. Norton &Company, 1985:16-23.

[50]DTI UK. Energy White Paper: Our energy future-creating a low carbon economy[M]. London: The stationary office, 2003:21-65.

[51]庄贵阳. 中国经济低碳发展的途径与潜力分析[J]. 太平洋学报,2005(11):79-87.

[52]冯之浚,牛文元. 低碳经济与科学发展[J]. 中国软科学,2009(8):13-19.

[53]方时姣.也谈发展低碳经济[N].光明日报(理论周刊),2009-05-19(001).

[54]袁男优.低碳经济的概念内涵[J].城市环境与城市生态,2010,23(1):43-46.

[55]Manfred Lenzen, Richard Wood, Thomas Wiedmann. Uncertainly Analysis for Multi-region Input-output Models-a Case Study of the UK's Carbon Footprint[J]. Economic Systems Research, 2010, 22(1):43-63.

[56]陆虹.中国环境问题与经济发展的关系分析——以大气污染为例[J].财经研究,2000,26(10):53-59.

[57]韩玉军,陆旸.经济增长与环境的关系——基于对 CO_2 环境库兹涅茨曲线的实证研究[J].经济理论与经济管理,2009(3):5-11.

[58]蔡昉,都阳,王美艳.经济发展方式转变与节能减排内在动力[J].经济研究,2008(6):4-12.

[59]袁鹏,程施.中国工业环境效率的库兹涅茨曲线检验[J].中国工业经济,2011(2):79-88.

[60]张为付,周长富.我国碳排放轨迹呈现库兹涅茨倒U吗?——基于不同区域经济发展与碳排放关系分析[J].经济管理,2011(6):14-23.

[61]Nicholas Stern. Review on the Economics of Climate Change[R]. London: U.K. Cabinet Office-HM Treasury, 2006.

[62]Robert O. Mendelsohn. Critique of the Stern Report A[J]. Regulation 2006, 29(4):42-46.

[63]Robert R. K. Mitigation and Adaptation Strategies for Global Change[J]. Mitigation and Adaptation Strategies for Global Change, 1998, 3(2): 459-464.

[64] Robert Mendelsohn, Ariel Dinar, Larry Willians. The Distributional Impact of Climate Change on Rich and Poor Countries[J]. Environmental and Development Economics, 2006, 11(12):159-178.

[65]Robert Mendelsohn. Climate Change and Economic Growth[J]. Globaliza-

tion and Growth. 2009:285.

[66] Adarm B. Jaffe, Steven R. Peterson, Paul R. Portney, et al. Environmental Regulation and the Comprtitiveness of U. S. Manufacturing: What does the Evidence Tell Us? [J]. Journal of Economic Literature, 1995, 33 (1):132 - 163.

[67] David Rich. Climate Change, Carbon Taxes, and International Trade: An Analysis of the Emerging Conflict between the Kyoto Protocol and the WTO [J]. Environmental Economics and Policy, 2004(131):259 - 270.

[68] Werner Antweiler, Brian R. Copeland and M. Scott Taylor. Is Free Trade Good for the Environment? [J]. American Economic Review, 2001, 91 (4):877 - 908.

[69] Steven Yamarik, Sucharita Ghosh. Is Natual Openness or Trade Policy Good for the Environment? [J]. Environment and Development Economics, 2011, 16(6):657 - 684.

[70] Michael Waggoner. Why and How to Carbon Tax[J]. Colorado Journal of International Enironmental Law and Policy, 2009(20):6 - 9.

[71] Hiau Looi Kee, Hong Ma and Muthukumara Mani. The Effects of Domestic Climate Change Measures on International Competitiveness [J]. The World Economy, 2010, 33(6):820 - 829.

[72] Joseph E. Aldy, William A. Pizer. The Competitiveness Impacts of Climate Change Mitigation Policies[R]. National Bureau of Economic Research.

[73] Nikolaos Floros, Andriana Vlachou. Energy Demand and Energy - related CO_2 Emissions in Greek Manufacturing: Assesing the Impact of a Carbon Tax [J]. Energy Economics, 2005, 27(3):387 - 413.

[74] S. Gibin, A. McNabola. Modelling the Impacts of a Carbon Emission-differentiated Vihicletax System on CO_2 Emissions Intensity from New Vehicle Purchases in Ireland[J]. Energy Policy, 2009, 37(4):1404 - 1411.

[75] Paul Ekins, Hector Pollitt, Philip Summerton, et al. Increasing Carbon and

Material Producitivity though Environmental Tax Reform[J]. Energy Policy, 2012(42):365 - 376.

[76] Tim Callan, Sean Lyons, Susan Scott, et al. The Distributional Implications of a Carbon Tax in Ireland[J]. Energy Policy, 2009,37(2):407 - 412.

[77] Boqiang Lin, Xuehui Li. The Effect of Carbon Tax on Per Capita CO_2 Emissions [J]. Energy Policy, 2011,39(9):5137 - 5146.

[78] Chuangyi Lu, Qing Tong, Xuermei Liu. The Impacts of Carbon Tax and Comple mentary Policies on Chinese Economy[J]. Engergy Policy, 2010, 38(11):7278 - 7285.

[79] Zhenxiang Wei, Weijuan Li, Ti Wang. The Impacts and Countermeasures of Levying Carbon Tax in China under Low-carbon Economy[J]. Energy Procedia, 2011(5):1968 - 1973.

[80] Zhang Zhongxiang, Andrea Baranzini. What do We Know about Carbon Taxes? An Inquiry into Their Impacts on Competitiveness and Distribution of Income[J]. Energy Policy, 2004,32(4):507 - 518.

[81] Cheng F. Lee, Sue J. Lin, Charles Lewis, et al. Effects of Carbon Taxes on Different Industries by Fuzzy Goal Programming: A Case Study of the Petrochemical-related Industries, Taiwan[J]. Energy Policy, 2007,35(8): 4051 - 4058.

[82] Abigail L. Bristow, Mark Wardman, Alberto M. Zanni, et al. Public Acceptability of Personal Carbon Trading and Carbon Tax[J]. Ecological Economics, 2010,69(9):1824 - 1837.

[83] Gregmar I. Galinato, Jonathan K. Yoder. An Integrated Tax-subsidy Policy for Carbon Emission Reduction [J]. Resource and Energy Economics, 2010,32(3):310 - 326.

[84] Boqiang Lin, Aijun Li. Impacts of Carbon Motivated Border Tax Adjustments on Competitiveness across Regions in China[J]. Energy, 2011,36 (8):5111 - 5118.

[85] Jane Andrew, Mary A. Kaidonis, Brian Andrew. Carbon Tax: Challenging Neoliberal Solutions to Climate Change[J]. Critical Perspectives on Accounting, 2010,21(7):611 - 618.

[86] Xin Wang, Jifeng Li, Yaxiong Zhang, An Analysis on the Short - term Sectoral Competitiveness Impact of Carbon Tax in China[J]. Energy Policy, 2011,39(7):4144 - 4152.

[87] Jifeng Li, Xin Wang, Yaxiong Zhang. Is it in China's Interest to Implement an Export Carbon Tax? [J]. Energy Economic, 2012, 34 (6): 2072 - 2080.

[88] Zhixin Zhang, Ya Li. The Impact of Carbon Tax on Economic Growth in China[J]. Energy Procedia, 2011(5):1757 - 1761.

[89] Fidel Gonzalez. Distributional Effects of Carbon Taxes: The Case of Mexico [J]. Energy Economics, 2012,34(6):2012 - 2115.

[90] Chunjie Chi, Tieju Ma, Bing Zhu. Towards a low - carbon Economy : Coping with Technological Bifurcations with a Carbon Tax[J]. Energy Economics,2012,34(6): 2081 - 2088.

[91] Peter Smith. Carbon Sequestration in Croplands: the Potential in Europe and the Global Context[J]. European Journal of Agronomy, 2004,20(3): 229 - 236.

[92] L. M. Vleeshouwers, A. Verhagen. Carbon Emission and Sequestration by Agricutural Land Use: a Model Study for Europe[J]. Global Change Biology, 2002, 8(6): 519 - 530.

[93] Stephen Pacala, Robert Socolow. Stabilization Wedges: Solving the Climate Problem for the Next 50 Years with Current Technologies[J]. Science, 2004,305(5686): 968 - 972.

[94] B. C. O'Neil, M. Oppenheimer. Dangerous Climate Impacts and the Kyoto Protocol. Science, 2002,296(5575):1971 - 1972.

[95] James H. Williams, Andrew Debenedictis, Rebecca Ghandan, et al. The

Technology Path to Deep Greenhouse Gas Emissions Cuts by 2050: The Pivoral Role of Electricity[J]. Sciencem, 2012,335(6064):53 -59.

[96] Loannis N. Kessides. Nuclear Power and Sustainable Energy Policy: Promises and Perils[J]. The World Band Research Obsever, 2010,25(2): 323 -362.

[97] 程恩富,王朝科.低碳经济的政治经济学逻辑分析[J].学术月刊,2010,42(7):62 -66.

[98] 杨志,陈波.中国建立区域碳交易市场势在必行[J].经济学前沿,2010(7):65 -71.

[99] 付允,马永欢,刘怡君,等.低碳经济的发展模式研究[J].中国人口.资源与环境,2008,18(3):14 -19.

[100] 鲍健强,苗阳,陈锋.低碳经济:人类经济发展方式的新变革[J].中国工业经济,2008(4):153 -160.

[101] 国务院发展研究中心应对气候变化课题组.当前发展低碳经济的重点与政策建议[J].经济观察,2009(8):13 -15.

[102] 国务院发展研究中心应对气候变化课题组.低碳经济的中国策[J].新经济研究,2009(10):91 -95.

[103] 庄贵阳.中国发展低碳经济的困难与障碍分析[J].江西社会科学,2009(7):20 -26.

[104] 潘家华.中国低碳转型势在必行,但挑战严峻[J].环境保护与循环经济,2012(1):30 -32.

[105] 王毅.中国低碳道路的战略取向与政策保障(节录)[J].中国低碳年鉴,2010:530 -532.

[106] 金乐琴.中国如何理智应对低碳经济的潮流[J].经济学家,2009(3):100 -101.

[107] 金乐琴.中国低碳发展:市场失灵与产业政策创新[J].北京行政学院学报,2010(1):56 -59.

[108] 姜克隽.中国低碳道路的战略取向与政策保障(节录)[J].中国低碳

年鉴, 2010:530 - 532.

[109] Klaus Schwab. World Economic Forum. The Global Competitiveness Report 2010—2011[R]. Geneva, Switzerland, 2011:5.

[110] 魏后凯,吴利学. 中国地区工业竞争力评价[J]. 中国工业经济,2002(11):54 - 62.

[111] 傅京燕. 环境规制与产业国际竞争力[M]. 北京:经济科学出版社,2006:67 - 88.

[112] 傅京燕. 国际贸易中"污染避难所效应"的实证研究述评[J]. 中国人口. 资源与环境,2009,19(4):13 - 18.

[113] 傅京燕,周浩. 贸易开放、要素禀赋与环境质量:基于我国省区面板数据的研究[J]. 国际贸易问题,2010(8):84 - 92.

[114] 傅京燕,李丽莎. 环境规制、要素禀赋与产业国际竞争力的实证研究[J]. 管理世界,2010(10):87 - 99.

[115] 傅京燕,周浩. 对外贸易与污染排放强度——基于地区面板数据的经验分析(1998—2006)[J]. 财贸研究, 2011(2):8 - 14.

[116] 傅京燕,李丽莎. FDI、环境规制与污染避难所效应[J]. 公共管理学报, 2011,7(3):65 - 76.

[117] 傅京燕,张珊珊. 中美贸易与污染避难所假说的实证研究——基于内含污染的视角[J]. 中国人口. 资源与环境,2011,21(2):11 - 17.

[118] 陈刚. FDI竞争、环境规制与污染避难所——对中国式分权的思考[J]. 世界经济研究, 2009(6):3 - 9.

[119] 何正霞,许士春. 我国经济开放对环境影响的实证研究:1990—2007年[J]. 国际贸易问题,2009(10):87 - 93.

[120] 苏振东,周玮庆. 外商直接投资对中国环境的影响与区域差异——基于省际面板数据和动态面板数据的异质性分析[J]. 世界经济研究,2010(6):63 - 69.

[121] 魏梅,曹明福,江金荣. 生产中碳排放效率长期决定及其收敛性分析[J]. 数量经济技术经济研究,2010(9):43 - 52.

[122]迟诚. 我国贸易与环境问题研究[D]. 天津:南开大学博士论文, 2010:112 - 138.

[123]陈红蕾. 自由贸易的环境效应研究——基于中国工业进出口贸易的实证分析[D]. 广州:暨南大学博士论文, 2010:75 - 122.

[124]曾贤刚. 环境规制、外商直接投资与"污染避难所"假说——基于中国30个省份的面板数据实证研究[J]. 经济理论与经济管理,2010(11):65 - 71.

[125]杨浩. 我国外商直接投资的生态环境效应研究[D]. 广州:广东商学院硕士论文,2011:21 - 41.

[126]游伟民. 自由贸易与环境污染:理论分析与中国的实证研究[D]. 济南:山东大学博士论文,2011:100 - 141.

[127]蓝美丽. FDI对中国工业部门碳排放影响研究[D]. 济南:山东经济学院硕士论文, 2011:19 - 35.

[128]王文治,陆建明. 外商直接投资与中国制造业的污染排放:基于行业投入 - 产出的分析[J]. 世界经济研究, 2011(8):55 - 62.

[129]张成. 内资和外资:谁更有利于环境保护[J]. 国际贸易问题, 2011(2):98 - 106.

[130]魏玮,毕超. 环境规制、区际产业转移与污染避难所效应——基于省级面板Poisson模型的实证分析[J]. 山西财经大学学报,2011,33(8):69 - 75.

[131]庞瑞芝,李鹏,路永刚. 转型期间我国新型工业化增长绩效及其影响因素研究——基于"新型工业化"生产力视角[J]. 中国工业经济, 2011(4):64 - 73.

[132]郭振,谷永芬,景侠. 中国产业经济学[M]. 哈尔滨:黑龙江人民出版社,2003:6.

[133]简新华, 魏姗. 产业经济学[M]. 武汉:武汉大学出版社,2001:1.

[134]王俊豪. 产业经济学[M]. 北京:高等教育出版社,2008:1.

[135] United Nations. International Standard Industrial Classification of All

Economic Activities. Revision 4[M]. New York. 2008:45 - 61.

[136] Colin Hunt. Prospects for Meeting Australia's 2020 Carbon Targets, given a Growing Economy, Uncertain International Carbon Markets and the Slow Emergence of Renewable Energies[J]. Economic Analysis & Policy, 2011,41(1):26 - 35.

[137] Ross Garnaut. Policy Framework for Transition to a Low-Carbon World Economy[J]. Asian Economic Policy Review,2010,5(1): 19 - 33.

[138] Neil Perry. A Post Keynesian Perspective on Industry Assistance and the Effectiveness of Australia's Carbon Pricing Scheme[J]. The Economic and Labour Review,2010,23(1): 47 - 65.

[139] 黄惠萍. 环境要素禀赋和可持续性贸易[J]. 武汉大学学报, 2001,54(6):668 - 674.

[140] Port Michael E. American Green Strategy[J]. Scientific American,1991, 268(4): 168 - 170.

[141] Port Michael E, Class van Linde. Toward a New Conception of Environment Competitiveness Relationship[J]. Journal of Economic perspectives, 1995,9(4):97 - 118.

[142] Jaffe Adam B, Peterson Steven R, Paul Porney R, et al. Environmental Regulation and the Competitiveness of U. S. Manufacturing: What does the Evidence Tell Us? [J]. Journal of Economic Literature, 1995, 33(1):132 - 163.

[143] Ronald J. Shadbegian, Wayne B. Gray. What Determines Environmental Performance at Paper Mills? The Roles of Abatement Spending, Regulation and Efficiency, NCEE Working Paper Series (200303). 2003:1 - 37.

[144] Stuart L · Hart, Gautam · Ahuja. Does it Pay to Be Green? An Empirical Examination of the Relationship Between Emission Reduction and Firm Performance[J]. Business Strategy and the Environment, 1996, 5(1):30 - 37.

[145]李广培.人与自然和谐视角下技术创新本质、动因的经济学探析[J].科学管理研究，2009,27(5):12－18.

[146]许士春.环境管制与企业竞争力——基于“波特假说”的质疑[J].国际贸易问题，2007(5):78－83.

[147]郝海波.环境规制是否会影响企业国际竞争力？——基于波特假说的思考[J].山东财政学院学报,2008(3):85－89.

[148]赵红.环境规制对产业技术创新的影响——基于中国面板数据的实证分析[J].产业经济研究，2008(3):35－40.

[149]李强,聂锐.环境规制与区域技术创新——基于中国省际面板数据的实证分析[J].中南财经政法大学学报，2009(4):18－23.

[150]王国印,王动.环境规制与企业科技创新——低碳视角下波特假说在东部地区的检验性研究[J].科技与经济,2010,23(5):70－74.

[151]王动,王国印.环境规制对企业技术创新影响的实证研究——基于波特假说的区域比较分析[J].中国经济问题，2011(1):72－79.

[152]王国印,王动.波特假说、环境规制与企业技术创新——对中东部地区的比较分析[J].中国软科学,2011(1):100－112.

[153]Gene M. Grossman. Alan B. Krueger. Environmental Impact of a North American Free Trade Agreement[R]. NBER working paper series(NO. 3914),1991:2－20.

[154]Gene M. Grossman. Alan B. Krueger. Economic Growth and the Environment[R]. NBER working paper series(NO. 4634), 1994:1－21.

[155] Gary Koop. Carbon Dioxide Emissions and Economic Growth: A Structural Approach[J]. Journal of Applied Statistics, 1998,25(4):489－515.

[156]Nektarios Aslanidis, Susana Iranzo. Evironment and development: Is There a Kuznets Curve for CO_2 Emissions? [J]. Applied Economics, 2009,41(6):803－810.

[157]Chien-Chiang Lee, Yi-Bin Chiu, Chia-Hung Sun. Does One Size Fit All? A Reexamination of the Environmental Kuznets Curve Using the Dynamic

Panel Data Approach [J]. Applied Economic Perspectives and Poliay, 2009,31(4):751-778.

[158] Karnjana Sanglimsuwan. Carbon Dioxide Emissions and Economic Growth: an Econometric Analysis[J]. International Research Journal of Finance and Economics, 2011(67):97-103.

[159]林伯强,蒋竺均.中国二氧化碳的环境库兹涅茨曲线预测及其影响因素分析[J].管理世界, 2009(4):27-36.

[160]郑丽琳,朱启贵.中国碳排放库兹涅茨曲线存在性研究[J].统计研究,2012,29(5):58-65.

[161]许广月,宋德勇.中国碳排放环境库兹涅茨曲线的实证研究——基于省域面板数据[J].中国工业经济, 2010(5):37-47.

[162]张为富,周长富.我国碳排放轨迹呈现库兹涅茨倒U型吗?——基于不同区域经济发展与碳排放关系分析[J].经济管理, 2011(6):14-23.

[163]曹广喜.金砖四国碳排放库兹涅茨曲线的实证研究[J].软科学, 2012,26(3):43-46.

[164] Minqi Li. Peak Energy, Climate Change, and Limits to China's Economic Growth[J]. Chinese Economy, 2012,45(1):74-92.

[165] Ark, B. Tobey. International Comparisons of Output and Productivity [M]. Groningen Growth and Development Center, Monograph Series, No. 1,Groningen,1993.

[166] Guglielmo Maria Caporale,Christophe Rault,Robert Sova,et al. Environmental Regulation and Competitiveness: Evidence from Romania[J]. The Institute for the Study of Labor Discussion Papers (NO. 5029). 2010:5-21.

[167] James A·Berger, Effects of Domestic Environmental Policy on Patterns of International Trade[R]. United States Department: Agriculture and Trade Analysis Division Economic Research Service, 1993:67-87.

[168] 旷乾. 劳动力、环境竞次的制度分析[J]. 特区经济,2008(1):116-118.

[169] 贺文华. FDI是“清洁”的吗?——中国东部和中部省际面板数据[J]. 辽东学院学报(社会科学版),2010,12(4):51-59.

[170] 张其仔. 开放条件下我国制造业的国际竞争力[J]. 管理世界,2003(8):74-80.

[171] 张其仔. 产业升级的低碳“必然性”[J]. 现代商业银行,2010(10):8-15.

[172] 陈立敏. 国际竞争力就等于出口竞争力吗?——基于中国制造业的对比实证分析[J]. 世界经济研究,2010(12):11-17.

[173] 柳岩. 我国产业竞争力的现状与评价[J]. 技术经济,2010,29(12):36-40.

[174] 王钰. 低碳经济下产业国际竞争力的评价指标体系构建[J]. China's Foreign Trade,2011(1):110-111.

[175] 政府间气候变化专门委员会. 2006年IPCC国家温室气体排放清单指南[R]. http://www.ipcc-nggip.iges.or.jp.

[176] 何小钢,张耀辉. 中国工业碳排放影响因素与CKC重组效应——基于工作STIRPAT模型的分行业动态面板数据实证研究[J]. 中国工业经济,2012(1):26-35.

[177] 刘似臣. 中国对外贸易政策的演变与走向[J]. 中国国情国力,2004(8):48-50.

[178] Simon Egglestion, Leandro Buendia, Kyoko Miwa, et al. UNCFFF. 2006 IPCC Guidelines for Natinal Greenhouse Gas Inventories: Volume Ⅱ[R], 2008:43-76.

[179] 陈诗一. 中国碳排放强度的波动下降模式及经济解释[J]. 世界经济,2011(4):124-143.

[180] 刘丹鹤,彭博,黄海思. 低碳技术是否能成为新一轮经济增长点?——低碳技术与IT技术对经济增长影响的比较研究[J]. 经济理论与经济

管理,2010(4):12-18.

[181]周勤,赵静,盛巧燕. 中国能源补贴政策形成和出口产品竞争优势的关系研究[J]. 中国工业经济,2011(3):47-56.

[182]国务院办公厅. "十二五"节能减排综合性工作方案[R]. 中央政府门户网站,www.gov.cn. 2011-09-07.

[183]郑若娟,王班班. 中国制造业真实能源强度变化的主导因素——基于LMDI分解法的分析[J]. 经济管理,2011(10):23-32.

[184]郭朝先. 中国二氧化碳排放增长因素分析——基于SDA分解技术[J]. 中国工业经济,2010(12):47-56.

[185]Richard York, Eugene A Rosa, Thomas Dietz. STIRPAT, IPAT and IMPAT: Analytic tools for unpacking the driving forces of Environmental Impats [J]. Ecological Economics,2003,46(3):351-365.

[186]刘杨,陈劭锋. 基于IPAT方程的典型发达国家经济增长与碳排放关系研究[J]. 生态经济,2009(11):23-32.

[187]李忠民,孙耀华. 基于IPAT公式的省际间碳排放驱动因素比较研究[J]. 科技进步与对策,2011,28(2):39-42.

[188]宋晓晖,张裕芬,汪艺梅,等. 基于IPAT扩展模型分析人口因素对碳排放的影响[J]. 环境科学研究,2012,25(1):109-115.

[189]李斌. 基于IPAT模型的我国经济发展与能源消耗的实证研究[J]. 中国管理信息化,2012,15(13):34-36.

[190]佟新华. 中国工业燃烧能源碳排放影响因素分解研究[J]. 吉林大学社会科学学报,2012,52(4):151-160.

[191]赵奥,武春友. 中国CO_2排放量变化的影响因素分解研究——基于改进的Kaya等式与LMDI分解法[J]. 软科学,2010,24(12):55-59.

[192]唐建荣,张白羽,王育红. 基于LMDI的中国碳排放驱动因素研究[J]. 统计与信息论坛,2011,26(11):19-25.

[193]陈雯,王湘萍. 我国工业行业的技术进步、结构变迁与水资源消耗——基于LMDI方法的实证分析[J]. 湖南大学学报(社会科学版),2011,

25(2):68 -72.

[194]徐盈之,张全振.中国制造业能源消耗的分解效应:基于LMDI模型的研究[J].东南大学学报(哲学社会科学版),2011,13(4):55 -60.

[195]王栋,潘文卿,刘庆,等.中国产业CO_2排放的因素分解:基于LMDI模型[J].系统工程理论与实践,2012,32(6):1193 -1203.

[196]袁鹏,程施,刘海洋.国际贸易对我国CO_2排放增长的影响——基于SDA和LMDI结合的分解法[J].经济评论,2012(1):122 -132.

[197] Paul R. Ehrlich, John P. Holdren. Impact of Population Growth[J]. Science,1971,171(3977):1212 -1217.

[198] Dietz. Thomas, Eugene A. Rosa. Rethinking the Environmental Impacts of Population, Affluence and Technology[J]. Human Ecology Review,1994(1):277 -300.

[199] P. E. Waggoner, J. H. Ausubel. A Framework for sustainability Science: A Renovated IPAT Identity[J]. Proceedings of the National Academy of Sciences, 2002,99(12):7860 -7865.

[200] Dietz. Thomas, Eugene A. Rosa. Effects of Population and Affluence on CO_2 Emissions[J]. Proceedings of the National Academy of Sciences, 1997,94(1): 175 -179.

[201] Risa Kumazawa, Michael S. Callaghan. The Effect of the Kyoto Protocol on Carbon Dioxide Emissions[J]. J Econ Finan, 2012, 36(1): 201 -210.

[202] Guan D, Hubacek. K, Weber. C. L, et al. The Drivers of Chinese CO_2 Emissions from 1980 to 2030[J]. Global Environmental Change,2008,18(4): 626 -634.

[203]陈可嘉,梅赞超.基于STIRPAT模型的福建省碳排放影响因素的协整分析 [J].中国管理科学,2011,19(10):696 -699.

[204]丁唯佳,吴先华,孙宁,等.基于STIRPAT模型的我国制造业碳排放影响因素研究[J].数理统计与管理,2012,31(3):499 -506.

[205]邵帅,杨莉莉,曹建华.工业能源消费碳排放影响因素研究——基于研究STIRPAT模型的上海分行业动态面板数据实证分析[J].财经研究,2010,36(11):16-27.
[206]姜磊,季民河.基于STIRPAT模型的中国能源压力分析——基于空间计量经济学模型的视角[J].地理科学,2011,31(9):1072-1077.
[207]聂国卿,尹向飞,邓柏盛.基于STIRPAT模型的环境压力影响因素及其演进分析——以湖南为例[J].系统工程,2012,30(5):112-116.
[208]卢娜,曲福田,冯淑怡,邵雪兰.基于STIRPAT模型的能源消费碳足迹变化及影响因素——以江苏省苏锡常地区为例[J].自然资源学报,2011,26(5):814-823.
[209]渠慎宁,郭朝先.基于STIRPAT模型的中国碳排放峰值预测研究[J].中国人口.资源与环境,2010,20(12):10-15.
[210]孙敬水,陈稚蕊,李志坚.中国发展低碳经济的影响因素研究——基于扩展的STIRPAT模型分析[J].审计与经济研究,2011,26(4):85-93.
[211]张乐勤,李荣富,陈素平,等.安徽省1995年—2009年能源消费碳排放驱动因子分析及趋势预测[J].资源科学,2012,34(2):316-326.
[212]裴长洪,彭磊.后危机朝代中国开放型经济研究——转变外贸发展方式与对外经贸合作新趋势[M].社会科学文献出版社,2012,10:120-131.
[213]吕骞.亚行李昌镛:中国GDP增长率保持7%更适合经济可持续发展[J].人民网,2012-11-17,http://www.chinadaily.com.cn.
[214]蓝庆新,韩晶.中国工业绿色转型战略研究[J].经济体制改革,2012(1):24-28.
[215]孙凌宇.资源型产业绿色转型的生态管理模式研究[J].青海社会科学,2012(4):32-38.
[216]侯力,秦熠群.日本工业化的特点及启示[J].现代日本经济,2005(4):35-40.

[217]吕政,郭克莎,张其仔.论我国传统工业化道路的经验与教训[J].中国工业经济,2003(1):48-55.
[218]肖锟,胡亚君.日本工业化发展经验及对我国的启示[J].现代商贸工业,2010(12):54.
[219]林温环.日本工业化后期的制造业结构调整[J].消费导刊,2009(12):95.
[220]陈家海.产业融合:狭义概念的内涵及其广义化[J].上海经济研究,2009(11):35-41.
[221]张建刚,王新华,段治平.产业融合理论研究述评[J].山东科技大学学报(社会科学版),2010,12(1):73-78.
[222]徐盈之,孙剑.信息产业与制造业的融合——基于绩效分析的研究[J].中国工业经济,2009(7):56-66.
[223]张华.产业融合:制造业转型升级的重要途径[J].求是,2010(15):32-33.
[224]陈文剑,黄栋.我国低碳技术创新的动力和障碍分析[J].科技管理研究,2011(20):21-24.
[225]赖流滨,龙云凤,郭小华.低碳技术创新的国际经验与启示[J].科学管理研究,2011(10):65-69.
[226]方虹,罗炜,刘春平.中国碳排放权交易市场建设的现状、问题与趋势[J].中国科技投资,2010(8):41-43.
[227]郭朝先,张其仔.我国工业实现又好又快发展需处理好六大关系[J].新视野,2007(5):32-35.
[228]张其仔,郭朝先,孙天法.中国工业污染防治的制度性缺陷及其纠正[J].中国工业经济,2006(8):29-35.
[229]赵玉焕.碳税对芬兰产业国际竞争力影响的实证研究[J].北方经贸,2011(3):72-74.
[230]丁仲礼,段晓男,葛全胜,等.国际温室气体减排方案评估及中国长期排放权讨论[J].中国科学(D辑,地球科学),2009,39(12):

1659 - 1671.

[231]国务院发展研究中心课题组.全球温室气体减排:理论框架和解决方案[J].经济研究,2009(3):4 - 13.

附　　录

附录一

1950—1982 年世界经济的年碳排放量

年份	世界总产值*（万亿美元）	碳排放总量（百万吨）	每千美元世界总产值的碳排放量（千克）
1950	2.94	1.583	538
1955	3.78	1.975	522
1960	4.68	2.495	533
1965	5.99	3.037	507
1970	7.67	3.934	513
1971	8.02	4.080	509
1972	8.41	4.236	504
1973	8.99	4.454	495
1974	9.30	4.463	480
1975	9.42	4.453	473
1976	9.87	4.696	476
1977	10.29	4.825	469
1978	10.71	4.861	454
1979	10.05	5.144	466
1980	11.27	5.058	449
1981	11.45	4.931	431
1982	11.59	4.875	421

*1980 年美元币值

资料来源：莱斯特·R·布朗等，《经济·社会·科技——1985 年世界形势评述》，科学技术文献出版社 1986 年版，第 19 页

附录二

国际标准产业分类目录

序号	产业类别	包括产业大类
A	农业、林业及渔业	01—03
B	采矿和采石	05—09
C	制造业	10—33
D	电、煤气、蒸气和空调的应用	35
E	供水、污水处理、废物管理和补救	36—39
F	建筑业	41—43
G	批发和零售业、汽车和摩托车修理	45—47
H	运输和储存	49—53
I	食宿和服务活动	55—56
J	信息和通信	58—63
K	金融和保险活动	64—66
L	房地产活动	68
M	专业、科学和技术活动	69—75
N	行政和辅助活动	77—82
O	公共管理与国防、强制性社会保障	84
P	教育	85
Q	人体健康和社会工作活动	86—88
R	艺术、娱乐和文娱活动	90—93
S	其他服务活动	94—96
T	家庭作为雇主的活动、家庭自用、未加区分的物品生产和服务活动	97—98
U	国际组织和机构的活动	99

资料来源：United Nations. International Standard Industrial Classification of All Economic Activities. Revision 4. New York. 2008：45 - 61

附录三

1978—2010 年中国能源消费总量及构成

年份	能源消费总量（万吨标准煤）	占能源消费总量的比重（%）			
		煤炭	石油	天然气	水电、核电、风电
1978	57 144	70.7	22.7	3.2	3.4
1979	58 588	71.3	21.8	3.3	3.6
1980	60 275	72.2	20.7	3.1	4.0
1981	59 447	73.7	20.0	2.8	4.5
1982	62 067	73.7	18.9	2.5	4.9
1983	66 040	74.2	18.1	2.4	5.3
1984	70 904	75.3	17.5	2.3	4.9
1985	76 682	75.8	17.1	2.2	4.9
1986	80 850	75.8	17.2	2.3	4.7
1987	86 632	76.2	17.0	2.1	4.6
1988	92 997	76.2	17.1	2.0	4.7
1989	96 934	76.0	17.1	2.0	4.9
1990	98 703	76.2	16.6	2.1	5.1
1991	103 783	76.1	17.1	2.0	4.8
1992	109 170	75.7	17.5	1.9	4.9
1993	115 993	74.7	18.2	1.9	5.2
1994	122 737	75.0	17.4	1.9	5.7
1995	131 176	74.6	17.5	1.8	6.1
1996	135 192	73.5	18.7	1.8	6.0
1997	135 909	71.4	20.4	1.8	6.4
1998	136 184	70.9	20.8	1.8	6.5
1999	140 569	70.6	21.5	2.0	5.9
2000	145 531	69.2	22.2	2.2	6.4
2001	150 406	68.3	21.8	2.4	7.5
2002	159 431	68.0	22.3	2.4	7.3
2003	183 792	69.8	21.2	2.5	6.5
2004	213 456	69.5	21.3	2.5	6.7
2005	235 997	70.8	19.8	2.6	6.8
2006	258 676	71.1	19.3	2.9	6.7
2007	280 508	71.1	18.8	3.3	6.8
2008	291 448	70.3	18.3	3.7	7.7
2009	306 647	70.4	17.9	3.9	7.8
2010	324 939	68.0	19.0	4.4	8.6

资料来源：历年《中国统计年鉴》汇总

附录四

关于低碳经济产业国际竞争力的调查问卷

您好,这是一份反映专家对低碳经济和产业国际竞争力关系的研究性问卷,希望能抽出您一点宝贵的时间认真对待,您的支持将给我们的研究工作带来莫大的支持和鼓励,再次谢谢您的配合!

(注:低碳经济,是指在可持续发展理念指导下,通过技术创新、制度创新、产业转型、新能源开发等多种手段,尽可能地减少煤炭石油等高碳能源消耗,减少温室气体排放,达到经济社会发展与生态环境保护双赢的一种经济发展形态。)

请在下列问题的选项处勾选您的答案,带有 * 号的题目可以多选。

1. 在这之前您听过“低碳经济”一词吗?

A. 专门研究

B. 十分了解

C. 听过,不是很了解

D. 没有听过(选择此项跳过第二题)

*2. 您是通过以下哪些方式知道“低碳经济”一词的?

A. 新闻报道

B. 户外公益广告

C. 报纸杂志

D. 专业期刊

*3. 您认为我国有必要发展“低碳经济”的原因有哪些?

A. 全球气候变暖

B. 我国人均资源占有量低

C. 我国碳的排放空间不大

D. 我国资源利用率低

E. 其他

*4. 您认为我国没有必要发展“低碳经济”的原因包括哪些?

A. 低碳经济是贫困的经济,不适合我国

B. 低碳经济将限制高耗能、高排放的重工业的发展

C. 低碳经济将限制人们生活水平的提高

D. 低碳经济需要先进技术及低碳能源,成本太高

E. 低碳经济对我国目前经济发展状况来说仍太遥远

F. 其他

*5. 您认为发展低碳经济将影响产业发展的哪些方面

A. 影响生产成本

B. 影响生产效率

C. 影响出口竞争力

D. 影响技术进步

E. 其他

6. 请您对于低碳经济下产业发展的评价指标的重要程度给出评价,请在您认为的程度的重要性的相应栏目中打“√”。

指标	指标举例	评价				
		最重要	很重要	重要	一般	不重要
产业规模竞争力	产业总产值					
	产业增加值					
产业市场竞争力	国际市场占有率					
	显性比较优势指数					
	贸易竞争优势指数					
产业生产效率	劳动生产效率					
	资本生产效率					

续表

指标	指标举例	评价				
		最重要	很重要	重要	一般	不重要
产业创新能力	研究人员占全体人员比重					
	科研经费占销售额的比重					
产业低碳化水平	二氧化碳排放量比重					
	二氧化碳排放强度					
	二氧化碳排放强度变化率					
	清洁能源消费量比重					

7. 低碳经济对产业发展会造成负面影响吗？

A. 短期来看会有负面影响，但长期看有利

B. 长期看不利于产业发展

C. 会促进产业发展，提高竞争力

D. 不清楚/不确定

8. 发展低碳经济哪类力量最关键？

A. 私人投资

B. 政府的政策和执行程度

C. 媒体宣传

D. 公众态度和行动

E. 其他________________

*9. 发展“低碳经济”的措施应该包括？

A. 政府制定正确规划，积极指引

B. “产学研”结合，加快发展低碳产品与低碳技术

C. 制定相关法律加以约束

D. 开展低碳发展试点

E. 加强宣传引导，推动群众观念特别是消费习惯的改变

F. 开征碳税和推行碳交易

G. 其他____________________

*10. 您觉得我国发展“低碳经济”模式的难点在哪?

A. 我国能源消费结构不合理与能源效率低的矛盾突出

B. 产业结构与工业结构重型化的趋势一致,没有得到根本性的改变

C. 技术研发能力的限制

D. 需要巨额资金投入

E. 碳金融体系还不健全

F. 缺乏长期的、战略的、持续的可再生资源商业化发展计划和行动方案

G. 其他____________________

注:通过学术会议发放调查问卷30份,全部收回。经对调查问卷统计得出各一级指标的权数结论为:产业规模竞争力10%、产业市场竞争力10%、产业生产效率竞争力20%、产业创新能力20%和产业低碳化水平40%。由于该结果无法通过一致性检验,因此进行人为调整,得到现在的结果。即产业规模竞争力11%、产业市场竞争力11%、产业生产效率竞争力22%、产业创新能力22%和产业低碳化水平36%

附录五

进出口商品技术密集度分类

本书参照 Lall(2000)对贸易商品按技术附加值进行的分类,结合作者经验,将各省海关进出口商品(HS2002 标准)按技术附加值分类如下。

低技术		中技术		高技术	
税目或章	商品描述	税目或章	商品描述	税目或章	商品描述
40 章	橡胶及其制品	28 章	无机化学品;贵金属等的化合物	30 章	药品
41 章	生皮(毛皮除外)及皮革	29 章	有机化学品	84 章	核反应堆、锅炉、机械器具及零件
42 章	皮革制品;旅行箱包;动物肠线制品	31 章	肥料	8411	涡轮喷气发动机,涡轮螺桨发动机等燃气轮机
43 章	毛皮、人造毛皮及其制品	32 章	鞣料;着色料;涂料;油灰;墨水等	8456	用激光等处理各种材料的特种加工机床
44 章	木及木制品;木炭:除 4401、4402、4403	33 章	精油及香膏,芳香料制品,化妆盥洗品	8460	金属等的磨削、研磨、抛光或其他精加工机床
45 章	软木及软木制品:除 4501	34 章	洗涤剂、润滑剂、人造蜡、塑型膏等	8470	计算机器;装有计算装置的会计计算机等机器
46 章	编结材料制品;篮筐及柳条编结品	35 章	蛋白类物质;改性淀粉;胶;酶	8471	自动数据处理设备及其部件等
47 章	木浆等纤维状纤维素浆;废纸及纸板	36 章	炸药;烟火;引火品;易燃材料制品	8472	其他办公室用机器

续表

低技术		中技术		高技术	
税目或章	商品描述	税目或章	商品描述	税目或章	商品描述
48 章	纸及纸板;纸浆、纸或纸板制品	37 章	照相及电影用品	8473	专门或主要用于 8469 至 8472 机器的零件、附件
49 章	印刷品;手稿、打字稿及设计图纸	38 章	杂项化学产品	85 章	电机、电气、音像设备及其零附件:除(8509、8510、8512、8513、8516、8517、8518、8519、8520、8521、8522、8523、8524)
50 章	蚕丝	39 章	塑料及其制品	88 章	航空器、航天器及其零件
51 章	羊毛等动物毛;马毛纱线及其机织物	72 章	钢铁	90 章	光学、照相、医疗等设备及零附件:除(9001、9003、9004
52 章	棉花	7224	其他合金钢,初级形状;其他合金钢半制成品		
53 章	其他植物纤维;纸纱线及其机织物	7225	其他合金钢板材,宽≥600m		
56 章	絮胎、毡呢及无纺织物;线绳制品等	7226	其他合金钢板材,宽<600mm		
57 章	地毯及纺织材料的其他铺地制品	7227	不规则盘卷的其他合金钢热轧条、杆		
58 章	特种机织物;簇绒织物;刺绣品等	7228	其他合金钢条、杆、角材、型材等;空心钻钢		
59 章	特种机织物;簇绒织物;刺绣品等	7229	其他合金钢丝		

续表

低技术		中技术		高技术	
税目或章	商品描述	税目或章	商品描述	税目或章	商品描述
60章	针织物及钩编织物	84章	核反应堆、锅炉、机械器具及零件：除（8411、8456、8460、8470、8471、8472、8473）		
61章	针织或钩编的服装及衣着附件	85章	电机、电气、音像设备及其零附件		
62章	非针织或非钩编的服装及衣着附件	8509	家用电动器具		
63章	其他纺织制品；成套物品；旧纺织品	8510	电动剃须刀及电动毛发推剪及电动脱毛器		
64章	鞋靴、护腿和类似品及其零件	8512	自行车或机动车辆电气照明或信号装置等		
65章	帽类及其零件				
66章	伞、手杖、鞭子、马鞭及其零件	8513	自供能源的手提式电灯		
67章	加工羽毛及制品；人造花；人发制品	8516	电热水器、浸入式液体加热器等电热设备		
68章	矿物材料的制品	8517	有线电话、电报设备，包括有线载波通信设备		
69章	陶瓷产品	8518	传声器、扬声器、耳机、音频扩大器等		
70章	玻璃及其制品	8519	唱盘、唱机、盒式磁带放声机等声音重放设备		

续表

低技术		中技术		高技术	
税目或章	商品描述	税目或章	商品描述	税目或章	商品描述
71章	珠宝、贵金属及制品；仿首饰；硬币	8520	磁带录音机及其他声音录制设备		
72章	钢铁	8521	视频信号录制或重放设备		
7206	锭等初级形状普通钢铁(7203的铁除外)	8522	8519至8521所列设备的零件、附件		
7207	普通钢铁的半制成品	8523	制成供灌(录)信息用的未录制媒体		
7208	仅热轧,宽≥600 mm普通钢铁板材	8524	已灌(录)信息的唱片、磁带及其他媒体		
7209	仅冷轧,宽≥600 mm普通钢铁板材	86章	铁道车辆;轨道装置;信号设备		
7210	宽≥600 mm经包、镀或涂层的普通钢铁板材	87章	车辆及其零附件,但铁道车辆除外:除(8715		
7211	宽<600 mm未经包、镀或涂层普通钢铁板材	89章	船舶及浮动结构体		
7212	宽<600 mm经包、镀或涂层的普通钢铁板材	90章	光学、照相、医疗等设备及零附件		
7213	不规则盘卷的普通钢铁的热轧条、杆	9001	光纤、光缆等;偏振片及板;未装配光学元件		
7214	其他普通钢铁条杆,仅锻、热轧、拉拔或挤压	9003	眼镜架及其零件		

续表

低技术		中技术		高技术	
税目或章	商品描述	税目或章	商品描述	税目或章	商品描述
7215	其他普通钢铁条、杆	9004	矫正视力、护目等用途的眼镜、挡风镜等物品		
7216	普通钢铁的角材、型材及异型材	91章	钟表及其零部件		
7217	普通钢铁丝				
7218	不锈钢,锭状及其他初级形状;不锈钢半制品				
7219	不锈钢板材,宽≥600 mm				
7220	不锈钢板材,宽度<600mm				
7221	不规则盘卷的不锈钢热轧条、杆				
7222	其他不锈钢条、杆及其角材、型材及异型材				
7223	不锈钢丝				
73章	钢铁制品				
74章	铜及其制品				
75章	镍及其制品				
76章	铝及其制品				
78章	铅及其制品				
79章	锌及其制品				
80章	锡及其制品				
81章	其他贱金属、金属陶瓷及其制品				
82章	贱金属器具、利口器、餐具及零件				
83章	贱金属杂项制品				

续表

低技术		中技术		高技术	
税目或章	商品描述	税目或章	商品描述	税目或章	商品描述
87 章	车辆及其零附件，但铁道车辆除外；8715 婴孩车及其零件				
92 章	乐器及其零件、附件				
94 章	家具；寝具等；灯具；活动房				
95 章	玩具、游戏或运动用品及其零附件				
96 章	杂项制品				

资料来源：丁一兵、傅缨捷，《FDI 流入对中国出口品技术结构变化的影响——一个动态面板数据分析》，载《世界经济研究》，2012 年第 10 期

附录六

1960—2010 年中国、美国、日本和印度二氧化碳排放总量

年份	二氧化碳排放总量 （万吨）			
	中国	美国	日本	印度
1960	78 072.6	289 069.6	23 278.1	12 058.2
1961	55 206.7	288 050.6	28 311.8	13 040.2
1962	44 035.9	298 720.8	29 322.1	14 346.8
1963	43 669.6	311 923.1	32 522.3	15 408.4
1964	43 692.3	325 599.5	35 931.8	15 064.8
1965	47 597.3	339 092.3	38 692.0	16 597.2
1966	52 279.0	356 187.8	41 974.3	17 176.6
1967	43 323.4	369 570.9	48 988.2	17 223.9
1968	46 892.9	383 135.5	56 256.5	18 733.6
1969	57 723.7	402 474.9	65 395.8	19 072.4
1970	77 161.7	432 890.5	76 882.3	19 514.3
1971	87 663.3	435 677.0	79 754.3	20 586.9
1972	93 157.6	456 495.3	85 337.3	21 784.9
1973	96 854.3	477 019.5	99 185.0	22 434.3
1974	98 801.4	459 848.8	96 673.5	23 199.3
1975	114 560.7	440 633.0	92 094.1	25 220.2
1976	119 619.4	461 310.1	95 319.6	26 378.6
1977	131 031.1	474 229.3	99 999.8	31 568.1
1978	146 216.9	488 911.2	98 931.3	31 803.5
1979	149 486.0	490 037.3	102 478.7	33 194.1
1980	146 719.2	472 117.1	100 059.2	34 858.1
1981	145 150.1	453 179.2	97 056.7	37 482.2
1982	158 026.1	430 059.9	94 206.7	39 842.0
1983	166 702.9	433 492.6	93 532.3	43 232.1
1984	181 490.8	447 032.6	99 228.3	44 711.0
1985	196 655.3	448 646.1	96 841.8	49 046.5

续表

年份	二氧化碳排放总量 （万吨）			
	中国	美国	日本	印度
1986	206 896.9	449 117.7	97 183.2	52 586.2
1987	220 970.9	468 443.1	96 267.6	56 156.1
1988	236 950.2	488 866.5	105 535.9	60 629.8
1989	240 854.1	495 108.4	108 428.1	66 294.6
1990	246 074.4	487 937.6	109 470.6	69 057.7
1991	258 453.8	487 023.8	110 059.9	73 785.2
1992	269 598.2	487 600.6	112 366.0	78 363.4
1993	287 869.4	516 748.5	110 867.3	81 429.8
1994	305 824.1	522 717.6	117 417.0	86 493.2
1995	332 028.5	523 796.8	118 408.9	92 004.7
1996	346 308.9	534 351.2	120 578.3	100 222.4
1997	346 951.0	550 136.5	120 177.9	104 394.0
1998	332 434.5	544 907.8	115 918.6	107 191.2
1999	331 805.6	552 814.9	119 788.1	114 439.0
2000	340 518.0	551 239.9	121 959.3	118 666.3
2001	348 756.6	538 992.9	120 226.6	120 384.3
2002	369 424.2	543 781.6	121 676.2	122 679.1
2003	452 517.7	547 175.4	123 724.2	128 191.4
2004	528 816.6	556 380.0	125 965.9	134 659.6
2005	579 001.7	559 535.8	123 818.8	141 112.8
2006	641 446.3	551 477.6	123 177.1	150 436.5
2007	679 180.5	558 153.7	125 118.8	161 238.4
2008	703 191.6	546 101.4	120 816.3	174 269.8
2009	746 328.9	527 376.0	106 623.3	189 142.2
2010	824 095.8	549 217.0	113 843.2	206 973.8

资料来源：世行统计数据均来源于美国田纳西州橡树岭国家实验室环境科学部二氧化碳信息分析中心，世行的公布数据仅到 2008 年，2009—2010 年数据来源于橡树岭国家实验室。http://www.ornl.gov

附录七

1980—2010 年 PPP 价格美元中国、印度、日本、美国和世界碳强度测算数据

年份	中国			印度			日本			美国		
	GDP（万亿美元）	碳排放量（千吨）	碳强度（吨/千美元）	GDP（万亿美元）	碳排放量（千吨）	碳强度（吨/千美元）	GDP（万亿美元）	碳排放量（千吨）	碳强度（吨/千美元）	GDP（万亿美元）	碳排放量（千吨）	碳强度（吨/千美元）
1980	247.62	1 467 192.369	5.93	286.1	348 581.353	1.22	996.53	1 000 592	1.00	2 788.15	4 721 171	1.69
1981	284.91	1 451 501.276	5.09	332.24	374 822.405	1.13	1 135.45	970 566.9	0.85	3 126.85	4 531 792	1.45
1982	329.8	1 580 260.647	4.79	366.86	398 419.55	1.09	1 245.39	942 067	0.76	3 253.18	4 300 599	1.32
1983	380.21	1 667 029.201	4.38	405.65	432 320.965	1.07	1 334.26	935 323.4	0.70	3 534.6	4 334 926	1.23
1984	454.46	1 814 908.31	3.99	440.44	447 109.976	1.02	1 446.18	992 282.9	0.69	3 930.93	4 470 326	1.14
1985	531.42	1 966 553.428	3.70	475.97	490 464.917	1.03	1 584.32	968 418	0.61	4 217.48	4 486 461	1.06
1986	590.97	2 068 969.071	3.50	510.23	525 862.468	1.03	1 665.19	971 832	0.58	4 460.05	4 491 177	1.01
1987	678.66	2 209 708.531	3.26	546.85	561 560.713	1.03	1 783.9	962 675.5	0.54	4 736.35	4 684 431	0.99
1988	781.3	2 369 501.723	3.03	612.34	606 298.113	0.99	1 977.05	1 055 359	0.53	5 100.43	4 888 665	0.96
1989	844.04	2 408 540.605	2.85	678.74	662 945.929	0.98	2 161.89	1 084 281	0.50	5 482.13	4 951 084	0.90
1990	910.27	2 460 744.017	2.70	744.63	690 576.774	0.93	2 370.44	1 094 706	0.46	5 800.53	4 879 376	0.84
1991	1 029.04	2 584 538.27	2.51	787.48	737 851.738	0.94	2 536.04	1 100 599	0.43	5 992.1	4 870 238	0.81
1992	1 203.46	2 695 982.067	2.24	841.5	783 634.233	0.93	2 617.44	1 123 660	0.43	6 342.3	4 876 006	0.77

续表

年份	中国			印度			日本			美国		
	GDP（万亿美元）	碳排放量（千吨）	碳强度（吨/千美元）	GDP（万亿美元）	碳排放量（千吨）	碳强度（吨/千美元）	GDP（万亿美元）	碳排放量（千吨）	碳强度（吨/千美元）	GDP（万亿美元）	碳排放量（千吨）	碳强度（吨/千美元）
1993	1 401.82	2 878 694.009	2.05	902.57	814 297.687	0.90	2 679.85	1 108 673	0.41	6 667.33	5 167 485	0.78
1994	1 618.59	3 058 241.33	1.89	978.71	864 931.623	0.88	2 758.94	1 174 170	0.43	7 085.15	5 227 176	0.74
1995	1 832.83	3 320 285.15	1.81	1 072.56	920 046.633	0.86	2 872.17	1 184 089	0.41	7 414.63	5 237 968	0.71
1996	2 054.67	3 463 089.131	1.69	1 175.62	1 002 224.103	0.85	3 003.26	1 205 783	0.40	7 838.48	5 343 512	0.68
1997	2 285.33	3 469 510.048	1.52	1 274.97	1 043 939.895	0.82	3 105.05	1 201 779	0.39	8 332.35	5 501 365	0.66
1998	2 492.19	3 324 344.519	1.33	1 367.69	1 071 911.771	0.78	3 077.22	1 159 186	0.38	8 793.48	5 449 078	0.62
1999	2 721.56	3 318 055.614	1.22	1 462.72	1 144 390.026	0.78	3 116.28	1 197 881	0.38	9 353.5	5 528 149	0.59
2000	3 014.89	3 405 179.867	1.13	1 571.46	1 186 663.202	0.76	3 255.6	1 219 593	0.37	9 951.48	5 512 399	0.55
2001	3 338.92	3 487 566.356	1.04	1 669.4	1 203 843.097	0.72	3 341	1 202 266	0.36	10 286.17	5 389 929	0.52
2002	3 701.13	3 694 242.143	1.00	1 773.76	1 226 791.183	0.69	3 404.93	1 216 762	0.36	10 642.3	5 437 816	0.51
2003	4 157.82	4 525 177.009	1.09	1 935.15	1 281 913.527	0.66	3 535.12	1 237 242	0.35	11 142.22	5 471 754	0.49
2004	4 697.9	5 288 166.032	1.13	2 157.35	1 346 595.74	0.62	3 706.03	1 259 659	0.34	11 853.35	5 563 800	0.47
2005	5 364.26	5 790 016.984	1.08	2 431.2	1 411 127.606	0.58	3 889.58	1 238 188	0.32	12 622.95	5 595 358	0.44
2006	6 239.57	6 414 463.08	1.03	2 748.93	1 504 364.748	0.55	4 083.24	1 231 771	0.30	13 377.2	5 514 776	0.41
2007	7 329.92	6 791 804.714	0.93	3 111.32	1 612 383.567	0.52	4 293.83	1 251 188	0.29	14 028.67	5 581 537	0.40
2008	8 214.37	7 031 916.207	0.86	3 377.06	1 742 697.746	0.52	4 343.34	1 208 163	0.28	14 291.55	5 461 014	0.38
2009	9 065.92	7 463 289	0.82	3 637.21	1 891 422	0.52	4 146.58	1 066 233	0.26	13 938.92	5 273 760	0.38
2010	10 128.31	8 240 958	0.81	4 069.93	2 069 738	0.51	4 380.34	1 138 432	0.26	14 526.55	5 492 170	0.38

资料来源：GDP 统计数据来源于世界银行数据库；1980—2008 年碳排放量数据来源于世行公布数据，2009—2010 年数据来源于橡树岭国家实验室。http://www.ornl.gov

附录八

1980—2010 年现价美元中国、印度、日本、美国和世界碳强度测算数据

年份	中国			印度			日本			美国		
	GDP（万亿美元）	碳排放量（千吨）	碳强度（吨/千美元）	GDP（万亿美元）	碳排放量（千吨）	碳强度（吨/千美元）	GDP（万亿美元）	碳排放量（千吨）	碳强度（吨/千美元）	GDP（万亿美元）	碳排放量（千吨）	碳强度（吨/千美元）
1980	18 939 999.25	1 467 192.369	7.75	18 959 412.13	348 581.353	1.84	108 698 808.85	1 000 592	0.92	276 750 000	4 721 171	1.71
1981	19 411 111.26	1 451 501.276	7.48	19 688 347.45	374 822.405	1.94	120 146 586.29	970 566.9	0.81	310 380 000	4 531 792	1.46
1982	20 318 321.49	1 580 260.647	7.78	20 423 436.65	398 419.55	1.954	111 684 077.35	942 067	0.84	322 770 000	4 300 599	1.33
1983	22 845 594.79	1 667 029.201	7.30	22 209 028.33	432 320.965	1.95	12 181 064.504	935 323.4	0.77	350 690 000	4 334 926	1.24
1984	25 743 214.72	1 814 908.31	7.058	21 587 823.37	447 109.976	2.07	129 460 850.38	992 282.9	0.77	390 040 000	4 470 326	1.15
1985	30 666 666.07	1 966 553.428	6.418	23 658 910.09	490 464.917	2.075	138 453 225.10	968 418	0.69	418 480 000	4 486 461	1.07
1986	29 783 187.99	2 068 969.071	6.95	25 335 244.49	525 862.468	2.08	205 106 122.69	971 832	0.47	442 500 000	4 491 177	1.01
1987	27 037 219.49	2 209 708.531	8.178	28 392 697.75	561 560.713	1.98	248 523 619.72	962 675.5	0.38	469 890 000	4 684 431	0.99
1988	30 952 262.52	2 369 501.723	7.66	30 179 095.12	606 298.113	2.01	301 539 355.38	1 055 359	0.35	506 190 000	4 888 665	0.96
1989	34 397 368.02	2 408 540.605	7.00	30 123 372.88	662 945.929	2.20	301 705 204.64	1 084 281	0.36	543 970 000	4 951 084	0.91
1990	35 693 690.12	2 460 744.017	6.89	32 660 801.43	690 576.774	2.11	310 369 809.99	1 094 706	0.35	575 080 000	4 879 376	0.85
1991	37 946 865.62	2 584 538.27	6.81	27 484 234.81	737 851.738	2.68	353 680 094.29	1 100 599	0.32	593 070 000	4 870 238	0.82
1992	42 266 091.81	2 695 982.067	6.38	29 326 235.24	783 634.233	2.67	385 279 437.16	1 123 660	0.29	626 180 000	4 876 006	0.78
1993	44 050 089.89	2 878 694.009	6.54	28 419 371.68	814 297.687	2.87	441 496 278.69	1 108 673	0.25	658 290 000	5 167 485	0.78

续表

年份	中国			印度			日本			美国		
	GDP（万亿美元）	碳排放量（千吨）	碳强度（吨/千美元）	GDP（万亿美元）	碳排放量（千吨）	碳强度（吨/千美元）	GDP（万亿美元）	碳排放量（千吨）	碳强度（吨/千美元）	GDP（万亿美元）	碳排放量（千吨）	碳强度（吨/千美元）
1994	55 922 470.73	3 058 241.33	5.47	33 301 446.33	864 931.623	2.59	485 034 801.65	1 174 170	0.24	699 330 000	5 227 176	0.75
1995	72 800 719.99	3 320 285.15	4.56	36 659 964.56	920 046.633	2.51	533 392 551.11	1 184 089	0.22	733 840 000	5 237 968	0.71
1996	85 608 472.93	3 463 089.131	4.05	39 978 688.85	1 002 224.103	2.51	470 618 712.60	1 205 783	0.26	775 110 000	5 343 512	0.69
1997	95 265 269.31	3 469 510.048	3.64	42 316 041.94	1 043 939.895	2.47	432 427 810.69	1 201 779	0.28	825 650 000	5 501 365	0.67
1998	101 945 858.53	3 324 344.519	3.26	42 874 103.01	1 071 911.771	2.50	391 457 488.73	1 159 186	0.29	874 100 000	5 449 078	0.62
1999	108 327 793.04	3 318 055.614	3.06	46 434 439.56	1 144 390.026	2.46	443 259 928.29	1 197 881	0.27	930 100 000	5 528 149	0.59
2000	119 847 493.42	3 405 179.867	2.84	47 469 162.77	1 186 663.202	2.49	473 119 876.03	1 219 593	0.26	989 880 000	5 512 399	0.56
2001	132 480 691.44	3 487 566.356	2.63	49 237 857.96	1 203 843.097	2.44	415 985 991.81	1 202 266	0.28	1 023 390 000	5 389 929	0.53
2002	145 382 755.47	3 694 242.143	2.54	52 279 845.77	1 226 791.183	2.35	398 081 953.62	1 216 762	0.31	1 059 020 000	5 437 816	0.51
2003	164 095 873.28	4 525 177.009	2.76	61 757 257.84	1 281 913.527	2.08	43 029 391.85	1 237 242	0.29	1 108 930 000	5 471 754	0.49
2004	193 164 433.11	5 288 166.032	2.74	72 158 529.32	1 346 595.74	1.87	465 580 305.57	1 259 659	0.27	1 179 780 000	5 563 800	0.47
2005	225 690 259.08	5 790 016.984	2.57	83 421 694.48	1 411 127.606	1.697	457 187 573.72	1 238 188	0.27	1 256 430 000	5 595 358	0.45
2006	271 295 088.67	6 414 463.08	2.36	94 911 678.58	1 504 364.748	1.59	435 676 145.11	1 231 771	0.28	1 331 450 000	5 514 776	0.41
2007	349 405 594.47	6 791 804.714	1.94	123 870 030.30	1 612 383.567	1.30	435 632 929.67	1 251 188	0.28	1 396 180 000	5 581 537	0.39
2008	452 182 728.83	7 031 916.207	1.56	12 240.97	1 742 697.746	1.42	484 920 809.99	1 208 163	0.25	1 421 930 000	5 461 014	0.38
2009	499 125 640.67	7 463 289	1.49	136 105 716.99	1 891 422	1.39	503 514 156.77	1 066 233	0.21	1 386 360 000	5 273 760	0.38
2010	593 052 947.08	8 240 958	1.39	168 432 371.65	2 069 738	1.23	548 841 649.58	1 138 432	0.21	1 444 710 000	5 492 170	0.38

资料来源：GDP 统计数据来源于世界银行数据库；1980—2008 年碳排放量数据来源于世行公布数据，2009—2010 年数据来源于橡树岭国家实验室。http://www.ornl.gov

后　记

本书是在博士论文基础上修改而成的，是我读博士期间的理论成果，也是对2012年黑龙江省教育厅人文社会科学研究面上项目“基于低碳经济的东北地区产业国际竞争力研究”的延伸和扩展。

本书从选题到最终完成得益于我的导师——哈尔滨商业大学经济学院郭振教授的指导。同时，我的博士论文从开题到答辩，也凝聚了哈尔滨商业大学各位领导和老师的辛勤劳动和智慧。曲振涛教授、王德章教授、赵德海教授、项义军教授、韩平教授、唐宪杰教授、白士贞教授、刘晓峰教授都对我的论文提出了有价值的建议。此外，在博士论文写作过程中，我还得到了中国社会科学院工业经济研究所金碚教授和张其仔教授的大力指导和帮助。在此，向尊敬的各位老师表示真诚的感谢！

感谢黑龙江省社会科学界联合会和哈尔滨商业大学现代商品流通研究中心对本书的资助和支持！感谢黑龙江大学出版社编辑老师们为本书出版所付出的辛勤劳动。

最后，感谢我的家人。我的先生和女儿在我多年的求学过程中，给予了我全方位的支持和理解，我的父母也不断地鼓励我，是他们给了我不断前行的巨大勇气和力量，使我克服了许多的困难，顽强地坚持下来。

在本书的写作过程中，参考和引用了国内外许多专家与学者的观点和资料，谨在此对原作者表示诚挚的感谢。

本书是对低碳经济下产业国际竞争力的粗浅研究，只建立了一个比较量化的评价体系，有许多地方还有待进一步完善和深化。书中有不足之处，恳请各位读者和学界同人提出宝贵意见,以使我在今后的学习和研究中取得更大的进步。